AF752717

Imke Müller-Hellmann
Der Zug der Mauersegler

Imke Müller-Hellmann

Der Zug der Mauersegler

Unterwegs zwischen Kontinenten

Osburg Verlag

Gefördert vom Senator für Kultur
der Freien Hansestadt Bremen

Osburg Verlag GmbH
Heimhuder Straße 81
D-20148 Hamburg
info@osburgverlag.de

Zweite Auflage 2025
© Osburg Verlag Hamburg 2025
Alle Rechte vorbehalten,
insbesondere das der Übersetzung, des öffentlichen Vortrags
sowie der Übertragung durch Rundfunk und Fernsehen,
auch einzelner Teile.
Kein Teil des Werkes darf in irgendeiner Form
(durch Fotografie, Mikrofilm oder andere Verfahren)
ohne schriftliche Genehmigung des Verlages reproduziert
oder unter Verwendung elektronischer Systeme
verarbeitet, vervielfältigt oder verbreitet werden.
Lektorat: Bernd Henninger, Heidelberg
Korrektorat: Hilke Ohsoling, Lübeck
Satz, Grafiken: Hans-Jürgen Paasch, Oeste
Druck und Bindung: CPI books GmbH, Leck
Printed in Germany
ISBN 978-3-95510-366-8

In Erinnerung an Mohamed Idrissi (1966–2020),
den ich im Rahmen meiner Arbeit
als Jobcoach ein Jahr lang begleitet habe.
Herr Idrissi wurde am 18. Juni 2020 von der
Bremer Polizei erschossen.

Inhalt

Westend

Artland

Liberia

Übersee

Westend

EINS | MILCHKELLERHAUS

Mein Körper ist nicht jung und nicht alt. Nicht männlich, nicht inter, nicht trans, nicht hetero und nicht schwanger. Nicht Schwarz* und nicht *of Color.* Nicht dick, nicht klein- und nicht großwüchsig, nicht krank und nicht deformiert. Er weicht nicht stark von gängigen Normen ab und alles, was ich erlebe, würde ich anders erleben – und ich würde Anderes erleben –, wenn er eine der genannten Eigenschaften besäße. In diesem Körper wohne ich. Seit vier Jahrzehnten. Und länger.

Die Tür ist aus Holz und gestrichen, weiß. Mit geschnitzten Flächen verziert, jeweils eingerahmt wie ein Bild. Die Klinke ist schwarz, aus Metall, sie knirscht beim Herunterdrücken. Die Schwelle ist lose, ein Brett, eingefügt für den Moment und so belassen. Das Zimmer, in das die Tür führt, ist klein. Vier Schritte bis zum Fenster, 31 schmale Dielen und eine halbe, die unter der Heizung das letzte Stück bis zur Fußleiste schließt. Die Fußleisten sind weiß, die Fensterrahmen sind weiß und die Wände sind weiß. Nur der Schacht des Schornsteins, der in einer Ecke die Wand hinaufläuft, ist tapeziert: Hellgelber Grund, sattgelbe Rosen. In diesem Zimmer wohne ich. Seit einem Jahrzehnt. Und länger.

Das Zimmer liegt am Ende eines Flurs von drei übereinander gebauten Fluren, drei Wohnungen in einem Haus, das einen Zwilling hat, nebenan. Eins von vier Zwillingshäusern, die in der Straße Helgoland Wand an Wand in einer Reihe stehen. Bauantrag 1912, in dem Jahr, in dem ein Dampfer im Atlantik gegen einen Eisberg fuhr und SOS-Raketen abschoss, gebaut 1913, in dem Jahr, in dem ein Attentäter mit Hass auf die Jesuiten – so heißt es – fünf Mädchen in der katholischen Schule des Stadtteils erschoss, bezogen 1914, in dem Jahr, in dem ein Attentäter mit Hass auf Österreich den Thronfolger in Sarajevo erschoss. In der Nacht vom 18. auf den 19. August 1944 stehengeblieben, einen Monat, nachdem am 20. Juli kein Attentäter

* Zur Schreibweise von »Schwarz« und »weiß« siehe Anmerkungen.

Hitler erschoss, während ein Großteil des Viertels durch Bomben aus 273 Flugzeugen der Royal Air Force in Trümmer fiel.

Bauherr des Hauses Herr Winkler (ein Vorname mit H.). Baukosten 10 000 Mark, von der Miete in 100 Jahren etliche Male abbezahlt. Besitzer Herr Ottjes (Alfred), Wohnrecht, Zeit ihres Lebens die Witwe Winkelmann (Alma), des Händlers Winkelmann (Georg Herrmann), der Milch aus dem Keller des Hauses heraus verkaufte, weswegen bis heute die Fahrräder der Bewohnerinnen vor cremeweißen und rostroten Kacheln stehen. Grundrecht auf Wohnen, Tochter Alma, unverheiratet, gestorben 2003, ihr Namensschild hängt immer noch an der Erdgeschosstür. Unverheiratet auch die sechs Frauen und ich, die ein Jahrzehnt lang und länger das Milchkellerhaus zusammen bewohnten.

In meinem Zimmer kann ich bei offenem Fenster das Verkehrsrauschen der Stadt hören, weit entfernt, und manchmal etwas näher das Rattern der Güterzüge, je nach Wind. Ich kann Gelächter im Haus, Musik und den Nachbarn, der immerzu, wenn er draußen ist, schimpft, vernehmen, im Winter das Rauschen der Heizung und im Sommer ein Rumpeln von oben, wenn ein Liegestuhl auf die Dachterrasse getragen oder die Gießkanne vom Wind umgestoßen wird. Aus dem Fenster kann ich den Himmel sehen, Südost, Sonne am Morgen. Wenn sie scheint. Sonst die immergleichgraue norddeutsche Wolkenwand. Bricht die Sonne hindurch, bleibt sie bis Mittag, je nach Jahreszeit früh oder spät, dann wandert sie rum und ist fort. Der Blick nach Süden reicht zweihundert Meter weit über die Dächer, deren Häuser nur zweistöckig und ohne Gärten sind. Die Straßen sind benannt nach preußischen Generälen und wurden gebaut vor 120 Jahren, als der Hafen eröffnet wurde, ein paar hundert Meter entfernt. Mein Blick endet am Spitzdach mit Glockenturm der Kapelle Immanuel, eingefügt um die Jahrhundertwende in die Häuserreihe der Straße Elisabeth. Nach Südost kann ich drei Kilometer gen Bahnhof sehen, die Antenne vom Hochhaus, das das Bahnhofsgebäude überragt, und zweimal im Jahr das Riesenrad, das sich in der Dunkelheit bunt auf dem Jahrmarkt hinter dem Bahnhof dreht.

Der Funkturm im Blick zum Bahnhof markiert das Quartier. 14 rote Lichter am Abend. Manchmal der Schein einer vergessenen Lampe des Nachts auf der Betriebskanzel, auf die nur ausgewählte Menschen mit einem Fahrstuhl fahren dürfen, einen Meter pro Sekunde, 3,6 km/h. Der Funkturm ist 235,70 Meter hoch. Sollte er sich eines Tages zu einem Nickerchen in unsere Richtung legen, würde die Kneipe Karo, zwei Straßen weiter, die noch vor Turmbau als Handwerks-Kneipen-Kollektiv begann, ein Kissen für die rotweiße Spitze auf ihr Dach drapieren. Der Turm hat Schwestertürme in Kiel, Cuxhaven und Münster und das Nest eines Paares der Wanderfalken, die im Sturzflug 320 Kilometer pro Stunde schnell werden, 89 Meter in einer Sekunde, was beim Anblick der weiß-flauschigen Küken, 63 sind bereits auf dem Turm geschlüpft, unvorstellbar ist. Lehne ich mich aus dem Fenster, sehe ich im Westen das Dach des neu aufgebauten Wasserturms, der heute kein Wasser mehr umfasst, aber Wohnungen. Er war mal der größte Wasserturm in Europa, er stand von 1905 bis zur Bombennacht auf den 19. August, drei Millionen Liter Fassungsvermögen. Drei Millionen Liter Wasser braucht es, um 137 Jahre lang täglich fünf Minuten zu duschen, eine Dusche, 60 Liter, oder um 24 000 Menschen in Deutschland mit Wasser für ihren Tag zu versorgen, pro Kopf 123 Liter. Oder 6000 Menschen in Australien, pro Kopf 471 Liter. Oder 273 000 Menschen im Tschad, elf Liter. Was viel zu wenig ist: Die UN spricht von 50 Litern, die ein Mensch brauche für Hygiene und Nahrung an einem Tag.

Hätte mein Körper Flügel, würde ich nun auf die Fensterbank klettern, mich abstoßen und aufsteigen in langsamem Kreisen. Natürlich wäre es Sommer und es wäre warm. Es gäbe keine Wolkenwand und keinen Regen, aber Aufwind, der mich nach oben trägt. Ich würde den Turm im Auge behalten, nicht, dass ein Wanderfalke mich jagt, und ich sähe das Haus unter mir kleiner werden, schon wüsste ich nicht, ob die Gießkanne auf der Terrasse umgefallen ist oder noch steht. Ich sähe viele kleine Dächer, grau, rot und schwarz, unter denen genauso viele Menschen leben, wie im Stadtteil begraben sind: 27 000. Ich sähe

Straßen, auf denen 9000 Autos als bunte Rechtecke stehen, und Richtung Westen einen Platz, auf dem der hiesige Sportverein Fußball spielte und davor der Allgemeine Arbeiter-Turnverein der westlichen Vorstadt geturnt hat. Ich fliege die Kurve nach Osten zur Straße hin, Straßenbahnschienen und ein Einkaufsklotz, der gebaut wurde vor 20 Jahren, und die »Chaussee« vor 200, damals gegen den Willen der Bauern, ihr Dorf war noch nicht Teil der Stadt. Vor 100 Jahren, die Region war von Frankreich besetzt, wurde sie von der Chaussee zur Straße des Heeres umbenannt, es wurde marschiert, nicht mehr flaniert. Die Zuggleise anbei führen seit 150 Jahren ans Meer, 53 Kilometer entfernt, zur anderen Stadt des Zwei-Städte-Staats hin.

Ich fliege gen Westen, sehe Wasser und Grün, einen Fluss, einen Friedhof, einen Park. Der Park war Alterssitz eines Ritters, der unter dem 360 Jahre alten Turm der Kercke Sunte Michaelis tho Walle begraben liegt. Der Friedhof neben dem Park hat hunderte Bäume, Wiesen mit Gräbern, kurvige Wege. Da steht ein Denkmal aus Basalt-Rotlava, ein Gestein mit dem Alter von fünfzehn Millionen Jahren. Es erinnert an 24 Tote einer gescheiterten Revolution, die Republik der Räte. Ausgerufen am 10. Januar 1919 (da stand das Milchkellerhaus schon), mit Gewalt beendet am 4. Februar, den Schießbefehl gab ein Sozialdemokrat in Berlin. Die Truppen rückten aus dem Osten und dem Norden der Stadt an, der Westen war fest in Arbeiterhand. Auf dem Friedhof gibt es 32 Gräber bedeutender Frauen, keines von einem Mann. Männer blieben im ganzen Land stets unerwähnt, im Leben wie im Sterben, ihre Arbeit, ihr Sein, ihr Tun war allein für die Gattin da. Ne, Moment, jetzt bringe ich etwas durcheinander. Oder der Wind unter den Flügeln fächert dem Herzen einen herrlichen Übermut zu, wer weiß. Ich drehe bei und freue mich, dass die Eissporthalle gegenüber dem Friedhof »Paradice« heißt: Wer hier stirbt, muss nicht nur auf Wolken rumsitzen. Ich überfliege eine weitere große Straße, auf der täglich so viele Fahrzeuge rollen wie Menschen hier leben und hier begraben sind: 27 000. Dahinter erstrecken sich der Hafen, Wasserbecken, Schuppen und Großmarkthallen. Eine Mühle mit Silos und Schiffsanlegestellen, aus der es immerzu rattert und rauscht, da sie angeblich täglich eine Million Kilogramm Getreide vermahlt. Das wären zehn Fußballfelder vollgestellt mit Ein-Kilogramm-Mehl-Papiertüten, so unvorstellbar wie ein Küken mit 320 km/h. Die Mühle ist 1979 im Februar explodiert und hat dabei 14 Menschen unter sich und den Stadtteil unter Mehl begraben. Der Fluss am Hafen fließt in 81 Kilometern ins Meer. Die Eisenbahnbrücke, drei Kilometer Wasser zurück, war nach 61 passierten Brücken und 368 Kilometern Wasserlauf die letzte Brücke vor Amerika.

Ich fliege hoch, kreise über den Stadtteil dahin, Westend genannt, und unten, ganz klein, liegt das Haus, in dem ich mich nachts zur Ruhe lege, ein Kopfkissen, Gefährtinnen, einige Habseligkeiten. Hinter den Schienen des Zuges zum Meer sehe ich Gartenparzellen, eine Autobahn, einen See. Der See entstand durch den Bau der Straße, und das Grundwasser, das ihn speist, kann manchmal salzhaltig sein. Man schwimmt darin neben Hochspannungsleitungen und einem Berg, der die höchste Erhebung der Stadt ist, 50 Meter, der Müllberg. Hinter ihm beginnen die Wiesen und Felder, von Kanälen durchzogen und einem Fluss, auf dessen Deich zu fahren bedeutet, Kurven zu radeln, den Wind manchmal von vorn, manchmal seitlich und manchmal im Rücken zu haben. Der Fluss ist die Landesgrenze, ich drehe bei, aber werfe einen Blick hinter den Deich zum schönsten Gebäude der Gegend hin, 800 Jahre alt. Eine Kirche, die in den Wiesen steht, die schon tausend Mal überflutet waren.

Bei meinem Flug zurück rauscht die Zeit durch mich durch. Der Stadtteil, in dem ich wohne, ist gerade erst eingemeindet: freie Wiesen und Äcker, große landwirtschaftliche Höfe. Ich sehe Menschen, die zum Stadtteil gehörten und die Welt ein wenig bewegten. Wilhelm läuft auf dem Kopfsteinpflaster der Vollmersstraße neben Friedo, der hinkt. Friedo Lampe hat, als er groß war, Bücher geschrieben, und Wilhelm Wagenfeld kam wegen einer Lampe groß raus, der Bauhauslampe. Er hat Gegenstände designt, eine Reiseschreibmaschine, Salz- und Pfefferstreuer, eine Teekanne aus Glas. Ich sehe Elise, eine dreißigjährige Frau, in ihrer Wohnung in der Hansestraße ein Flugblatt tippen. Für die Dienstbotenbewegung. Sie war mit Anna im Arbeiter- und Soldatenrat der gescheiterten Revolution und dann im Bremer Parlament aktiv. Elise Kesselbeck für die Kommunistinnen, Anna Stiegler für die Unabhängigen- und später die Sozialdemokratinnen. Stieglers Widerstand gegen die Nazis führte sie fünf Jahre ins Zuchthaus und fünf Jahre ins KZ Ravensbrück. Sie überlebte auch den »Todesmarsch«, auf den die KZ-Häftlinge beim Anrücken der Alliierten am Ende des Krieges geschickt wurden. Nach dem Krieg machte sie weiter Politik: gegen den § 218, gegen die Atomwaffenaufrüstung.

Ich fliege den Bogen von der Hansestraße zum Milchkellerhaus durch drei Jahrzehnte hindurch und sehe den Tischlerlehrling Hans de Haas und seine Mutter Elsa Eichholz im Laden von Samuel Fuchs einkaufen gehen. Alle drei wurden von den Nazis deportiert und ermordet, in Auschwitz oder in Minsk. Sally Silbermann hatte ein Herrenbekleidungsgeschäft eine Straße weiter zum Hafen hin. Er floh früh nach Montevideo, Uruguay, und rettete damit sein Leben. Fast angekommen zu Hause sieht ein Mädchen hoch, in der Nachbarstraße, und blickt mich spöttisch an. Die Welt bewegt, pah! Was soll das heißen? Die Welt bewegt sich immer noch selbst. Hier, sie zeigt auf den Boden vor ihren Füßen, dreht sich die Welt von allein und mich dreht sie mit, mit 1000 km/h. Das Mädchen wendet sich ihrem Weg wieder zu und stapft mit großen Schritten davon. Rosemarie Anspacher. Untergekommen in der Geestemünder 22, in der die unterkamen, denen man vorher alles genommen hatte. Rosemarie wurde mit ihrer Mutter Friederike im November 1941 mit 440 anderen Ladenbesitzern, Verkäuferinnen, Hausfrauen, Kaufmännern, Tischlern, Schneiderinnen, Nachbarinnen, Vereinskollegen und Mitschülerinnen aus Bremen nach Minsk deportiert. Nur sechs von ihnen überlebten und kehrten zurück. Der Vater von Rosemarie, Curt, war dabei. Friederike und Rosemarie nicht. Ich kreise einmal noch hoch, mir ist nicht wohl zumute, durchquere eine aufziehende Wolke und als sie vorüber ist, sehe ich die Häuserreihen unter mir liegen, so wie sie beim Abflug waren. Die dritte Etage des

Milchkellerhauses steuere ich an, lande auf der Fensterbank und schüttele das Gefieder. Da fällt es mir wieder ein: Ich habe ja gar keine Flügel. Schnell steige ich ins Zimmer hinein, die Sonne ist nicht mehr da. Mit gekreuzten Armen stehe ich vor dem Fenster und betrachte den Himmel, die zusammengeschobene, norddeutsche Wolkenwand.

ZWEI | MAUERSEGLER

Im Frühling und im Sommer, im Mai, Juni, Juli, August, sehe ich an diesem Fenster noch etwas anderes. Eine Gruppe Mauersegler, rußschwarz, schwalbengroß, lange, sichelförmige Flügel. Sie segeln am Himmel weit oben oder jagen sehr tief über die Dächer, auffallend wendig und schnell, bis zu 200 Kilometer pro Stunde. Sie rufen den Sommerruf der Städte Europas, hoch und durchdringend: »Srieh! Srieh!«. Im Gleitflug strecken sie ihre Flügel aus, im Beschleunigen kippen sie ihre Körper um die Längsachse, 90 Grad. Immer mal wieder jagen sich zwei. Der Erste versucht, die Verfolgerin abzuschütteln, sie bleibt nahe dran, alle Bewegungen sind synchronisiert: Das plötzliche Reißen nach oben, das Aufnehmen an Geschwindigkeit, das abrupte Fliegen von Kurven. Am Abend, wenn die Dämmerung kommt, verlasse ich den Fensterplatz und gehe die Treppe hinunter, trete hinaus vor die Tür. Ist es fast dunkel, fliegen zwei Segler das Nachbarhaus an, rauscht die Luft unter den Anflügebögen, verschwinden zwei Schatten unter dem Dach, unter der Regenrinne. Die Segler brüten dort, sie verbringen im Nest ihre Nacht. Die nicht brütenden Segler, die ein- oder zweijährigen, steigen in Gruppen gen Himmel auf und verbringen die Nacht in der Luft, drei Kilometer hoch, sie schlafen im Flug. Besehen vorher die Landschaft, befühlen das Wetter, Windstärke, Windrichtung, Temperatur, und justieren vermutlich ihren Magnetsinn. Mauersegler nehmen das Magnetfeld der Erde wahr, sie orientieren sich daran. Diese Vögel sind in den schönsten Monaten hier: Sonne, Wärme, keine Wolkenwand. Die anderen Monate fliegen sie durch viele Länder und Regionen Afrikas und landen kein einziges Mal. Nicht unterwegs, nicht vor Ort. Sie bleiben neun Monate lang in der Luft. Sie spüren erst wieder Boden unter den kurzen Beinen und vierkralligen Zehen im Mai des Jahres darauf unter derselben Regenrinne derselben Nachbarin. Sie sind standorttreu, sie fliegen zurück in dasselbe Nest. Monogam, im Nest trifft sich das gleiche Paar. Gesellig, ein Mauersegler fliegt und brütet ungern allein.

Oft habe ich mich gefragt, wo die Mauersegler meiner Straße hinfliegen, wenn sie Anfang August, von einem Tag auf den anderen, nicht mehr zu sehen und zu hören sind. Wo sie jetzt gerade segeln und über welchem Ort sie wohl kreisen, habe ich an kalten Wintertagen überlegt, welches Stück Regenwald sie das ihre nennen, über das sie in diesem Moment hinwegpesen auf der Jagd nach unzähligen Regenwaldinsekten, während der hiergebliebene Spatz keine müde Mücke mehr fängt. Woher sie im Frühling wissen, wann die Regenwaldzeit beendet und der Moment gekommen ist, aufzubrechen, um nach Europa zu fliegen? Und zwar genau unter die Regenrinne eines Hauses einer Stadt der norddeutschen Tiefebene? Ausgerechnet. Genau hierhin. Jedes Jahr freue ich mich über die Ankunft der Segler. Sie künden vom Sommer. Mit ihnen sind die wärmeren Tage da. Die Segler kommen zur selben Zeit, Anfang Mai, und sind auch im Juli noch unüberhörbar zugegen, wenn die anderen Vögel das Singen beenden und in der Versenkung des Großstadtgrüns verschwinden, aus dem sie so unverhofft beglückend im März und April aufgetaucht sind. Segler sind überdies Flugakrobaten, schön anzusehen, wie sie Abende lang durch die Gegend jagen und dabei rufen, als freuten sie sich des Fliegens.

Ein Geburtstag, eine Plauderei in einer lockeren Runde. Das Thema: Die Papageien im Kölner Stadtgarten, die aus dem Zoo ausgebüxt sind und heimisch wurden. Die neue Liebste einer Freundin sagt, das sind keine Papageien, das sind grüne Halsbandsittiche. Ich schaue auf und denke, so spricht nur eine Gleichgesinnte, gleichen Sinnes, was Vögel betrifft. Sich auskennen mit Vogelgesängen, sich bei Spaziergängen im Mai auf die Zunge beißen, um nicht auszurufen: Hör mal! Eine Klappergrasmücke! Ein Gartenrotschwanz! Ein Gimpel! Denken, dass der Gesang eines Fitis wie der eines sehr müden Buchfinks klingt und dass das leise Singen des Wintergoldhähnchens am besten an den herausragenden Tönen vom ansteigenden Wispern des Sommergoldhähnchens zu unterscheiden ist. Im Frühjahr für die Vogelbeobachtung durchs Unterholz klettern und gerührt sein, dass jede Vogelart so verschieden ist. Dass die Misteldrossel sich nur fahrig-unordentlich mit Gras, Wurzeln und Zweigen ein Nest zusammenklaubt und der Drosselrohrsänger sein Baumaterial, Schilfblätter, in Wasser tunkt und zwischen die Schilfhalme flicht, mit Genauigkeit und Präzision, sturmfest und wackelerprobt. In der Morgendämmerung durch Gartengebiete pirschen, ganz Ohr ob des Konzerts zwanzig verschiedener Vogelstimmen, während den Rest des Jahres keine zehn Pferde einen so früh aus dem Bett bekämen. Sie, die mir gegenübersitzt, ernüchtert mich, nein, sie selber nicht, ihr Vater sei an der Vogelkunde, sei ornithologisch interessiert, er sitze tagelang in Tarnzelten herum, von ihm bekomme sie einiges mit. Ich zeige ihr meine Enttäuschung nicht. Sie kann nichts dafür, dass geschätzte 80 Prozent der Ornithologenwelt männliche Mitmenschen sind, und ich denke an den Satz einer Freundin, egal welches Fachgebiet, richtige Nerds gäbe es unter Frauen wenige, das Selbstbezogene und Sozialarme am Fachgebiet-Nerd sähe die Geschlechterrolle »Frau« nicht vor. Sie zumindest kenne keine Frau, die 20 000 Langspielplatten besitze, alle Flugzeugminiaturmodelle dieser Welt sammele oder das Kursbuch der Deutschen Bahn auswendig kenne, Sommer- wie Winterfahrplan. Tja. Auch ich bin keine Nerdin der Ornithologie. Kein Tarnzelt, keine Katalogisierung meiner Beobachtungen, keine nennenswerte Fernglastechnik. Der Ornithologentochter erzähle ich trotzdem von meiner Frage, wo die Mauersegler der Straße Helgoland wohl den Winter verbringen? Dass ich bedauere, das niemals zu erfahren, da das Körpergewicht eines Seglers, 35 Gramm, keine Besenderung erlaube, jeder Sender sei für die kleinen Vögel zu schwer. Ja, sagt sie und nickt, die Route der Segler wird wohl für immer ein Geheimnis bleiben.

Es vergeht Zeit und ich bekomme Post. Mit Grüßen von ihrem Vater. Ein Artikel aus der Zeitschrift »Natur in NRW« über die Forschung an Mauerseglern an einer Talbrücke, durchgeführt von der Universität Siegen. In den Hohlkammern der Brücke, die eine Bundesstraße über den Biggesee führt, brütet eine Kolonie Mauersegler, 53 Paare. Ein Doktorand klettert regelmäßig in diese Brücke hinein und forscht im Auftrag der Professorin des Instituts für Biologie. Er folgt dabei drei Fragen: Erstens, wie hoch ist der Fortpflanzungserfolg und wer setzt sich – durch das Brüten im wahrsten Sinne des Wortes – wie viel für den Bruterfolg ein? Zweitens, wie funktioniert der Kälteschlaf, Torpor genannt oder Tagesschlaflethargie, in den das brütende Paar bei Nahrungsmangel wegen schlechten Wetters verfällt. Scheint die Sonne, jagen sie immerhin 10 000 bis 20 000 Insekten und Spinnen an einem einzigen Tag. Und drittens befestigt der Doktorand seit 2012 kleine Rucksäcke auf dem Rücken einiger Segler der Kolonie, Geolokatoren genannt: ein Datenspeicher, ein Lichtsensor, eine Batterie. Sehr klein, eineinhalb Gramm. Alle zwei Minuten zeichnet der Speicher den Lichtwert auf und ein Jahr später nimmt man dem Segler, so er zurückkehrt, den Rucksack ab und liest die Daten aus. Die Tage und Nächte sind überall auf der Welt, mit Ausnahme der Frühlings- und Herbsttagundnachtgleichen, je nach Breitengrad verschieden lang. So kann man die Aufenthaltsorte des Seglers das Jahr über rekonstruieren. Die Daten von zehn Mauerseglern waren bis zum Zeitpunkt der Veröffentlichung analysiert worden und drei Segler konnte man zwei Jahre hintereinander mit Lokatoren versehen. Überraschend waren die Resümees: Die Kolonie überwintert nicht gemeinsam südlich der Sahara in einem Gebiet. Auch das Brutpaar nicht. Jeder Segler fliegt mehrere Gebiete nacheinander an, unabhängig von den anderen der Kolonie. Die Routen weichen stark voneinander ab. Ein Weibchen blieb in Westafrika, ein anderes flog bis Südafrika, andere wechselten die Gebiete innerhalb von Ost- und Südost-Afrika. Die Männchen, von denen man Daten aus zwei Jahren hintereinander hatte, flogen in beiden Jahren dieselben Wege und verbrachten beide Winter über denselben Regionen fliegend in der Luft.

Ich setze mich an den Schreibtisch und schreibe E-Mails. Ich schreibe die an, die in meiner Stadt Ornithologen sind, von denen ich glaube, sie können mir helfen: Thorben, Thomas, Henning und Gerd. Ich frage, ob wir das auch machen können, die Mauersegler aus Bremen mit Lokatoren versehen, um herauszufinden, wo sie im Winter sind, und um am Zielort Menschen zu finden, denen die Ankunft der Segler vielleicht etwas bedeutet. Alle vier antworten mir, alle vier winken ab. Es gebe hier keine geeignete Brutkolonie, der Aufwand sei viel zu hoch. Es brauche die Genehmigung der Beringungszentrale, der Vogelwarte Helgoland in Wilhelmshaven. Es brauche einen Inhaber der Beringungslizenz für Mauersegler, eine professionelle Antragsstellung forschender Ornithologinnen und ein Projekt, das mehrere Jahre lang Daten erhebt, da sonst die Wissenschaftlichkeit fehle. Gerd mag meine Idee und erzählt mir von den Schwarzkopfmöwen, deren Weg er seit Jahren verfolge. Wie ich das fände, die Beringer und Ringableser dieser Vogelart zu besuchen? Zum Beispiel der Möwe AKYU. Die klangvolle Buchstabenzufallszusammenstellung steht auf einem grünen Farbring, angebracht am Bein des schwarzköpfigen Tieres, das einen roten gebogenen Schnabel und einen roten kreisrunden Rand um die Augen hat mit einem weißen Fleck ober- und unterhalb. Beringt von Andreas und Matthias im Sommer 2012 steht in den Unterlagen, als AKYU noch ein Küken auf der Pionierinsel Lühe, Steinkirchen, in Stade, war. Gemeldet im Sommer 2014 von Patrick in Saint-Pair-sur-Mer, Frankreich. Im Winter 2016 von Manuel in Bueu, Playa Morazzo, Spanien, im April 2017 im Hafen hier, meinem Stadtteil, gemeldet von Gerd und im Februar 2018 von Antonio am Dafundo Beach, Lisboa, Portugal. Sie kommt rum, AKYU, keine Frage, und schön sieht sie aus, prägnant, mit ihrem schwarzen Kopf und den Augen, rotweiß. Aber ich möchte wissen, wohin die Mauersegler meiner Straße fliegen und wünsche Gerd und AKYU alles Gute.

Ob ich ihn besuchen dürfe in der Talbrücke über dem Biggesee, frage ich den Doktoranden, der erst zu- und dann absagt und mich zu einem Treffen mit der Professorin nach Siegen einlädt. Er holt mich vom Bahnhof ab, und wir sind schnell vertieft in ein Gespräch, in dem es um weiße Flecken auf der Stirn von Trauerschnäppermännchen geht und um die Frage, ob die Größe des Fleckens mit dem Bruterfolg korreliere, weswegen Trauerschnäpperweibchen allem Anschein nach gerne mit Großweißstirnfleckentrauerschnäppermännchen »fremdgehen« würden.

Die Professorin treffen wir in der Mensa. Sie sagt, für die Wissenschaft brauche es für mein Unterfangen 30 Mauerseglerpaare. Ich sage, für mein Projekt genüge eins. Sie sagt, ein Paar ist keine Forschung. Ich sage, erweitern Sie Ihr Projekt auf Bremen, dann besorge ich Ihnen 30. Sie sagt, unter Umständen ja, aber hier und heute: nein. Es gibt bereits eine Kolonie in der Nähe von Bremen, in Syke, und wir forschen bereits im Norden, in Gehrde. Wenn ich wolle, könne ich den Weg der Mauersegler aus Gehrde verfolgen. Aktuell flögen drei Segler mit allerneuester Technologie, ihre Ergebnisse könne ich abwarten und als Reisegrundlage nehmen. Die Mittagspause der beiden Forschenden neigt sich dem Ende zu, wir reden über dies und das, Tipps für das Anlocken von Mauerseglern für den Aufbau einer Kolonie, die technische Verfeinerung der Lokatoren und das große ICARUS-Projekt (International Cooperation For Animal Research Using Space), bei dem Tiere mit Hilfe von Weltraumtechnik satellitengestützt beobachtet werden. Die russischen Kosmonauten Artemjew und Prokopjew haben das System im Sommer 2018 auf der Internationalen Raumstation (ISS) integriert. Der Doktorand fährt mich zum Bahnhof zurück. Ich sitze im Zug, hellwach-angeregt und geknickt-niedergeschlagen. Es ist September. Die Mauersegler meiner Straße sind bestimmt schon über dem afrikanischen Kontinent, aber wo genau, werde ich also doch nicht erfahren.

Über die Mauersegler in Gehrde finde ich einen Zeitungsartikel, Bersenbrücker Kreisblatt, 20. Juni. Der Heimatverein berichtet, dass in diesem Jahr die Mauersegler später als gewöhnlich bei ihren Nistkästen auf dem Dachboden der Kirche eintrafen. 30 Paare seien da, ein Nistkasten sei noch frei. Zwei Vögel trügen Lokatoren der Uni Siegen, mit denen man ihre Route verfolge. Sie hätten im vergangenen Herbst längere Zeit in Spanien und Marokko pausiert, bevor sie die Sahara überflogen. Weitere Stationen seien das Kongobecken, Tansania, Nordmosambik und Kenia gewesen. Der Frühjahrszug habe über den Golf von Guinea geführt mit einem

Zwischenhalt vor Liberia. Ende des Artikels. Golf von Guinea? Kirchendachboden von Gehrde? Wo liegt der Golf? Wo steht die Kirche? Gehrde liegt von Bremen aus Richtung Südwesten. 90 Straßenkilometer, Luftlinie 77einhalb. Fliegen die Segler der Regenrinne woanders hin als die Segler des Kirchendachbodens? Jeder Vogel fliegt seine Route. Überschneiden sich die Routen der Vögel aus einer Region? Wie überbrücke ich die 77einhalb Luftlinien-Kilometer? Ginge ich zu Fuß, könnte ich mich an den Flüssen orientieren, Weser, Mittellandkanal, Hase. Liefe ich an den Ufern entlang, wäre die Strecke drei Mal so weit, 270 Kilometer, zwölf Tagesetappen. Wie orientieren sich Zugvögel? Sonne, Sterne und Erdmagnetfeld lese ich, unterstützt durch Landmarken. Vor allem Berge und Flüsse, aber auch Städteformen und Autobahnen. Ebenso würden Duftmuster der Erde eine Rolle spielen. Duftmuster? Riecht Erde in Gehrde anders als Lehm in Bremen? Ich muss passen. Ich könnte das Erdmagnetfeld nehmen statt der Flüsse und nach dem Kompass laufen, querfeldein, den Blick auf die Sonne gerichtet. Oder bequem auf der Autobahn fahren, eine Stunde lang, vielleicht etwas mehr. Ich könnte einen Flug in einem Leichtflugzeug buchen, die Welt von oben sehen wie die Segler. Mit dem Zug und dem Bus fahren, zwei Mal umsteigen, zwei Stunden und neun Minuten. Oder den Radfernweg benutzen, 107 Kilometer, mit einem schnellen Rad einen Tag, mit meinem Rad zwei.

Wie schnell fliegen Mauersegler, wenn sie ziehen? Ich nehme die Artikel zur Hand, die mir der Doktorand gegeben hat. Alle auf Englisch, viele Fachbegriffe, ich komme nur langsam voran. Der erste handelt von sechs schwedischen Mauerseglern und ihren Routen von 2012. Im Herbstzug flogen sie 344 Kilometer am Tag, Luftlinie Bremen – Mainz. Pausentage mit einberechnet, das Kreisen über einer Region, um sich Kraft anzufressen und auf günstige Winde zu warten, vor allem für den Flug über die Sahara. Das taten sie im Schnitt 39 Tage lang, Kreisen, Picknicken, Warten. Strecke geflogen sind sie an 30 Tagen. Im Frühling auf dem Weg zurück waren sie schneller. 469 Kilometer am Tag, Luftlinie Stuttgart – Bremen, bei 21 Tagen, die im reinen Flug vergingen, und acht Tagen Zwischenstopp. Wobei dieses Wort irreführt, denn kein Mauersegler stoppt dazwischen, er bleibt neun Monate lang in der Luft. Die Strecke, die er zieht, eine Richtung, beträgt 10 000 Kilometer. Ohne Umwege wären es 6500. Aber die Segler fliegen nicht direkt. Sie fliegen da lang, wo es Rückenwind gibt und viele Insekten. Sie lassen sich Zeit bis zur Sahara, verweilen im Himmel von Spanien oder Marokko, überqueren die Wüste zügig in fünfeinhalb Tagen und segeln, Insekten jagend, in der Sahelzone: in Mali im Überschwemmungsgebiet des Niger oder im Senegal. Sie reisen erst weiter, wenn die beginnende Trockenzeit ihnen das Nahrungsangebot minimiert. Dann fliegen sie vom Sahel zu den Tropen nach Zentralafrika und überwintern überwiegend im Kongobecken. Sie folgen der äquatorialen Tiefdruckrinne, eine wandernde Zone in der Nähe des Äquators, einige hunderte Kilometer breit. An den Rändern der Rinne treffen die Passatwinde von Nord und Süd aufeinander, was zu Windstille führt und die segelnden Seefahrer früherer Zeiten das Fürchten lehrte. Die Luftfeuchtigkeit in dieser Zone ist hoch, es gibt erstaunliche Wolkenauftürmungen, Platzregen und heftige Gewitter. Fünf der sechs schwedischen Mauersegler meines Artikels blieben im Herbst einige Wochen in Westafrika, bevor sie weiterflogen bis in den Kongo oder nach Kenia, Tansania und Mosambik. Alle flogen im Frühjahr beim Beginn des Zuges zurück nach Europa über den Golf von Guinea, der geformt wird von den Küsten der Länder im Westen Afrikas, und blieben einige Tage lang in Liberia, bevor sie weiter Richtung Sahara flogen. Liberia. Die schwedischen Segler also auch. Warum Liberia? Das kleine Land am Atlantik liegt ganz und gar nicht auf dem Weg, wenn man vom Kongobecken oder der Ostküste Afrikas nach Europa will.

Ich suche im Netz herum, Liberia und Ornithologie. Ich lese vom Buch »Birds of Liberia« und seinem Autor, einem Deutschen, der 1987 über Zugvögel, auch die Mauersegler, in Liberia schrieb. Dass sie ab Ende März zahlreich erscheinen und dass sie im April und Mai spektakulär viele werden. Er schätzte ihre Anzahl am 2. April 1984 beim Küstenort

Buchanan auf 150 000 bis 500 000. Am 15. Mai desselben Jahres zählte er über 100 000 Segler zwischen den Ortschaften Kakata und Totota, wobei, wie er ergänzt, »entlang der überwiegend bewaldeten Wegstrecke nur bescheidene Teile der wohl jeweils Millionen Individuen umfassenden, extrem tief fliegenden Schwärme gesehen wurden«. Millionen von Mauerseglern? Ich lese die Veröffentlichungen aus England, Schweden, Dänemark, die von den Siegenern und die aus der Schweiz. Alle berichten von einem Stopover ihrer beforschten Mauersegler in Liberia. Wenn das so ist, schließe ich, werden auch die Segler der Straße Helgoland im April in Liberia sein. Auch sie werden sich dort mit Tropeninsekten satt fressen, um sich zu stärken für den weiten Flug nach Europa, um dann mit dem Wind im Rücken, der in drei- bis fünftausend Metern Höhe im Westen der Sahara weht, leichter die Wüste zu überfliegen, eine der unwirtlichsten Regionen der Welt. Zumindest die meisten Segler, es wird auch Ausnahmen geben: Ein schwedisches Mauerseglerweibchen hatte keine Lust auf den Liberia-Umweg und flog den direkteren Weg über den Balkan. Sie sparte viele Kilometer ein, aber war langsamer als die anderen, da sie Gegenwind hatte. Mauersegler, so weiß man, sinken nach Ankunft am Brutort in einen tiefen Schlaf. Die schwedische Mauerseglerin, die dem Gegenwind trotzte, wird sicherlich nach ihrer Landung im Vorjahresnest länger als alle anderen geschlafen haben.

Der deutsche Ornithologe wusste in den 80er-Jahren in Liberia noch nichts von Geolokatoren oder gar von der Weltraumtechnik eines ICARUS-Projekts. Er kam trotzdem zu erstaunlich exakten Schlüssen aus seinen Beobachtungen und das allein mit Geduld, einem Kompass und Genauigkeit. So saß er morgens im Oktober in aller Frühe auf dem Gipfel Wologisi im Norden Liberias und notierte drei Trauerschnäpper, die aus dem Morgennebel »fallend in den Bergwald eintauchen« – ein Hinweis auf ihr nächtliches Zugverhalten. Er stand im Dezember während starker trockener Nordostwinde mit zerzaustem Haar, so stelle ich es mir vor, es sei denn, sein Sonnenhut saß sehr enganliegend am Kopf, am Atlantik bei River Cess und sah vier Wespenbussarde zusammen mit Rauchschwalben und Mauerseglern die Küste entlangfliegen. Er stand im Januar zwischen 17 Uhr und 18.30 Uhr auf einem Boot im Callaga Fluss und sah 40 Fitisse an der Biegung des Flusses in der fünf Meter hohen Uferbewachsung sitzen, die dann zum 100 Meter entfernten Nordufer flogen. Er stand an den Rändern der Reisfelder im gerodeten Regenwald bei Zwedru, einer Stadt im Osten des Landes, nah an der Elfenbeinküste und sah dort Schwärme von Schafstelzen im März und im April auf den Feldern landen. Immer notierte er die Richtung ihres Fluges mithilfe des Kompasses und stellte aus seinen Beobachtungen Theorien über die Abläufe des Herbst-, Winter- und Frühjahrszuges von Vogelarten aus Europa, Nordafrika und Asien auf – ein Gebiet, das in der Biogeographie Paläarktis genannt wird. In den drei Jahren seines Aufenthalts fing er nach Eigenaussage und mit lokaler Unterstützung (von A. K. Davies, W. Dwey, J. Paye, K. Togba und A. Peal) 5000 Vögel im Urwald und 3000 Vögel im nachwachsenden Wald sowie 700 andere Fänglinge ein, bestimmte sie und ordnete sie zu, um später über sie schreiben zu können: über das Zugverhalten paläarktischer Vögel und über die Birds of Liberia. Seitdem reist er von seinem Wohnort, der Schwäbischen Alb, in die Regenwaldgebiete der Gola-, Lofa- und Nimbuberge und zu den Mangrovenwäldern der liberianischen Küste.

1985 beschrieb er als Erstes den seltenen Fleckflügelbülbül, der wahrscheinlich aber »nur« ein Zeisigbülbül aus der Gattung der Schlankschnabelbülbüls mit ernährungsbedingter ungewöhnlicher Federzeichnung gewesen war, was erst 2017 durch DNA-Analysen zutage kam. Er beschrieb 1988 die unbekannten Jugendkleider des Weißbrust-Perlhuhns und 1993 die Biologie des seltenen Ballmann-Webers, dessen Gesang eine drei Sekunden lange Abfolge unmusikalischer, ratternder Klänge mit einem anschließenden Keuchen ist. Er bekam 2003 die Ehrendoktorwürde der University of Liberia verliehen und 2016 den Orden »Star of Africa« von der damaligen Präsidentin Ellen Johnson Sirleaf: Ein neunzackiger silberner

Stern mit vergoldeten Strahlen, die ein rotgoldenes Medaillon umschließen, auf dem eine allegorische Frauengestalt nach den Sternen greift. »Light in Darkness« steht golden auf rotem Untergrund.

Ob er mir helfen könne, Menschen in Liberia zu finden, die sich für Mauersegler interessieren, schrieb ich dem Ornithologen und seine Antwort kam schnell. Dass selbst Liberianer mit einem Diplom in Biologie den Mauersegler von den anderen zehn Seglerarten nicht unterscheiden können. Dass sie die »schwarzen Gesellen«, die man nie aus der Nähe sieht, für Fledermäuse halten, die Ebola übertragen, und man ihnen deswegen keine freundliche Gesinnung entgegenbrächte. Dass man Schwalben gegenüber in Liberia aufgeschlossener sei, da man sie an Schlafplätzen fangen und dann essen könne.

DREI | WESTEND AFRIKA

Zehn andere Seglerarten in Liberia. 67 Seglerarten weltweit. Ich lese, dass in Westafrika südlich der Sahara Haussegler, Weißbürzelsegler, Palmsegler, Kapsegler, Kamerunsegler, Maussegler und Schoutendensegler fliegen, wobei Letzterer nur selten vorkommt. Dazu die Zugvögel, wie der Mauer- und der Alpensegler. Könnte eine Deutsche mit Diplom in Biologie den Mauersegler von dem in Süddeutschland ansässigen Alpensegler unterscheiden? Oder, falls sie sich im Mittelmeerraum befindet, von den Fahlseglern oder auf Madeira und den Kanarischen Inseln von den Einfarbseglern? Ist mein Wunsch, Menschen in Liberia zu finden, denen die Ankunft der Mauersegler etwas bedeutet, im besten Falle naiv, im schlechtesten Falle elitär? Haben die Menschen in Liberia andere Sorgen und andere Themen als die Ankunft irgendwelcher ziehender Vögel, von denen man glaubt, sie übertragen die Krankheit, die gestern noch Tausende aus ihren Reihen riss? Ja, haben sie, nehme ich an, so wie es auch andere geben wird, so wie es auch viele Menschen in meinem Viertel gibt, die sich nicht für die Ankunft der Segler interessieren, mit Ausnahmen, ich müsste sie suchen. Ist das Staunen über die Natur eine Luxustätigkeit, die nur geschieht, wenn alle Grundbedürfnisse befriedigt sind oder entzieht es sich der Zuteilung in eine Bedürfnisrangordnung? Ist das Wissen von Menschen vor Ort über Vögel ungesehen und -gehört, da nicht verschriftlicht und nicht in einen akademischen Rahmen gegossen? Ignoriere ich in meinem Unterfangen die Unüberbrückbarkeit der kolonialen Geschichte, ihr Erbe der Aufteilung der Welt in Nord und Süd, Reich und Arm, in Menschen mit Zugangskarte zu den Ressourcen der Welt und Menschen ohne? Wie gehe ich verantwortungsvoll damit um? Beteilige ich mich an der Fortschreibung kolonialer Logiken und Verhältnisse? Versuche ich, durch dieses Benennen mein Ansinnen zu legitimieren? Will ich dorthin reisen, wo Reisen eine mit Gewalt abgesicherte Einbahnstraße für Menschen mit europäischen Pässen ist? Steht der schwäbische Ornithologe in der Tradition westlichen Erzählens über die Länder südlich der Sahara als »Orte des Negativen«, des »Andersseins«, der »Dunkelheit«, deren Menschen »halbe Teufel und halbe Kinder« seien, wie Rudyard Kipling, Dschungelbuchverfasser und Literaturnobelpreisträger, schrieb? Teufelskinder, die Schwalben essen und sich mit Seglerarten nicht auskennen können? Stehe ich in dieser Tradition?

Die Möwenpastete nach Helgoländer Zubereitung aus einem Buch von 1855 schichtet Möwenfleisch mit Gerstengrütze; den Schluss bildet eine Lage Teig mit eingestreuten Rosinen. Geschossene Gänse, Enten, Schnepfen und Fasane werden bis heute in Mittel- und Nordeuropa verspeist, im Mittelmeerraum sind es vor allem Singvögel. In Frankreich ist der Ortolan (»Fettammer«) trotz strengem Fangverbot ein Gericht für Gourmets, in Spanien werden Singvögel zu Paella serviert, in Italien am Spieß zu Polenta, im östlichen Mittelmeerraum gegrillt. In der EU ist das verboten, es findet trotzdem statt. Das Komitee gegen den Vogelmord schreibt von Grasmücken und anderen Vögeln in Supermarkttiefkühltheken außerhalb der EU, wie im Libanon. Schwalbennestersuppe ist ein teures Gericht der chinesischen Küche, für das Sammler:innen in Thailand, Indonesien, Borneo und Indien mit Hilfe von Pfählen, Leitern und Seilen bis zu 90 Meter an Felsen hochklettern, um die Nester von Salanganen, die zur Familie der Segler gehören, von den Wänden zu pflücken. Die zähe Speichelmasse der Salanganennester wird mit Kalbfleisch in Hühnerbrühe gegart und kostet, 100 Gramm, 295 Euro. 1905 wurden auf der Insel Juist die Möwen in organisierten »Schießvergnügen« für die gelangweilten Badegäste erlegt.

Hermann Löns zitiert in seinen Tiergeschichten aus der Chronik eines Ratsschreibers: »Haben sich aber am ersten Maien am turme der St. Aegidii gar gravsamblich große und über alle Maßen schnelle Vögel nach Art der Schwalben blicken lassen, so gar erschröcklich schrien, dass die, so es vernahmen, sich baß erschraken. Sein diese hier unbekannten Vögel die pestschwalben, woraus zu schließen, dass des elends sobald noch kein Ende seyn wird.« Löns' Kapitel über die Segler fällt allgemein düster aus. Der Segler fängt sich nicht Futter, er »mordet«, und die Segler erfreuen sich nicht an Flugspielen abends, sondern sechs, sieben Männchen »hetzen dem Weibchen nach«. Man kann das Geschlecht der Segler mit bloßem Auge nicht bestimmen, das Jagen der Männchen nach den Weibchen findet allein in Löns' Kopf statt. Doch auch Menschen in England erschraken ob des Geschreis und Gefieders der Segler und nannten sie Teufelsvögel. Menschen in Tirol hingegen meinten, mit den Mauerseglern Glücksbringer am Himmel zu erblicken. Und Menschen zur Zeit Jesu dachten, ihr Bauchgrimmen könne durch in Wein eingelegte Mauersegler therapiert werden, so überliefert es Plinius der Ältere vom Comer See.

Die Mail des schwäbischen Ornithologen schloss mit freundlichen Grüßen, eine Antwort auf meine Nachfragen blieb aus. Afrika, Ebola, schwarze Gesellen. Kein Mensch in Liberia interessiert sich für Mauersegler? Muss ich das Projekt abblasen? Meine Freundin hebt die Augenbrauen: Dieser eine spricht für Liberia? Für ganz Liberia? Dazu noch ein Deutscher, der vor 40 Jahren länger dort war? Sie zuckt mit den Schultern: Und Hunger und Ebola will man auch nicht haben. Du willst von den Menschen erzählen? Du bist mitten drin im Thema.

Afrika. Fast nichts weiß ich über »Afrika«. Die in mir angelegten Abwertungen und Klischees, die weiß ich. »Wissen«, das aus der Kindheit stammt, Boden, in dem ich gewachsen bin. Denken, das ich nicht denke, sondern als »richtig« fühle, wenn ich nicht drüber nachdenke. Erstaunen, wenn sich die Welt mir entgegen meiner früh eingeübten Annahmen zeigt. Meine Wurzeln stecken in dieser Erde: Die Werte Fleiß und schulische Leistung. Genügsamkeit, Ehrlichkeit. Gott und Kirche. Sportlich und selbstbewusst sein. Also Westdeutschland, Kapitalismus, Mittelschicht. Aufstieg über den Bildungsweg, den zweiten, und protestantische Moral. Eine Siedlung in Stadtnähe, Wohnanlagen, dreistöckig und höher, drei Geschwister, Mutter zu Hause, Fußball auf der Straße. Wirtschaft und

Politik grundsolide, immer der gleiche Kopf auf den Wahlplakaten. // *Achtung, die kommenden Sätze enthalten rassistische Abwertungen und könnten bei von Rassismus betroffenen und für Rassismus sensibilisierte Menschen Ungutes auslösen.* // Die Grundschülerin, die ich war, wusste: Englisch ist cool und Popsongs sind cool, die USA, Disney- und Hollywoodfilme. Wertvolle Menschen sind deutsche Menschen, Menschen der USA und Westeuropas. Menschen aus Osteuropa, Türkei und aus dem Iran sind es weniger. Ist doch klar. Man lernt ja nicht Türkisch ab Klasse fünf, hört keine Popsongs auf Polnisch und der Iran hat nicht die Welt kolonialisiert, Indien und Südamerika sprechen nicht Farsi. Afrikanische Menschen sind nicht wie die anderen in den unteren Rängen der Menschen- und Länderhierarchie vertreten, sie spielen in der Werte-Liga nicht einmal mit. Afrika ist Armut, ist Hunger. Afrikanische Menschen müssen gerettet werden. Jahre später: In meinem ersten Semester an der Universität, ein Äthiopier, kurz vor dem Diplom, elegant gekleidet, sehr schlau. Zeitungsartikel über die große Filmindustrie in Nigeria, Nollywood, und über die lebendige Schriftstellerszene in Kampala, Uganda. Noch nicht lange her, die Werbung auf den Oberarmen der Fußballer von FC Arsenal: Visit Rwanda. Und jedes Mal ertappt mich das entlarvende Staunen.

Es ist Sonntag, der 20. Januar. Ich habe die letzten Tage am ersten Kapitel dieses Buches geschrieben, über das Haus, in dem ich nun verschlafen die Treppe hinuntersteige, zur Küche gehe durch die Erdgeschosstür mit dem Namensschild von Alma Winkelmann, am Arbeitszimmer und am Wohnzimmer vorbei. Im Arbeitszimmer höre ich Französisch und Englisch, Fragen, Aufforderungen, Beruhigendes. Ich erinnere mich, heute trifft sich die Schicht, die Alarm-Phone-Schicht. Alarm-Phone sind Freiwillige aus Europa, Tunesien und Marokko, die seit 2015 rund um die Uhr telefonisch für geflüchtete Menschen in Seenot erreichbar sind. Die Telefonnummer wird in Zwischenstationen der Fluchtwege des afrikanischen Kontinents verbreitet. Rufen Schiffbrüchige vom Meer aus an, notieren die Freiwilligen in Paris, Madrid oder im Milchkellerhaus die Koordinaten und alle Informationen zum Notfall. Sie leiten sie an die Küstenwachen weiter und bleiben in Kontakt mit der Bootsgruppe. Ich mache mir einen Kaffee in der Küche, meine Mitbewohnerin kommt aus dem Arbeitszimmer. Sie sagt: Sie gehen nicht ans Telefon. Ich frage, wer? Die Küstenwachen, Libyen, Malta, Italien, und das schon seit Stunden. Da sind einhundert Leute in einem Schlauchboot. Am Abend bricht der Kontakt zum Boot ab. Meine Mitbewohnerin legt sich ins Bett und steht zwei Tage lang nicht wieder auf. Die Zeitung berichtet später, dass die Hundert vom Schlauchboot, deren Notruf im Milchkellerhaus landete, von einem Handelsschiff gerettet wurden, das unter der Flagge von Sierra Leone lief. So weit so gut. Dass sie aber zurück nach Libyen gebracht wurden, in die Geflüchtetenlager, das heißt in rechtsfreie Räume, Foltergefängnisse, und in die Aussichtslosigkeit der Papierlosen. Und dass man nicht weiß, auf wessen Anweisung hin das geschah. Das Schiff heißt Lady Sham, es ist 109 Meter lang, 19 Meter breit und liegt gerade, laut marinetraffic.com, am Hafen von Split in Kroatien. An diesem Wochenende im Januar sind 170 Menschen im Mittelmeer ertrunken. 47 wurden am Samstag vom Rettungsschiff Sea Watch 3 an Bord geholt. Sie hatten vorher die Alarm-Phone-Nummer gewählt und die Koordinaten durchgegeben. Zwei Wochen lang wird die Sea Watch 3 mit den 47 von Hafen zu Hafen fahren, bis sie an Land gehen dürfen. Aber das wissen die Menschen an diesem 19. Januar noch nicht. Was sie wissen, ist: Da ist ein Schiff, das sie rettet und nicht zurückbringt nach Libyen.

VIER | WESTEND KOLONIAL

Trete ich aus dem Milchkellerhaus hinaus, setze ich meinen Fuß auf die Straße Helgoland. Die Insel Helgoland liegt 50 Kilometer vor Sankt Peter-Ording im Meer. Die Menschen der Insel wurden mal zum Herzogtum von Schleswig-Holstein-Gottorf gezählt, mal zu Dänemark und von 1807 bis 1890 zum Vereinigten Königreich Großbritannien und Irland. Am 1. Juli 1890 trat Großbritannien Helgoland an das Deutsche Kaiserreich ab, das im Gegenzug unterschrieb, auf Gebietsansprüche auf Sansibar zu verzichten. Sansibar gehört zu Tansania an der Ostküste Afrikas und besteht aus zwei großen und einigen kleinen Inseln. Helgoland wurde also 1890 wieder deutsch und Sansibar wurde britisch. Seit zehn Jahren war zu diesem Zeitpunkt ein Wettlauf europäischer Staaten um afrikanische Territorien in Gang gekommen und das Deutsche Reich war mit dabei. Man stelle sich einmal vor: Der Kongo und der Tschad streiten sich darum, wer Ansprüche auf Deutschland erheben darf, da der Kongo einen Ost-West-Korridor durch Europa und der Tschad einen Nord-Süd-Korridor haben möchten. So geschehen mit England und Frankreich in Afrika, Streitpunkt Sudan, England will die Nord-Süd-Verbindung, Frankreich den Kontinentgürtel Ost-West. Im Weg ist England auch die Kolonie Deutsch-Ostafrika, die die heutigen Länder Tansania, Burundi, Ruanda und einen kleinen Teil Mosambiks umfasst. Bis zum Ersten Weltkrieg, dann ist das Kolonialmachtskapitel Deutschlands vorbei. Aber in den Köpfen ist es das nicht. Nicht im kollektiven Bewusstsein und nicht im Raum der Öffentlichkeit: Für die Kolonialgeschichte en gros reicht ein Gang durch die Straßen des Viertels, in dem ich wohne.

Gehe ich die Straße Helgoland Richtung Hafen hinauf und biege an ihrem Ende links ab, kommt auf der rechten Seite die Karl-Peters-Straße. Geehrt wird hier ein Rechtswissenschaftler, der die Kriminalpädagogik begründete mit der Idee dahinter: resozialisieren statt wegsperren. Er bekam zeit seines Lebens viele Auszeichnungen, aber mit einer Straße geehrt wird er hier, weil er nicht Müller oder Schmidt hieß und nicht Richard oder Werner. Bremen wollte dem Carl Peters, der Deutsch-Ostafrika gründete und dem die Straße vormals gewidmet war, keine Ehre mehr zuteilwerden lassen, aber der Mehrheit der Anwohnenden war das herzlich egal, die Gewohnheit ihrer Adresse war ihnen anscheinend lieber. Der Beirat des Stadtteils blieb beim Ergebnis der Anwohnerbefragung, die dies zutage brachte, aber widmete die Straße kurzerhand dem rechtswissenschaftlichen Namensvetter. Was hätten sie gemacht, wenn der Name nicht Peters, sondern Stötzel, Swiderski oder Sülzenfuß gewesen wäre? Die Ehre, die dem ursprünglichen Carl Peters widerfahren war, erwuchs aus seiner Überzeugung, *weiße* Menschen des Deutschen Reiches seien »etwas Besseres« als andere, »entwickelter« und hätten daher ein Recht auf einen »Platz an der Sonne«, auf die Ausbeutung der Ressourcen unterhalb dieser Sonne und auf die Arbeitskraft der nicht *weißen* Menschen, die da bereits lebten. Carl Peters fährt im Jahr 1884 ins östliche Afrika, trifft sogenannte »Häuptlinge«, trinkt Branntwein mit ihnen und lässt sie drei Kreuze unter deutsche Sätze setzen, mit denen er beim Kanzler Bismarck erscheint und »Schutzbriefe«, das heißt die Zusage einfordert, mit der Waffengewalt des Deutschen Reiches die vermeintlich erworbenen Gebiete zu »verteidigen«, also zu bedrohen.

Die von Bismarck erfüllte Zusage kostet der defensiven Schätzung nach 100 000 Menschen in Ostafrika das Leben. Carl Peters kostete es nicht sein Leben, aber für ein paar Jahre seine Pension, weil er sich nicht als gemäßigter, sondern als ungezügelter »Herrenmensch« in Ostafrika aufspielte. 40 Jahre später hätte er mit diesem Verhalten die Karriereleitern steil erstiegen, aber Ende des 19. Jahrhunderts nahm man es ihm noch übel, dass er willkürlich Menschen erschoss, und seine Geliebte Jagodia und den Nebenbuhler Mabruk erhängte und ihre Dörfer anzündete. Ab dem Ersten Weltkrieg erhielt er dann doch die Pension, während in den Kämpfen um die Kolonie Deutsch-Ostafrika und durch ihre Folgen, Hunger und Krankheit, eine halbe Million Menschen ihr Leben ließen.

In Bremen hatte man indes 1896 das spätere Kolonial- und Überseemuseum eröffnet, in das man den Schädel des Hehe-Chiefs Mkwawa (Mkwavinyika Munyigumba Mwamuyinga) gebracht und nur unwillig, obwohl festgehalten im Versailler Vertrag, 1954 wieder rausgerückt hat. Chief Mkwawa hatte der Kolonialmacht einen empfindlichen Dämpfer in ihrer Ansicht der vermeintlich *weißen* Überlegenheit beigefügt, indem er 1891 die »Schutztruppe« für Deutsch-Ostafrika vernichtend besiegte. Ich frage mich, ob das Umbenennen der Breslauer Straße in Carl-Peters-Straße im Jahr 1954 (!) mit der »Schmach« des Zurückgebenmüssens des Schädels eines siegreichen Schwarzens über die deutsch-invasorischen *Weißen* zusammenhängt. Auch ein anderer abgetrennter, geraubter Schädel wurde – wie Tausende weitere – nach Deutschland verschleppt und musste für abgründige Rassentheorien herhalten. Es ist der Schädel des Chagga Chiefs Mangi Meli, den der Chagga und heutige Berliner Mnyaka Sururu Mboro seit Jahrzehnten in den Kellern der Museen Deutschlands sucht. Insgesamt wird die Anzahl nichteuropäischer menschlicher Überreste in deutschen Museen auf 20 000 geschätzt, davon 5500 Schädel allein in Berlin.

Die Eingangstür der Ross-Schlachterei der Karl-Peters-Straße ist bereits geschlossen, der Besitzer putzt die Auslagenscheiben des Verkaufstresens. Ich klopfe an, er öffnet mir, ich frage ihn, warum die Straße 1954 umbenannt wurde? Hmmm, sagt er, hier ist ja alles kaputt gewesen, vielleicht wurde die Straße 54 erst wiederaufgebaut? Ja, vielleicht, aber warum nicht mehr als Breslauer dann, sondern als Petersstraße? Der weißbekittelte Pferdeschlachter zuckt mit den Schultern, die alten Nazis waren doch lang noch in Amt und Würden. Eine Kundin eilt durch die offenstehende Ladentür, ob er noch Frikadellen habe? Er nickt und verschwindet im Lagerraum.

Die Karl-Peters-Straße macht am Ende eine Kehre und wird zur Nachtigalstraße, womit mein Gang durch das Viertel nicht in der Ornithologie mündet, sondern in einem weiteren Kapitel der deutschen Kolonialgeschichte. Deutsch-Südwestafrika, Südwest abgekürzt, das heutige Namibia. Bevor Gustav Nachtigal dort im Jahr 1884 auftauchen konnte, um eine deutsche Besitzergreifung zu besiegeln, kamen die Bremer Kaufleute Adolf Lüderitz und Heinrich Vogelsang auf die Idee, auf dem fernen Kontinent Land für sich und ihren Handel zu okkupieren. Gustav Nachtigal besiegelte in Togoland (Togo und das östliche Ghana) und Kamerun die deutsche Besitzübernahme nach Vorarbeit des Hamburger Kaufmanns Adolph Woermann, in Südwestafrika nach Vorarbeit der Bremer Kaufleute.

Und die ging so: Der 21-jährige Vogelsang arbeitete im Tabakhandel von Lüderitz und wurde an die Küste Südwestafrikas geschickt zur Durchführung desselben »Schutzbrief«-Betrugs-Vorgehens: Ein politisch Verantwortlicher, in diesem Fall der Kaptein Josef Frederiks der Gruppe !Aman, ein Vertrag und fünf Meilen Land rund um eine Bucht für 100 britische Pfund und 200 Gewehre. Die fünf englischen Meilen (eine Meile sind 1,6 Kilometer) wurden von Lüderitz nachträglich als deutsche Meilen ausgelegt (7,4 Kilometer), womit er seine private Kolonie um ein Vielfaches vergrößerte und selbige Abzocke Vogelsang bei einem zweiten Vertrag ebenso anwenden ließ. Den Protest Josef Frederiks dazu, in den Akten des ehemaligen Reichskolonialamts erhalten, ignorierten die Behörden des Deutschen Kaiserreichs – 200 alte Gewehre waren wohl zu wenig, um nicht übergangen zu werden. Das vertragliche Vorgehen der Bremer Kaufleute wurde »Meilenschwindel« genannt und Lüderitz erhielt den Spottnamen »Lügenfritz«. Nichtsdestotrotz bekam er, was er wollte: den Rückhalt Bismarcks, Land für seinen Handel, Land für deutsche Siedler:innen, Minenkonzessionen, eine Bucht und eine Stadt mit seinem Namen, die bis heute besteht, die namibische Hafenstadt Lüderitz. Was er nicht bekam: die Verbindung der Kolonie Deutsch-Südwestafrika mit der Kolonie Deutsch-Ostafrika, auch wenn es im Helgoland-Vertrag noch zum Caprivi-Zipfel kam, der bis heute wie ein einarmiges Geweih aus dem Nordosten des Landes herausragt und Namibia mit dem Fluss Sambesi verbindet. Namibia ist anderthalb Mal so groß wie Deutschland. Vor der deutschen kolonialen Besitznahme lebten in diesem Land 80 000 Herero, 60 000 Owambo, 35 000 Damara und 20 000 Nama.

Ich verlasse die Straße von Nachtigal und laufe zur Straße von Leutwein, die bekannt ist für ihre Einrichtungen der Prostitution. Leutwein wiederum ist nicht bekannt für seine Rolle im Kampf gegen den organisierten Widerstand in der Kolonie Deutsch-Südwestafrika. Es gab 19 Aufstände insgesamt, und er war für die Niederschlagung der Aufstände der Herero und der Witbooi zuständig, die zu den Nama gehören und abwertend »Hottentotten« genannt wurden. Für diesen Job war er als Major nach Südwestafrika berufen worden. Der Kaptein Hendrik Witbooi führte seit Jahren einen Guerillakrieg, Leutwein zwang ihn mit drei Kompanien in die Abhängigkeit. Witboois Tagebücher sind als erste Schriften zum panafrikanischen Widerstand in das Weltdokumentenerbe der UNESCO eingegangen. Als sich zehn Jahre später die Herero erhoben, führte Leutweins Strategie des Teilens und Herrschens und Verhandelns mit den gegeneinander ausgespielten Bevölkerungsgruppen nicht mehr zum gewünschten Erfolg. Er musste Lothar von Trotha weichen, der den Vernichtungsbefehl zum Völkermord ausrief: Er, der »große General des mächtigen Deutschen Kaisers« verkündete, dass jeder Herero auf »deutschem« Gebiet – er meinte tatsächlich das Gebiet, auf dem er als Eindringling, Landräuber und Mörder herumhockte – erschossen werden würde.

Bei der Schlacht am Waterberg 1904 und der darauffolgenden Flucht der Menschen, jung und alt, in die Trockensavanne der Omaheke, verlor mehr als die Hälfte aller Herero ihr Leben. Das Vertreiben von den Wasserstellen war für diese Zwecke ebenso geeignet, wie das spätere Errichten von Konzentrationslagern für die Überlebenden. Die Bedeutung der Schlacht am Waterberg für Trotha und seine Konsorten ist in Bremen ebenso mit einer Straße im öffentlichen Gedächtnis verankert, die Waterbergstraße, gleich neben der Straße Südwest. Und: Der Berg heißt eigentlich Omuverumue. Aber wie etwas eigentlich heißt, ist mit den *weißen* mordenden Menschen, die auf Schiffen daherkamen, durcheinandergeraten. Einer dieser Menschen nennt vor 500 Jahren eine große Insel nach einem Küstenstreifen, an dem er letztens auch schon vorbeigesegelt war. Die Insel liegt zwar ganz woanders, aber bis heute heißt sie Neu-Guinea, 17 000 Kilometer Luftlinie von dem anderen Guinea entfernt. Dass sie seit 50 000 Jahren bewohnt, längst »entdeckt« und benannt worden war, interessierte die Invasoren nicht. Auf der Insel gibt es die Vielzahl von 1000 Landessprachen. Landessprachen haben Wörter für die Welt, die die Sprechenden umgibt. Die dahergesegelten Eindringlinge nannten ihre jeweils erbeuteten Inselanteile Niederländisch-Neuguinea, British-Neuguinea und Kaiser-Wilhelm-Land, das zum Kernstück der Kolonie Deutsch-Neuguinea wurde.

Ich verlasse die Leutweinstraße und biege in die Straße von Columbus ein, mit dem das ganze Kolonialelend begann. Die Columbus- wird zur Helgolanderstraße, die Helgolanderstraße trifft auf die Heerstraße, und auf der Heerstraße gibt es einen Supermarkt der Einkaufsgenossenschaft der Kolonialwarenhändler: E.d.K., Edeka. Kolonialwaren sind Lebens- und Genussmittel aus Übersee. Der Historiker Sven Beckert und die Soziologin Mindi Schneider schreiben: »Jeden Morgen entsteigen Millionen von Europäern den Baumwoll-Laken ihres Bettes, stellen sich unter die Dusche, deren Wasser durch Kupferrohre fließt, waschen sich mit Seife, die auf Palmöl basiert, nehmen Kaffee oder Tee zu sich und essen Brot mit gezuckerter Marmelade oder Aufschnitt von sojagemästeten Tieren. So gut wie nichts von dem, was ihren Morgen so angenehm macht, stammt vom europäischen Kontinent.«

Einen Kilometer auf der Heerstraße Richtung Zentrum gelaufen und rechts abgebogen kommt man auf die Straße von Otto Finsch, einem Ornithologen. Er bereitete als Kaufmann und Naturforscher die Inbesitznahme von Deutsch-Neuguinea vor, die mit der Kolonie Deutsch-Samoa »Deutsche Südsee« genannt wurde. Bis heute sind ein Distrikt und eine Stadt in Papua-Neuguinea nach ihm benannt, und sogar ein Krater auf dem Mond trägt seinen Namen. Sämtliche Erhebungen und Ausbuchtungen des Mondes sind nach überwiegend *weiß*-männlichen Menschen benannt. Die Deutschen nannten die 200 Inseln neben Papua-Neuguinea Bismarck-Archipel, und so heißen sie bis heute. Die größte erhielt den Namen Neupommern, und die Halbinsel Gazelle ist bis dato nach einem deutschen Kriegsschiff benannt, so sehr haben sie ihre Waffen geliebt: SMS (Seiner Majestät Schiff) Gazelle. Eine Inselbucht musste für eine britische Kriegsschiffsliebeserklärung herhalten, HMS (His/Her Majesty's Ship) Blanche, Blanchebucht, und die Duke-of-York-Insel hieß deutsch Neulauenburg und davor Amakada. Zu Amakada gehört die Insel Kabakon, deren Einwohnende zuerst einen gewalttätigen deutschen Forscher und Landkäufer ertragen mussten, bevor sie ihn umbrachten, und dann einen deutschen Sektengründer, der überzeugt davon war, dass Nacktheit und der vorwiegende Verzehr von Kokosnüssen zu einem gottähnlichen Zustand der Unsterblichkeit führen würde. Ihn ließen sie gewähren. Auch wenn er alle Fructivoren und Freunde der naturgemäßen Lebensweise zur Inbesitznahme der Südsee für die Gründung des fructivorischen Weltreichs aufrief. Es kam aber nicht mehr dazu. Er starb 43-jährig abgemagert an Malaria.

Von der Otto-Finsch-Straße aus sind es noch zwei Kilometer bis zum Bahnhof. Auf der Rückseite des Bahnhofs steht ein zehn Meter hoher Elefant aus dunkelroten Klinkersteinen, das Anti-Kolonial-Denk-Mal. Das hieß einmal Reichskolonialehrendenkmal, eingeweiht 1932, und sollte an die deutschen Soldaten erinnern, die im Kampf um die Kolonien im Ersten Weltkrieg ihr Leben ließen: 1490 Namen in einem Buch in einer Krypta unterhalb des Elefanten. Es erinnerte auch daran, dass Deutschland seine Kolonien gefälligst wieder zurückhaben wolle, das »ehrlich erworbene Land«. Bei der Eröffnungsfeier erinnerte Bürgermeister Spitta an die »unverjährten und unverjährbaren Rechte Deutschlands auf gleichberechtigte koloniale Betätigung in der Welt«. Gleichberechtigt? Will der Tschad doch den Nord-Süd-Korridor durch Europa? Die Allee, die bis heute zu Spittas Ehren seinen Namen trägt, ist die Durchgangsstraße eines großbürgerlichen Stadtteils. Von ihr zweigt die Allee von August Bebel ab. Bebel hat im Reichstag deutlich Stellung gegen die Kolonialpolitik des Kaiserreichs bezogen. Er hat 1906 mit seiner Partei, der SPD, den Nachtragshaushalt verweigert, mit dem der Krieg gegen die Nama finanziert werden sollte.

Ich stehe vor dem Elefanten und blicke durch die Fenster im Klinker in die Krypta hinein, einen dunklen, quadratischen Raum, darin eine hingeworfene Decke, leere, zerdrückte Getränkedosen. Die Plakette mit dem Bildnis von Adolf Lüderitz hängt längst nicht mehr über dem Eingang, das Buch mit den Namen der Toten liegt im Staatsarchiv. Eine Tafel erklärt, dass der Elefant 1990, zur Unabhängigkeit Namibias, in Anti-Kolonial-Denk-Mal umbenannt worden ist und dass der Park rundherum den Namen von Nelson Mandela trägt. In einem großen Kreis, mit Steinplatten eingefasst, liegen rötliche Steine. Brocken, einige scharfkantig, nach oben ragend, andere rund, neben kleineren, zu einem Pflaster zusammengelegt. Es ist der Erinnerungsort an die Opfer des Völkermords an den Herero und Nama, es sind 365 Steine aus der Trockensavanne der Omaheke.

FÜNF | WESTEND MEER

Ich klettere auf den Elefanten, breite meine Flügel aus und fliege nach Haus. Gewinne Höhe über dem Bahnhofsgebäude und drifte ab nach Westen, vor mir die Sonne am Horizont. Ich fliege über viel Beton und über Autos hinweg, der Wind treibt mich hinauf, fliege durch Zeit und durch Raum, und sehe die Mondkraterstraße unter mir liegen, kleine Häuser, Kopfsteinpflaster. Auf der Straße haben sich 250 Menschen versammelt und in der Mitte stehen zwei, die sehen nun hoch, die sehen mich an. Du weißt nicht, wer wir sind, richtig? Ich bin Samuel, sagt der eine, mein Titel lautet Sou Madau, Meister des Ozeans. Ich habe den Streik angeführt, dann den Aufstand, dann den Guerillakrieg gegen die Deutschen. Genau!, rufen einige der um ihn Stehenden und recken ihre Fäuste in die Luft. Und ich bin Jomatau, sagt der andere, wir sind von der Insel der Sokehs, wir nämlich sind Sokehs. Als er das sagt, sehen alle auf. Unsere Insel liegt im Pazifik, neben der Insel Pohnpei, und da waren plötzlich die Deutschen. Haben die Macht an sich gerissen und uns Zwangsarbeit auferlegt. Wir haben uns gewehrt. Fünf Marineschiffe mit 750 Soldaten und 200 Söldnern haben es nicht geschafft, den Aufstand von uns 250 niederzuschlagen. Erst das Abbrennen der Dörfer und der Ernte hat uns aufgeben lassen. So also führen sie Krieg. Verbrannte Erde. Merk dir unsere Namen, wir sind Sokehs, unsere Inseln heißen Deke Sokehs und Pohnpei, und ich bin Jomatau. Und ich Samuel, Meister des Ozeans, Samuel Sou Madau. Als er das sagt, rauschen mit einem Mal Wellen heran, prächtige Wellen, es sind Südsee-Wellen, und ein Wind kommt auf, ein warmer, der treibt mich fort.

Kurz vor dem Hafen nach Übersee lässt der Wind nach und ich fliege zum Wasserturm, zur Straße von dem, der nicht Swiderski hieß. Auch dort sind viele Menschen versammelt, und da sind zwei, die sind prächtig gekleidet. Ich bin Isike, sagt der eine, Sohn von Mkasiwa Kiyungi und Verantwortlicher, wir sagen »Mtemi«, des Reiches Unyanyembe in der Region der Nyamwezi, Ostafrika, im heutigen Tansania. Ich habe Widerstand geleistet, einen Guerillakrieg geführt bis zum Schluss. Der Mann neben ihm nickt ernst, sagt, ich bin Swetu, sein Stellvertreter. Ich habe sein Werk fortgeführt, zwei weitere Jahre Krieg.

Ich fliege die Straße weiter hinauf, sie ist voller Menschen, jungen Frauen und alten, alten Männern und jungen, vielen Kindern. Um zwei Männer herum hat sich eine Traube gebildet, es sind zwei, die eine besondere Ausstrahlung haben. Abushiri ibn Salim al-Harthi, der Befehlshaber des Krieges der ostafrikanischen Küstenbevölkerung erhebt das Wort. »Diese Leute benahmen sich völlig rücksichtslos, rissen Flaggen herab und hissten andere auf, gaben uns Befehle und Vorschriften, und benahmen sich überhaupt, wie wenn sie die Herren des Landes und wir alle ihre Sklaven seien. Wir sahen der Sache eine Weile zu, dann jagten wir die *Weißen* einfach fort, wie man übermütige Jungen fortjagt.« Der Mann neben ihm ist Kinjikitile Ngwale. Er sagt, ich habe den größten Kolonialkrieg angeführt, hier stehen Menschen aus über 20 Bevölkerungsgruppen, er zeigt mit dem Arm in die Menge. Wir sind Matumbi, ruft einer, viele jubeln. Wir Ngindo, ruft eine andere, Applaus braust auf. Ngwale sagt, ich habe uns eine Geschichte gegeben, eine uns einende. Ihr Symbol war das Wasser. Maji-Maji heißt dieser Krieg, Maji heißt auf Swahili Wasser. Kaum hat er das gesagt, fällt Wasser vom Himmel, und ich schüttele mich und fliege fort. Aber nicht weit. Zwei weitere Männer halten mich fest in ihrem Blick. Es sind Mkwawa, der den Krieg der Hehe im Gebiet um die Stadt Iringa befehligte und den selbst gewählten Namen »der Schlächter« trug, und Mangi Meli Kiusa, Fürst von Moshi im Land der Chagga. Er sagt, an meinem Todesort steht geschrieben, »ich bekämpfte die kolonialen Invasoren aus Deutschland und wehrte mich entschlossen gegen die Besetzung der Kilimandscharo-Region und gegen die Unterdrückung der Bevölkerung. Mein Widerstand endete am 2. März 1900, als ich mit 18 weiteren Chiefs und Oberen gehängt wurde.« Er sieht mich an, mein Haupt soll nach Deutschland verschifft worden sein und konnte bis heute nicht gefunden werden. Es gibt einen von uns, der sucht seit Jahrzehnten danach, hier in deinem Land. Suchst du mit? Überrascht will ich den Finger auf meine Brust setzen und fragen, warum denn ich? Aber ich habe keine Finger, ich habe Flügel, und so stürze ich ab im Flug und lande auf seiner Schulter. Er wendet seinen Kopf mir vorsichtig zu – Vögel sind scheu – und flüstert, warum denn nicht?

Auffliegen will ich, aber eine Frauenhand packt zu, nimmt mich hoch und trägt mich beiseite. Was wird das hier?, fragt sie, mich neugierig betrachtend. Mächtige Männer mit Namen, mehr nicht? Die, die Gewalt angewendet haben? Genug Gewalt, um einzugehen in die Geschichte? Schriftliche Quellen, History, his story? Sie sagt, ich bin auch von den Chagga, dreht und wendet mich in der Hand. Dem Lexikon eurer Sprache fällt zu Chagga ein einziger Name ein, der eines deutschen Missionars. Und du? Denkst du bei Chagga-Frauen an Bastrock und bare Brust? An Strohhütte, Maniok und Mais? An begrenzte Horizonte? Flieg durch die Zeit und sieh nach! Und bis dahin kenne ein paar Chagga-Frauen aus späterer und heutiger Zeit. Sie trägt mich zur anderen Seite der Straße, wo sechs Frauen beieinanderstehen. Das sind Lucy Lameck, flüstert sie, erste Ministerin 1962, und Salome Mbatia, eine spätere. Daneben meine Großmutter Tawaia Somi, fünf Kinder, die Landwirtschaft und das Haus, dann Eliesha Lema, Schriftstellerin, Verlegerin und Aktivistin, Hellen Kijo-Bisimba, Menschenrechtsaktivistin und Rosa Ree, unsere bekannteste Rapperin. Die sechs Frauen haben uns entdeckt und sehen uns neugierig an. Die Frau, die mich trägt, hebt die Hand zum Gruß, öffnet sie dabei leicht und ich flattere aufgeregt fort. Segle einmal um den Wasserturm herum und fliege über die Straße hinweg zu der Straße, die keinen Vogel meint. Menschen aus den heutigen Ländern Togo und Ghana sind hier beisammen, die sich gegen die deutsche Besatzung gewehrt haben. Männer und Frauen aus den Städten und Orten Atigbe und Tové, Salga und Shiare, Bassar, Mangu, Bapure, Akepe, Alibi und vielen anderen.

Ich fliege eine Schleife zur Straße der vielen Autos und sehe unter mir eine kleinere, die von ihr abgeht. Auf ihr lande ich zwischen einer Gruppe, die sich versammelt hat. Es sind die Beamten und Mitglieder des Gemeinderats um den Nama-Kaptein Hendrik Witbooi aus dem heutigen Namibia. Es sind Samuel Isaak, Daniel Pitter, Isaak Witbooi, Daniel Links, Keizer Keizer, Louder Bukuur, Jakob Pitter, Abel Paul, Jesaias Witbooi, Salomo der ältere und Salomo der jüngere Witbooi, Jonas Josef, Markus Markus, Elias Diedrick, Johann van Zyl und Thomas Links. Sie stehen um ihren Kaptein herum und neben dem steht ein hochgewachsener Mann mit Schnauzbart und Schlapphut. Jacob Morenga, der wichtigste Befehlshaber des Krieges der Herero und Nama 1904 bis 1908. Die Gruppe steht einige Jahre früher beisammen, mit der Frage, wie man nun weitermachen soll im Umgang mit den eindringenden *Weißen*.

Hendrik Witbooi liest aus seinem Tagebuch aus Notizen zum Gespräch mit dem Vorgänger dessen, in dessen Straße er steht: »Ich soll einen Schutzvertrag mit euch Deutschen eingehen? Die Sache erscheint mir unmöglich und wunderlich, ich kann sie nicht verstehen. Dieses Afrika ist das Land von uns roten Kapteinen. Wenn über einen von uns eine Gefahr kommt und er sich zu schwach fühlt, ihr allein zu begegnen, so kann er zu seinen Mitbrüdern, den Kapteinen der roten Volksstämme sagen: ›Kommt Bruder oder Brüder, lasst uns für unser Land Afrika zusammenstehen und die Gefahr abwenden, die mit Gewalt in unser Land eindringen will.‹ Denn nach Farbe und Lebensart gehören wir zusammen. Dass wir verschiedene Königreiche und Gebiete besitzen bedeutet nur eine nebensächliche Unterteilung Afrikas.« Die Beamten, zwischen denen ich auf dem Boden hocke, nicken zustimmend und kommentieren murmelnd. Hendrik Witbooi nimmt einen Brief zur Hand und liest daraus vor. Es ist sein Schreiben an den Kaptein Josef Frederiks. »Ich bin sehr ungehalten über Euch und alle Kapteine von Groß-Namaqualand, die Ihr deutschen Schutz angenommen habt und dadurch den *weißen* Menschen Rechte und Einfluss in unserem Lande gebt. Die Sache mit den Deutschen sehe ich mit ganz anderen Augen an. Sie geben vor, Euch vor anderen großen Nationen schützen zu wollen. Mir scheint aber, sie selbst sind die große Nation, die mit Gewalt in unser Land kommen will.« Gemurmel kommt auf, es gibt viele Zwischenrufe. Morenga sieht hoch. Ich trippele etwas näher heran. Morenga erhebt das Wort: »Meine Bedingungen, um Frieden mit euch Deutschen zu machen sind sehr einfach: In dem Land, das uns gehört, frei zu leben.« Zustimmung ertönt. »Nein, wir glauben nicht, gegen das mächtige Deutsche Reich gewinnen zu können. Aber ein Verhandlungsfrieden ist möglich, da wir euch über Jahre schwere Verluste zufügen können. Wir werden weiterkämpfen bis zum letzten Mann. Warum? Damit *ihr* und *wir* Menschen bleiben können.« Die Menge nickt.

Nachdenklich fliege ich auf und lasse die Gruppe zurück. Ich vermeide die Straße dessen, mit dem das ganze Unheil begann, fliege durch plötzlich aufkommenden Regen am Wasserturm hindurch und lande auf einer Fensterbank. Es ist die, die zu meinem Zimmer führt, in einem Haus in der Straße Helgoland. Ich putze mein Gefieder und bleibe noch etwas sitzen. Hinter dem Funkturm rauscht leise das Meer.

ARTLAND

SECHS | Gehrde am Meer

Es ist Anfang April. Ich warte auf den Frühling, und die Mauersegler sind auf dem Weg nach Europa. 30 Tage brauchen die schwedischen Segler für den Frühjahrszug, die Ankunft der Segler meiner Straße liegt zwischen dem zweiten und dem fünften Mai, einzelne kommen auch früher. Ich überschlage die Route, ich denke, jetzt sind sie in Liberia oder jetzt fliegen sie über den Golf von Guinea, tiefblaues Wasser, Sonne, sich auftürmende Wolken. Einige streben bereits der Sahara zu, andere überqueren sie schon. In einem Jahr möchte ich in Liberia sein, heute fahre ich nach Gehrde. Es ist der Zug geworden, zusammen mit dem Fahrrad für die letzten sechs schienenlosen Kilometer. An diesem Tag ist es sonnig, aber kalt, so wie der ganze Frühling dieses Jahres kalt ausfallen und meine Mauersegler-Zugrouten-Zeitrechnung bis zur Sahara vielleicht, aber danach nicht mehr aufgehen wird. Die Mauersegler lassen sich Zeit. Sie kreisen am Himmel von Marokko oder Spanien, sie warten auf wärmeres Wetter, auf genügend Insekten im Norden.

Aus dem Zug sehe ich das frühe Grün der Birken und das noch kahle Geäst der Buchen und Eichen. Sich hell ballende Lindenblätter und die Fünf-Blatt-Blätter der Kastanien, noch nicht entfaltet, abgeknickt hingehalten, wie eine Lady ihre Hand hinhält zum Kuss. Die Landschaft der 77 Luftlinienkilometer zwischen Regenrinne und Kirchendachboden ist die der norddeutschen Tiefebene, weit und flach, manchmal gewellt. Baum- und Gebüschreihen, viele Felder, kleine Waldgebiete. Ein Fluss, ein Kanal. Rest- und Bauernhöfe in den Dörfern, Einfamilienhäuser an den Rändern der Kleinstädte. Beim Bahnhof Bersenbrück empfängt mich der Schaukasten des CDU-Stadtverbands und auf der Landstraße nach Gehrde der Gegenwind. 14 Windräder treibt er an, die sich in den Feldern drehen, während ich in die Pedale trete. In der Ferne sehe ich die Spitze des Gehrdener Kirchturms aus dem 18. Jahrhundert, der Kirche Sankt Christophorus aus dem

13. Jahrhundert, und als ich das Fahrrad einige Minuten später vor dem Kircheingang außer Atem zum Halten bringe und den bemützten Kopf in den Nacken lege, sehe ich über der großen Kirchturmuhr die glockenförmigen Geschosse eines prächtigen Turms, auf dem ganz oben, wie die Tradition es will, ein Hahn auf einem Kreuze steht. Ich bewundere die Häuser an der alten Kopfsteinpflasterhauptstraße, Fachwerk, gestufte Giebel, Scheunentore, und werde, so steht es im Infokasten der Gemeinde, in der »Idylle des Artlandes« herzlich willkommen geheißen. »Artland« schlage ich nach: Eine Samtgemeinde und ein Naturraum, entstanden aus einem eiszeitlichen Gletscherrandsee, aus dem eine Sumpflandschaft wurde, durch die sich unzählige Arme der Hase schlängelten. Aus dem Sumpf wurde fruchtbarer Boden, auf dem Boden gedieh die Landwirtschaft, mit der Landwirtschaft wurden die Bauern reich, und mit dem Reichtum bauten sie prachtvolle Höfe, die heute stolz mit einer »Artland-Route« vorgestellt werden. Ein reisender Prediger notierte im 18. Jahrhundert über die Gegend: »Man siehet hier schöne Wiesen und Kämpe, das Getraide wächst hoch und voll. Der fröhliche Blick des Bauern, der sonst Menschen dieses Standes in Niederwestphalen nicht eigen ist, sein freieres offenes Wesen verräth einen bessern Zustand. Hier herrscht eine Wohlhabenheit, die man in ganz Niederosnabrück und Niedermünster bis nach Ostfriesland vergeblich sucht.«

Die Geschichtsschreibung des Ortes beginnt früher als des Predigers Reise. Sie notiert eine erste Erwähnung unter dem Namen Girithi auf einer Urkunde Ottos des Zweiten im Jahr 979. Sie erwähnt die Pest, die 1350 den Ort erreichte, weswegen man die Kirche nach Sankt Christophorus benannte, einem der 14 Nothelfer, der auch bei Gewitter und Hagel angerufen wird, bei Hungersnöten, Epilepsie, Zahnweh und schlechten Träumen. Sie berichtet von der Gründung der bis heute aktiven Schützengesellschaft im Jahr 1524 und dokumentiert die Schilde der Königsketten, auf denen die Schützenkönige – ausnahmslos männliche Mitmenschen – verewigt wurden. Der Hagel am zweiten Tag des Schützenfestes des Jahres 1895 hinterlässt eine Plakette mit nüchterner, unzweideutig gemeinter

Feststellung: kein König wegen Verhagelung. Gehrde wird 1624 evangelisch, Gehrdes Kinder gehen 1688 zum ersten Mal in die Schule und Gehrdes Kirche erhält 1740 den noch heute bestehenden Turm mit einer Höhe von 50,23 Meter, erbaut von Meister Schönebaum. Drei Jahre zuvor war der Dachreiter der Kirche vom Blitz getroffen worden, und einige Jahre später brannten 15 Häuser im Ortskern ab, am 5. November 1749. Der Brand begann in dem Haus, in dem heute Ilse K. wohnt, und eine 47-jährige Frau – so die Überlieferung – fiel beim Anblick des Feuers vor Schreck tot um. 1831 lebten in Gehrde 2700 Menschen, von denen im Sommer 400 zur Arbeit nach Holland gingen. Die »Hollandgänger« mähten Gras, stachen Torf oder fuhren auf Walfang und auf holländischen Handelsschiffen zur See. Es heißt, beim Lesen der Sterberegister der Kirchenbücher käme es einem so vor – so viele Seeleute seien erwähnt –, als läge Gehrde am Meer.

Von 1832 bis 1866 wanderte beinahe das halbe Dorf, 1218 Menschen, nach Amerika aus. Die meisten von ihnen fuhren nach Bremen und bestiegen für die Überfahrt des Atlantiks ein Dampfschiff in Bremerhaven. Im Immigrationszentrum Castle Garden von New York wurden in 35 Jahren 4346 Schiffe mit acht Millionen Einwandernden gezählt, bei denen die Anzahl der Deutschen an erster Stelle stand, 3 425 000, gefolgt von den Iren, 2 541 000, und Menschen aus 23 anderen Ländern. Nach Castle Garden übernahm die Insel Ellis Island die Rolle des Immigrationsempfangs, die Nachbarinsel von Liberty Island, auf der seit 1886 die Freiheitsstatue, ein Geschenk aus Frankreich, steht. Innerhalb von 62 Jahren wurden zwölf Millionen Menschen auf dem kleinen Stück Land im Hudson River registriert. Nach Ankunft mussten sie die Robustheit ihres Herzens durch das Erklimmen von 50 steilen Stufen erweisen, sich auf Krankheiten untersuchen lassen und, wenn diese nicht zu verbergen waren, ein Kreidezeichen auf der Schulter tragen, das ihre Defizite markierte: senil, erblindungsgefährdet, psychisch erkrankt. 109 Namen aus Gehrde sind im Netz dokumentiert: Wilhelmine Bergmann reiste mit 65 Jahren am 28. November 1864 in die USA ein und Elisabeth Ahrens erreichte 25-jährig am 11. Oktober 1888 das ferne andere Ufer. Zwei Jahre später folgte ihre 15-jährige Schwester Gerhilde, und Sophie Fürste kam mit 500 Dollar in der Tasche und der Adresse ihres Bruders, Second Avenue 963, New York, am 15. Juni mit dem Schiff Friedrich der Große an, im Jahr 1904. Grund für die Auswanderung aus Gehrde war die Nichtverteilung des Reichtums der Artland-Gegend. 1846 gab es 198 Grundbesitzer neben 51 Handwerkern – Tabakspinner, Färber, Bäcker –, und Garn- sowie Viehhändlern, die kaum Land besaßen, das sie bewirtschaften konnten. 359 Heuerlinge mit Familien »gehörten« den adeligen Grundbesitzern, hinzu kamen 125 Hollandgänger. Die Heuerlinge lebten ärmlich ohne Aussicht auf Aufstieg oder Veränderung in Scheunen, Back- und Torfhütten. Der Ausweg war die Emigration. Fast alle Gehrder Familien hatten daraufhin Verwandte in den USA, und 1852 konnte der Gehrder Bürgermeister Twelbeck die erste Mähmaschine, die in Deutschland eingesetzt wurde, die pferdegezogene Virginia Reaper, problemlos bei Cyrus McCormick in Chicago kaufen. 1888 schenkte der Vorstand des Gehrder Freundschaftsbundes New York der Gehrder Kirche eine neue Orgel, und zuvor hatte er einen Schützenverein, in dem Plattdeutsch gesprochen wurde, im fernen anderen Kontinent gegründet.

Das wäre sicherlich Benjamin Franklin aufgestoßen, einem der Gründerväter der USA. Der hatte sich 100 Jahre zuvor über das Verhalten der aus Deutschland Eingewanderten geärgert: »Anstatt dass die Deutschen unsere Sprache lernen, müssen wir die ihre lernen oder wie in einem fremden Lande leben. Schon jetzt beginnen die Engländer bestimmte Wohngegenden zu verlassen, die von Deutschen eingekreist sind, weil sie sich dort aufgrund der abstoßenden, ungehobelten Manieren der Deutschen nicht mehr wohlfühlen.« Auch zu Zeiten der Einwanderung aus Gehrde schrieb der Landschaftsarchitekt Frederick Olmstedt, der den Central Park in New York gestaltete, dass die Deutschen unter sich blieben, »sie geben sich nur wenig mit Amerikanern ab«. Im Einwanderungsland blickte man argwöhnisch auf die Minderheit, die starrköpfig an merkwürdigen Ritualen wie dem Abfeuern von Raketen an Silvester festhielt und eine deutsch-englische Sprache mit herkunftsregionalem Einschlag sprach.

Die früh Ausgewanderten haben die Meilensteine der Gehrder Dorfentwicklung nicht mehr mitbekommen: 1848 die Eröffnung der Apotheke und 1865 die erste Straßenbeleuchtung, die Energiequelle war Petroleum. In jenen Jahren gab es in Gehrde 1189 Kühe, 271 Pferde, 174 Schweine, 98 Ziegen und 28 Schafe. Ein Menschenleben weiter wird das neue Pfarrhaus 1938 gebaut mit zwölf Zimmern und Baukosten von über 12 000 Mark. Zwei Jahre zuvor musste ein Gehrder emigrieren, aber der wird in der Gehrder Chronik nicht erwähnt, Hermann van Pels. Um die Jahrhundertwende war er in einem der schmucken Häuser im alten Ortskern geboren worden, in dem er die ersten Jahre seines Lebens verbrachte – dieselbe Kirche, dasselbe Kopfsteinpflaster und die Ur-Ur-Ur-Großeltern der heutigen Mauersegler, die beim Kreisen um den Turm auch über sein Elternhaus flogen. Vielleicht wird er nicht erwähnt, weil seine Eltern aus den Niederlanden nach Gehrde zogen (ab wie vielen Jahren im Dorf gehört man dazu?), vielleicht aber auch weil er Jude war, über die so häufig in der Geschichte geurteilt wurde: Niemals gehört ihr dazu! Mit seinen Eltern zog Hermann van Pels nach Osnabrück und arbeitete im Großhandel seines Vaters für Fleischereibedarf. 1936 floh er nach Amsterdam und stieg dort in den Gewürzhandel eines gewissen Herrn Frank mit ein. 1940, im Mai, besetzte Deutschland das Nachbarland, und die Luft wurde für die zu Feinden erklärten Menschen der Nationalsozialisten und nun auch für die »Hollandflüchter« dünn. Hermann van Pels aus Gehrde bezog am 13. Juli 1942 mit seiner Frau Auguste und seinem Sohn Peter und der Familie von Otto Frank ein Versteck in einem Hinterhaus des Frankschen Betriebs. Anne Frank, die zweite Tochter von Otto, beschreibt den Gehrder Viehhändler in ihrem Tagebuch, wie die anderen sechs Personen auch, mit denen sie in den beengten Verhältnissen zwei Jahre lang ausharrte. Hermann habe immer die Geschäftspost am Abend und am Wochenende studiert und sonst gerne Lexikoneinträge, Medizinbücher,

Krimis und Liebesromane gelesen. Er sei ein politisch interessierter, manchmal arroganter, Widerspruch nicht duldender, aufbrausender und bei ausreichendem Vorrat von Zigaretten gut gelaunter, Witze erzählender Kettenraucher gewesen. Das Versteck wurde am 4. August 1944 entdeckt, wahrscheinlich wurde es verraten. Familie Frank und Familie van Pels wurden mit dem Berliner Zahnarzt Fritz Pfeiffer, dem achten Mitbewohner, nach Auschwitz deportiert. Hermann van Pels wurde in den Gaskammern ermordet, Anne Frank starb an Fleckfieber im Februar 1945 in Bergen-Belsen. Sie wurde 15 Jahre alt, Hermann van Pels 46. Otto Frank überlebte. Als Einziger der im Hinterhaus Untergetauchten.

In Gehrde indes hatten die Nazis keinen Widerstand zu befürchten. Auf den Feldern arbeiteten Kriegsgefangene und Zwangsarbeiter, und nach Kriegsende wurden die Spuren der Hörig- und nationalen Eifrigkeit verwischt, die Gemeindeakten von der SS in der örtlichen Mühle verbrannt. Man beklagte 119 Gefallene und integrierte 376 Heimatvertriebene aus den ehemaligen deutschen Gebieten.

1990 lebten in Gehrde 1544 Menschen, 2002 waren es 856 mehr: 2400. Nicht durch den sprunghaften Anstieg von Geburten, sondern durch Zuwanderung von Menschen aus Russland. Ihre Vorfahren waren aus Deutschland in das Russische Zarenreich eingewandert und wurden je nach Siedlungsgebiet Wolgadeutsche, Wolhyniendeutsche, Krimdeutsche, Schwarzmeerdeutsche oder Sibiriendeutsche genannt. Es gab sogar eine Autonome Sozialistische Sowjetrepublik der Wolgadeutschen, von 1924 bis 1941, in der, in einem Gebiet so groß wie Belgien, 606 532 Menschen gezählt wurden, von denen über die Hälfte Russlanddeutsche waren. Oder Deutschlandrussen. Oder ehemalige Deutsche. Oder Russen mit deutschen Vorfahren, die die deutsche Sprache noch sprachen. Oder Menschen, deren Vorfahren mal nach Russland eingewandert waren, nachdem deren Vorfahren mal nach Deutschland eingewandert waren, so wie die großen Menschengruppen, die im vierten bis zum sechsten Jahrhundert völkergewandert waren, was auch zur Besiedelung der Region von Gehrde führte. Die Goten kamen aus Skandinavien (oder waren sie doch von der Weichsel?) und zogen zum Schwarzen Meer, die Vandalen zogen nach Germanien, Spanien, Nordafrika, die Markomannen nach Süden, dahin kamen die Slawen, die Burgunden gingen nach Westen, die Langobarden nach Mähren, die Alamannen nach Dekumatland, jenseits von Rhein und Donau, heute Südwestdeutschland, das ursprünglich von Kelten und Sueben bewohnt worden war, die weiter bis Spanien-Galicien gingen, wo sie auf die Westgoten trafen. Die Ostgoten gingen in die Türkei, die Angeln nach England, die Sachsen nach Schottland, und besagte Westgoten liefen auf ihrem Weg bis Spanien-Galicien auch durch Italien. Grund für diese Wanderungen waren vielleicht die Hunnen, das weiß man aber nicht so genau, auch nicht woher sie kamen und wer sie eigentlich waren (aber wer weiß so etwas schon genau?).

Im Fall der Russlanddeutschen war eine Einladung ausgesprochen worden: Das Manifest vom 22. Juli 1763 von der aus Deutschland stammenden Kaiserin Russlands, Katharina der Zweiten, der Großen. Es wurde in Zeitungen und Kirchen veröffentlicht und lud dazu ein, in Russland zu siedeln und dafür Privilegien zu erhalten: eine finanzielle Starthilfe, Steuerfreiheit, Selbstverwaltung, die Befreiung vom Militärdienst und die freie Wahl der Religion. Deutsche siedelten daraufhin in verschiedenen Gebieten Russlands, bauten das Land mit auf und assimilierten sich nicht. Sie pflegten die Sprache und die Kultur und stiegen zu einer einflussreichen Gruppe im Zarenreich auf. 100 Jahre nach der Einladung machte der Nationalismus sich breit, die Privilegien der Siedelnden wurden gestrichen, eine »Russifizierung« aller in Russland Lebenden angestrebt. Man war nicht mehr sicher im eigenen Land, obwohl man in diesem Land doch sein ganzes Leben gelebt hatte und geboren worden war. Im 20. Jahrhundert gerieten die Nachfahren der ehemals eingeladenen Siedelnden zwischen die Fronten der Kriege. Russlanddeutsche wurden umgesiedelt, deportiert, verbannt, ermordet. Die Hoffnung, zurück nach Deutschland gehen zu dürfen, wuchs mit dem Maß an Verfolgung, das sie erlebten. Mit dem Umbruch von 1989 war die Möglichkeit endlich da.

2,3 Millionen Russlanddeutsche wanderten nach Deutschland ein, 856 von ihnen nach Gehrde. In Russland waren sie Deutsche. In Deutschland sind sie Russen. Und in den Räumen irgendwo dazwischen bauen sich die Einzelnen ihre Identität und leben – hoffentlich unbehelligt und froh – die Zeit, die sie ihr Eigen nennen, die Zeitspanne ihres Lebens.

SIEBEN | KIRCHENDACHBODEN

Liselotte Prima ist die Vorsitzende des Heimatvereins, eine engagierte Frau in ihrem achten Lebensjahrzehnt. Sie empfängt mich am kleinen Hauptplatz neben der Kirche. Ihr verstorbener Mann Manfred hat die Mauerseglerkolonie aufgebaut, 2003 ging es los. Schon als Kind hatte er die Mauersegler an der Kirche bewundert und Jahre später bemerkt, dass keiner der Segler mehr einen Nistplatz fand, nachdem in den 50er-Jahren der Kirchturm saniert und die Holzschindeln durch Kupferplatten ersetzt worden waren. 2001 wurde die Kirche erneut renoviert und Manfred Prima beschloss, neue Brutorte für die Segler zu schaffen.

Die Mauersegler, so sagt man, sind vor einigen hundert Jahren nach Europa eingewandert. Glaubt man der Chronik des Ratsschreibers aus Löns' Tiergeschichten, war dies auch zu Zeiten der Pest um 1350 so. War der Segler ursprünglich ein Brüter im Fels, nahm seine Zuwanderung in dem Maße zu, in dem der Mensch dem Segler »künstliche Klippen« schuf, seine Häuser, und »künstliche Gebirge«, seine Ansiedelungen. Man glaubt, dass der Segler erst auf den Burgen im Fels und dann auf den Türmen der Kirchen und schließlich in Ziegeldächern, die die Strohdächer ablösten, seine Nester fand. Heute sieht die Brutsituation anders aus. Neubauten haben keine Ritzen, renovierte Häuser lassen keinen Spalt frei und Dämmungen verschließen die letzte Mauerlücke.

Manfred Prima bohrte Löcher in die Holzbretter unterhalb der Kirchendachziegel, die in 31 Nistkästen hineinführen. Sie liegen im Innenraum des Dachbodens etwas unter Fußhöhe an der Wand an. Die Nistkästen sind langgezogen, die Segler bauen ihr Nest am entgegengesetzten Ende zum Einflugsloch, und es ist gut, wenn der Eingang von unten angeflogen werden kann und wenn er wind- und regengeschützt liegt. Alpenseglerpaare teilen sich mitunter einen gemeinsamen Nesteingang, Mauerseglerpaare nicht. Es gilt: pro Brutpaar einen Kasten, derselbe Kasten wie im letzten Jahr und wehe, wenn im alten

Nest bereits eine andere Vogelart brütet, Stare, Spatzen, Fliegenschnäpper, die Krallen der Segler sind scharf, sie vertreiben die anderen Vögel.

Liselotte Prima schließt die Räumlichkeiten des Heimatvereins auf. Ein langgezogener Tisch, eine karierte Häkelranddecke, dunkle Eichenholzschränke mit Glasvitrinen. Eine Stelltafel präsentiert die Mauerseglerkolonie mit Fotos und Presseartikeln. Auf allen Bildern ist Manfred Prima zu sehen, mit Kopflampe, mit einem Segler in der Hand oder einen Vortrag haltend. Im Februar 2015 ist er verstorben, und seine Frau hat das Projekt von ihm geerbt. Frau Prima zieht Blätter aus Ordnern und Kartons hervor, auf denen die wichtigsten Informationen stehen. Die früheste Rückkehr des ersten Mauerseglers aus Afrika war an einem 25. April (im Jahr 2004) und die späteste an einem 5. Mai (im Jahr 2017). Das Einzugsgebiet der Nahrungssuche geht bis zum Dümmer See (20 Kilometer entfernt) und umfasst die Reithalle der Freundin, die die Mauersegler, seit Liselotte sich mit ihnen befasst, bei sich auf dem Hof bemerkt. 2011 besuchten 422 Personen die Kolonie auf dem Kirchendachboden: am 13. Juni Heinrich W. mit seinem Enkel aus Berlin, am 14. Juni 14 Jugendliche des Geflügelzuchtvereins Gehrde, am 17. Juli 25 Kochbuchautorinnen aus Rüsfort und am 27. Juli ein älterer Herr aus Ahausen, der, so ist es notiert, extra wegen der Segler mit dem Fahrrad angeradelt kam. 2011 war der Abflug der letzten Segler Richtung Afrika am 18. August, aber nach dem Tierfilmer Z. aus Quakenbrück am 29. Juli ist kein weiterer Besuch für dieses Jahr dokumentiert.

Frau Prima reicht mir drei mit Plastik überzogene Landkarten, auf denen die Zugrouten von drei Mauerseglerweibchen vom Juli 2015 bis zum Mai 2016 graphisch dargestellt sind. Diese Mauersegler waren die ersten, die in Gehrde mit Geolokatoren ausgestattet wurden, das Geld dafür kam von der Beerdigung Manfreds. Er hat die Reiserouten seiner Segler nicht mehr verfolgen können. Segler C006728 aus Nistkasten 6, ihr Name sei Gerda, ist 29 977 Kilometer geflogen, ihre Strecke ist in der Karte eingezeichnet. Die Gegenden, in denen sie sich länger aufhielt, sind farblich markiert. Gerda ist im August über Spanien und Portugal geflogen, Oviedo, Badajoz, Faro, um Marokko im September an seiner Westküste, Agadir, zu streifen, um dann in Westsahara im rechten Winkel nach Osten zu fliegen, also von ihr aus gesehen scharf links, und den Oktober in Mali, Niger und Nigeria zu verbringen. Sie flog in den Monaten November bis Februar immer weiter gen Osten in einem groben Kreis über Botswana und Simbabwe bis zum östlichsten Punkt ihrer Reise, Mosambik, um sich dann wieder gen Westen zu wenden sich erst länger in Sambia aufzuhalten und schließlich jeden Winkel des Himmels über Gabun zu erkunden, im Februar, März und April. Es folgte der Flug über den Golf von Guinea und der Aufenthalt im Westen Afrikas zum Sattfressen für die große Reise zurück über die Wüste nach Gehrde. Mauersegler C006311 aus Nistkasten 16, die nun Tsholofelo heißen soll, flog 26 624 Kilometer mit ähnlicher Route wie Gerda, aber einem längeren Aufenthalt im Kongo und östlichsten Aufenthalt im Dezember und Januar in Tansania. Auch Tsholofelo flog die Strecke über Gabun, dem Golf von Guinea und einigen Ländern Westafrikas im April und Mai zurück nach Gehrde. Am weitesten aber flog C006321 aus Nistkasten 17, Valeska, »die Starke«, abgekürzt Vale. Sie flog 36 753 Kilometer von Gehrde nach Mosambik und zurück. Wenn Vale nicht außergewöhnlich früh, mit zwei oder drei Jahren, und auch nicht außergewöhnlich spät, mit 19 oder 20 Jahren, verstirbt, sondern ein durchschnittlich langes Mauerseglerleben von sechs Jahren lebt, dann würde sie in ihrer Lebenszeit 220 580 Kilometer zurücklegen. Die 90 Tage in Gehrde kämen dazu, in denen sie eine mittlere Strecke von 600 Kilometern täglich bewältigt, das wären 544 580 Kilometer insgesamt. Der Erdumfang am Äquator beträgt 40 000 Kilometer. Vale wäre 13 und ein halbes Mal in ihrem Leben um die Erde geflogen.

Liselotte Prima sagt: Wie machen die das? Wenn ich einen Kasten in Bersenbrück finden sollte, wäre ich aufgeschmissen. Und der wäre fünf Kilometer entfernt, nicht einen ganzen Kontinent. Ich frage Frau Prima, ob sie mitkommen wollen würde, nach Liberia oder Gabun? Sie sagt, nein, dafür bin ich zu alt. Und in dem Moment – ich greife erneut nach den Zugroutenkarten – realisiere ich: Nur Mauerseglerweibchen Vale war in Liberia. Tsholofelo und Gerda waren in den westlichen Nachbarländern Sierra Leone, Guinea, Guinea-Bissau und im Senegal. Ich muss meine Vorannahme revidieren. Nicht nur Liberia ist eine Zwischenstation für die Segler, die ganze Region scheint es zu sein.

Frau Prima zeigt auf den Computer in einer Ecke des Raumes. Hier kann man mit Hilfe von Kameras in die Kästen 1 und 2 hineinsehen. Ist das Interesse groß?, frage ich. Am Anfang war es das, sagt sie, was für ein Spektakel! Im ersten Jahr, das erste Paar mit einem einzigen Jungen. Dann das langsame Anwachsen der Kolonie. Alle haben mitgefiebert, alle haben die Daumen gedrückt. Wir bekamen Naturschutzpreise, und die Presse hat über uns geschrieben. Inzwischen ist es ruhiger geworden. Uns besuchen ungefähr 100 Menschen im Jahr.

Auf dem Weg zum Dachboden weist Frau Prima auf die große Luthereiche auf der Kirchturmseite, 1883 gepflanzt, zum 400. Geburtstag von Martin Luther, geboren am zehnten Tag des elften Monats, November. 1917 sei die Eiche nach starken Schneefällen auseinandergebrochen, und im Haus dahinter – sie streckt ihren Arm aus – habe ein Schmiedemeister gewohnt, der einen Ring um den Stamm herum schmiedete. Dafür habe man den Baum mit Stangen und vereinten Kräften wieder zusammengeschoben. Niemand wisse, ob der Ring beim Weiterwachsen des Baumes abgefallen oder von der Natur einverleibt wurde, nur eine Art Narbe in der Rinde – sie zeigt mit dem Finger auf eine knubbelige Stelle am Stamm – verweise auf die ehemalige Existenz der ungewöhnlichen Prothese. Zwischen der Luthereiche und dem Kircheneingang passieren wir einen besonderen Grabstein. Der Stein hatte auseinandergesägt als Treppenstufe gedient und wurde später wieder zur Kirche gebracht. Er ist länglich und trägt den eingravierten Satz: »Eine glückliche Ewigkeit belohne sein ruhmvolles Leben«. Gemeint ist das Leben eines Obersts, der 1794 als Teil einer Kriegskoalition zur Rettung der Monarchie, weniger ruhmvoll, eine von 71 Schlachten und Belagerungen gegen das revolutionäre Frankreich verlor. 1795 beendete er mithilfe einer Pistole in der Nähe von Gehrde sein Leben und wurde dank Bestechung trotz Freitod innerhalb und nicht außerhalb des christlichen Friedhofs bestattet. Das revolutionäre Frankreich indes war nicht mehr aufzuhalten.

In der Kirche ist hinter der Orgel der Eingang zum Turm. Erst führt eine alte Holztreppe und dann eine steile Stiege zu einer uralten Tür, die mitten im Gemäuer über Kopfhöhe angebracht ist. Frau Prima setzt sich einen orangen Helm auf, balanciert die Stiege hoch, löst den antiken Fallriegel und zieht die Tür zu sich hin. Sie sagt, Kopf einziehen! und fügt hinzu, so warne ich immer und bin die Erste, die sich dann stößt. Die bald achtzigjährige Frau Prima kriecht durch die enge, einen Meter zwanzig hohe Öffnung, ich hinterher, und wir stehen unter dem Dach der Kirche, im Holzgebälk auf einem Steg, der alle drei Schritte von Balken versperrt wird, unter denen wir uns gebückt fortbewegen. Durch die Fenster zwischen den Dachziegeln fällt Sonne in den Raum. Ein warmes Licht im staubigen Spinnennetzholzgewirr, und unter uns liegen wie große Sandhaufen die Kreuzrippengewölbe von oben gesehen. Am Ende des Stegs führen Holzstufen zu alten unebenen Eichendielen hinunter zum Kirchendachboden von Gehrde. Hier also brüten die Gehrder Segler in den Frühlingsmonaten über dem Altarbereich. 31 Nistkästen hängen auf Fußhöhe an der Wand. Sie sind die Brutorte von 62 Seglern, die heute, Anfang April, noch in Westafrika fliegen, aber bald schon am Himmel hier. Frau Prima zeigt mir die Kästen, die oben aufklappbar sind, man muss sich dafür auf die Dielen knien und sich nach vorne beugen, manchmal bedenklich tief, man muss sich die Spinnenweben aus dem Gesicht wischen und das Gleichgewicht halten, dann kommt man ran. Ich klappe einen der Kästen auf, aber sehe nicht viel, das Einflugloch, durch das Licht fallen würde, ist verschlossen. Liselotte sagt, damit kein anderer Vogel in dem Kasten brütet, Wilfried macht die Löcher auf, wenn die Segler kommen. Woher wissen Sie, wann die Segler kommen?, frage ich, während ich mich vom Boden hochrappele und den Staub von den Knien klopfe. Der Doktorand aus Siegen ruft an, sagt sie, wenn der erste Segler in der Talsperre ist, sind sie ein paar Tage später hier. Frau Prima deutet auf die Zahlen, die auf Papier geschrieben sind und an den Holzbalken hängen, 1 bis 20, die Nummern vom Anfang, erklärt sie, als es noch weniger Kästen waren. Heute haben die Kästen 11, 12 und 13 einen Nachbarkasten mit dem Buchstaben a. Die Kästen 6, 14, 17 und 18 zwei mit a und b.

Frau Prima hält mir einen Karton mit ausgemisteten Nestern hin, in denen Eier liegen, die nicht ausgebrütet wurden. Sie sind weiß-beige und viel kleiner, als ich mir vorgestellt hatte, schokoladenostereierklein. Meistens werden drei Eier in einer Brutsaison gelegt, es gibt auch Bruten mit zwei Eiern und manche mit einem oder mit vier. In einer Schweizer Mauerseglerkolonie war das Legedatum im Schnitt am 20. Mai, frühestens am 10. Mai und spätestens am 5. Juni. 20 Tage lang werden die Eier ausgebrütet, das heißt, die Jungvögel schlüpfen ungefähr Anfang bis Mitte Juni, die Nachzügler Ende Juni. Man hört die Kleinen schon vorher im Ei, sie pochen von innen gegen die Schale. Sie haben einen Zahn auf dem Schnabel, mit dem sie die Eischale zerbrechen, er verschwindet am zehnten Tag, zeitgleich mit dem Öffnen der Augen. Frau Prima ist in die Ecke des Dachbodens gegangen, in der Material abgestellt ist. Sie hebt den Kuhfuß, das Brecheisen, an. Der war nötig, als ein Segler ausgebüxt ist, sagt sie, was für eine Aufregung. Der arme Vogel ist unter die Dielen gekrochen, wir mussten sie aufbrechen, um ihn zu befreien. Wilfried hat geflucht, die Dielen stünden unter Denkmalschutz. Er hat sie wieder fest angeschraubt. Er soll nicht zu fest schrauben, habe ich noch gesagt, was einmal passiert, passiert wieder. Ich sage, er macht die Arbeit hier, seit Manfred gestorben ist, stimmt's? Ja, er kümmert sich um die Einfluglöcher, säubert die Kästen und die Nester und hilft Axel, dem Beringer. Wir kannten Wilfried von früher, er ist in Gehrde zur Schule gegangen. Dann war er in der Zeitung. Er hatte Brutröhren für Eisvögel gebaut. Mein Mann hat ihn angerufen und gefragt, ob er ihm hilft. Und der Beringer? Axel Degen war in der Nähe und drehte einen Film über Singschwäne, sein Spezialgebiet. Manfred ist hingeradelt, ob er die Kolonie betreuen würde? Axel hat Ja gesagt, zum Glück.

Frau Prima setzt sich den Helm wieder auf und steigt die Stufen hoch. Wann kommen Sie wieder, fragt sie auf dem Steg und ruft: Kopf einziehen! Ich klettere hinterher, und als sie sich umdreht, um meine Antwort zu hören – sobald die Segler da sind –, stößt sie unsanft an einem Balken an.

ACHT | VOGELHERZ

Es ist Mitte Mai. Es ist immer noch frostig. Die Ankunft der Segler verzögert sich. Ich warte auf Nachricht des Beringers, wann er zur Kolonie hinausfährt, und auf warme Tage mit Blütenpracht und Vogelgesang. Ob ich heute könne, in ein paar Stunden, lautet die Notiz, die mich schließlich erreicht, und ich sage alle Termine ab und hebe das Rad in den Zug, der voller Pendler:innen ist, die aus der Stadt hinausfahren. In Bersenbrück steuere ich diesmal den Fernradweg an, Hase-Ems, und werde von Wegweisern über die Bersenbrücker Mühle aus dem Ort hinausgeführt und dann auf unbefahrene Straßen an Feldern entlang. Auf ihnen wiegt sich, noch niedrig und mit feinlangen Spitzen, Getreide in der frischen Brise, auch die Windräder drehen sich schnell. Die Eichen, wie immer spät im Jahr, beginnen zu grünen, die Kastanien blühen rosa und weiß, und eine Wiese, auf der ein Fußballtor aus Holzlatten aufgebaut ist, steht voller Löwenzahn. Ich komme an alten Höfen vorbei, deren Schönheit mich, obwohl ich davon gelesen hatte, überrascht.

An der Kirche in Gehrde fliegen keine Segler. Axel Degen und Wilfried Strubbe begrüßen mich: Du bist das also, hallo, auf geht's. Wir steigen die Treppe hinauf im Turm, laufen gebückt über den Steg des Dachgebälks und beim Hinabsteigen der letzten Stufen, die auf den Dachboden über dem Altarbereich führen, empfängt uns das hohe, aufgeregte Rufen der Segler aus den Kästen heraus, srieh, srieh, mein Herz macht einen Sprung. Axel sagt, letzte Woche waren nur zwei Kästen besetzt. Schon letztes Jahr war die Ankunft der Segler spät, aber dieses Jahr ist es extrem. Er breitet die Zettel aus, die er mitgebracht hat, eine Tabelle: für jeden Brutkasten zwei Spalten. Er legt ein Taschenmesser auf die staubigen Dielen, eine Zange und ein Plastikröhrenband. Auf dem Band sind Vogelringe aus Aluminium aufgereiht, sie haben Nummern und sind offen zu einer Seite hin. Man legt den Ring dem Vogel um das Bein herum und drückt das Metall vorsichtig zu, oder, so bittet die Zugvogelforschung, nimmt den Ring beim Fund eines toten Vogels ab und schickt ihn mit Angaben des Fundorts der Vogelwarte, die über den Zahlen eingraviert ist.

Während Axel seine Utensilien ausbreitet, zieht Wilfried eine Stirnlampe über den Kopf und steigt über die knarzenden Dielen. Einige geben bedenklich nach. Die Luft, die wir atmen, ist staubig. Er kniet sich an den äußeren Rand des alten Eichenholzes, dreht an der Stirnlampe, sie wird hell, und er verharrt regungslos vor dem Kasten. Er horcht, ob er den Vogel hört, das Landen, Laufen oder Rufen, klappt den Deckel hoch und greift zu. Dann rappelt er sich auf, ohne sich abzustützen, in jeder Hand einen Segler. Wilfried ist über siebzig Jahre alt, aber die turnerische Kopf-unter-Knie-Einfang-und-Aufsteh-Übung scheint ihm nichts auszumachen. Er geht zu Axel, der unter der Fensterluke steht, die zwischen den Dachschindeln eingefügt ist, durch sie fällt das Licht. Wilfried erklärt, es ist gut, wenn wir beide Segler eines Brutpaars auf einmal erwischen, dann ist der Kasten für dieses Jahr fertig. Er hält den ersten Vogel so in der Hand, dass dieser auf dem Rücken liegt. Axel greift vorsichtig nach dem Bein, sucht den Ring und liest die Nummer ab, C006784. Ich trete näher heran, die Nummer ist sehr klein eingeprägt und farblich nicht extra markiert. Eine Feder des Beins legt sich immer wieder über den Ring, Axel schiebt sie beiseite, dreht den Ring zwischen den Fingern, fragt, kannst du das lesen? Ich schiebe mich noch näher heran, runzele die Stirn und entziffere und glaube erst nicht, was ich da lese: Über der Zahl, eine sehr kleine Schrift, steht der Name der Vogelwarte, der Insel, der Straße des Milchkellerhauses und der Straße der Regenrinne, somit der Name des Ortes, an dem mein Mauerseglerinteresse begann: Helgoland. Ja, kann ich lesen, sage ich, aber nur schwer, C00...67...3, ne, warte, 67...8...4. Aus welchem Kasten war der jetzt, fragt Wilfried, und drückt mir, bevor er den Vogel zurück in das Nest setzt, den anderen Mauersegler in die Hand. Und ich stehe tatsächlich auf einem staubigen Kirchendachboden und spüre das kleine Herz eines Mauerseglers gegen meine Handinnenfläche pochen und das große Herz eines Menschen in meiner Brust.

Der Segler ist leicht. Viel leichter, als ich mir vorgestellt hatte und klein, viel kleiner, als ich es dachte. Am Himmel mit seinen ausgebreiteten, sichelförmigen, langen Flügeln sieht er viel größer aus, aber hier in meiner Hand, mit angelegten Flügeln, die sich am Ende überkreuzen, ist es ein kleiner zerbrechlicher Vogelkörper, der nie und nimmer dreißigtausend Kilometer weit fliegen kann, das kann mir niemand erzählen, woher sollte dieses leichtkleine Federluftwesen die Kraft hernehmen, so eine Flugleistung zu vollbringen? Halte ihn mal auf dem Rücken, holt Axel mich aus meinen Gedanken heraus, und da merke ich, dass ich die ganze Zeit flüsternd auf den Segler in meiner Hand eingeredet habe: So weit bist du geflogen! Herzlich willkommen zurück. Ganz ruhig, ich tue dir nichts, wirklich, ehrlich wahr. Das weißt du ja gar nicht, auch nicht, was das hier soll. Ich schwör dir, alles wird gut. Es geht ganz schnell, gleich bist du wieder frei, Vogelherz, warte, warte, Geduld, gleich, gleich. Als ich den Vogel drehe, damit wir an den Ring herankommen, krallt er sich mit einem Fuß in meiner Handinnenfläche fest.

Mauersegler haben sehr kurze Beine, die man nicht sieht, wenn sie fliegen, ihr Wissenschaftsname ist *Apus apus*, was so viel heißt wie ohne Fuß ohne Fuß. Sie haben an jedem Fuß vier scharfe Krallen, die alle nach vorne zeigen, mit denen sie sich an Felswänden festhalten können. Landen sie auf dem Boden, was nur im Unglücksfall geschieht, brauchen sie eine Mauer, an der sie hinaufklettern können, um sich in den Luftraum fallenzulassen, oder eine freie Startbahn, zehn bis zwölf Meter lang, nicht bewachsen mit Gras. Findet man einen Mauersegler am Boden, so hebe man ihn auf und halte ihn hoch, damit er Raum habe und Luft unter den Flügeln, diese auszubreiten, um wieder zu fliegen. Diese vier Krallen graben sich nun in die Haut zwischen Daumen und Zeigefinger in meiner Hand ein, und ich sauge die Luft durch die Zähne, das gibt Kratzer, sage ich. C011258, murmelt Axel, und Wilfried sagt, halt den bloß fest! Nicht, dass der abhaut. Den kriegen wir nie wieder eingefangen. Hier waren Leute aus Siegen. Alles Studierte. Die meinten, ich dürfe die Vögel nicht so fest packen. Und was war?

Einer ist ihnen ausgebüxt. Wir mussten die Dielen aufbrechen, stell dir das vor! Wilfried holt tief Luft. Ich nicke und drücke ihm C011258 ehrfürchtig und vorsichtig zurück in die Hand.

Die Zeit der Flugspiele der Segler beginnt, es ist Abend. Immer mehr Mauersegler fliegen rufend um das Dach der Kirche herum oder landen im Nistkasten. Wir hören das Aufsetzen auf dem Holz, das laute Srieh, mit dem sie den Partner, die Partnerin begrüßen, das Herumschwatzen, als würden sie sich etwas erzählen. Ich beobachte, wie Wilfried und Axel die Kästen öffnen, wie sie schnell zugreifen oder den Deckel leise wieder verschließen, unter die Dachluke laufen, die Ringe ablesen oder einen neuen Ring anlegen, wenn es ein Neuvogel ist. Schließlich mache ich mit. Hinknien, lauschen, öffnen und zugreifen. Schnell und vorsichtig, aber bestimmt. Ich erwische einen von zweien aus Kasten 7, der andere huscht aus der Öffnung hinaus, wackelig stehe ich auf. Wilfried nickt anerkennend. Ich lächele schief, sage, da war noch ein Zweiter drin. Axel tastet die Beine und den Rücken des Vogels ab, keinen Ring und auch keinen Rucksack trägt er, keinen Geolokator. Er nimmt einen neuen Ring vom Band und legt ihn dem Vogel um das Bein, drückt das Stück Metall mit der Zange zu. Das sind Spezialringe, sagt er, weil sie so kurze Beine haben, extrem kurze Beine. Er hält inne und ergänzt, Türkentaubenringe haben auch eine extra Größe. Welche Vögel darfst du beringen, frage ich, und was musstest du dafür tun? Ich betrachte den Segler, der sich in meiner Hand bewegt, die großen schwarzen Augen, den hellen Fleck auf dem Kinn, den Schnabel, der am Ende gebogen ist. Plötzlich läuft eine Laus über das rechte Lid des Auges, ich zucke zurück. Im Vergleich zum Mauerseglerkörper ist sie sehr groß, wie eine überdimensionierte Zecke. Wilfried, der hinter mir steht, nimmt sie zwischen die Finger und zerdrückt sie mit dem Schuh auf dem Boden. Bah, diese Viecher! Wie viele ich von denen schon aus den Nestern und von den Seglern geholt habe. Axel verzieht das Gesicht, ich hatte mal eine abends auf dem Sofa noch auf der Schulter sitzen, na, besten Dank. Der Segler in meiner Hand windet sich, ich rede ihm zu. Axel murmelt das Kürzel C006786 und notiert es auf dem Zettel unter der Spalte von Brutkasten 7. Ich trage den Vogel flüsternd zurück, sage, herzlich willkommen, vergiss die Nummer, hiermit beringe ich dich auf den Namen Fridolin, gutes Brüten, gute Reise, Fridolin, alles Gute! Ich setze ihn zurück in den Kasten, neben das Nest, um ja nicht die Eier zu berühren, zwei Stück, zerbrechlich, sehr klein. Klappe das Dach schnell zu und wische mir beim Aufstehen den Angstkot von Fridolin in meiner Hand an der Hose ab. Der Eingriff ist kurz, aber das Tier hat Angst. Natürlich. Sollte man sie nicht doch besser einfach in Ruhe lassen? Warum muss man wissen, wo sie hinfliegen? Warum will ich das wissen? Geht Staunen und Achten und Schützen und Begeistertsein über die Wunder der Natur nicht auch so? Also man macht einen Kurs, sagt Axel, erhält einen Schein und begleitet dann wissenschaftliche Projekte. Es wird genau eingetragen, wo man wen fangen darf. Ich darf Mauersegler, Schwäne, Singvögel, Eulen, Greifvögel und Limikolen fangen, das sind Regenpfeiferartige.

Ich habe mehrere Projekte. Das Schwalbenprojekt, die Schwäne, noch eine andere Kolonie Mauersegler und IMS, Singvögel zählen. IMS? Integriertes Monitoring von Singvogelpopulationen. Da machen ganz viele mit. Wir fangen zur selben Zeit im Jahr am selben Ort Singvögel ein und zählen sie. Wie das?, frage ich. Mit Japannetzen. Die haben so Taschen. Der Vogel fliegt ins senkrecht aufgestellte Netz und fällt in eine Tasche rein. Da kann man ihn rausnehmen. Das sind die Netze, mit denen sie an der ägyptischen Küste die Zugvögel fangen. Die dann im Kochtopf landen. Oh, sage ich. Und Schwäne fängt man mit Kanonennetzen. Axel blickt auf seine Liste. Lasst uns nun erst die überprüfen, in denen die Segler mit Lokatoren waren, Wilfried, welche waren das noch mal? Wilfried zieht einen zerknitterten Notizzettel aus der Hosentasche und liest die Zahlen vor: 18, 15 und 8. Er sieht mich unter dem Rand seines Käppis aus an: Bei denen habe ich die Einfluglöcher größer gemacht. Das war ein Mist, letztes Jahr. Die neuen Lokatoren waren zu groß, die neue Technik. Die Segler mit dem Rucksack konnten nicht mehr aus den Kästen fliegen. Wir haben sie aus dem Fenster in die Freiheit entlassen und die

Löcher vergrößert. Aber der Stress war zu viel. Einige haben die Brut aufgegeben. Und dann?, frage ich, was habt ihr dann gemacht? Anderen Paaren die Jungvögel ins Nest gesetzt. Und zwei zur Aufzuchtstation gebracht. Wilfried faltet den Zettel zusammen und nimmt von Axel, der das Pärchen aus Kasten 8 in den Händen hält, einen Vogel entgegen. Einer hat keinen Ring, ein Neuzugang, der andere keinen Rucksack. Hat sich der ohne Rucksack einen neuen Partner suchen müssen? Weil es dem mit Rucksack im letzten Jahr zu bunt geworden war mit der Datenspeicher-Anlege-Prozedur? Aus Kasten 15 fangen wir dreimal denselben Vogel, C008691, im Nest liegen drei Eier. Beim dritten Mal entschuldige ich mich, sage, dich lassen wir jetzt in Ruhe. Aus Kasten 18 fängt Wilfried beide. Nun aber, sagt Axel, aber das Paar trägt weder noch: keinen Rucksack und keinen Ring. Auch sie sind neu in der Kolonie. Unsere Hoffnung schwindet, dass überhaupt noch einer mit Geolokator dabei ist.

Das Licht des Tages wird schwächer, und die Rufe der Segler werden lauter. Alle Vögel der Kolonie kehren zum Abend hin heim. Wir stehen auf dem Dachboden, und die Kirche wird mit dem abnehmenden Licht immer vogelschwarmumtoster, 62 Vögel, die fliegen und rufen und landen, und die, wenig entfernt von uns, über die Dachziegel jagen. Wilfried und ich knien vor den Kästen und lauschen, Axel steht unter der Luke, liest ab und beringt. In einem Kasten sind drei Segler auf einmal, Sodom und Gomorrha, sagt Axel, Quatsch, sage ich, eine WG. In einem anderen hat der Vogel keine Federn an den Oberschenkeln, das sieht nicht gut aus, sagt Axel, ein Greifvogelangriff vielleicht. Schließlich fangen wir doch noch einen, der einen Rucksack trägt, wir jubeln und lachen. Es ist C007424, der Kasten 11 zu seinem Brutort erklärt hat. Wilfried grummelt, 11, wieso denn 11? Die ganze Arbeit mit dem Vergrößern der Einfluglöcher umsonst. Axel befreit den Vogel mithilfe der Schere des Taschenmessers von den schmalen, schwarzen Schnüren, die den Datenspeicher fixieren, den der Segler fast zehn Monate lang auf seinem Rücken durch die Luft geflogen hat. Über Land und Wasser, Wüste und Tropen, über die Länder zweier Kontinente. Der Speicher hat dabei, hoffentlich, stoisch das Kommen und Gehen des Lichts dokumentiert. Die Schnüre fallen zu Boden, Axel hält das kleine, fingerkuppengroße Gerät in der Hand, hebt es feierlich in die Luft, sagt: Und das ist deine Reiseroute! Er strahlt. Halt das Ding fest!, raunze ich ihn an, da steckt so viel Flugleistung drin, nicht, dass es zwischen die Dielen fällt. Auf dem kleinen Datenspeicher sind die Adresse Vogelwarte.ch und die Bezeichnung 22ER notiert. Ich finde deine Idee gut, sagt Axel, der Strecke zu folgen. Er wickelt den Lokator und die heruntergefallenen Schnüre in ein Taschentuch und schiebt es in seine Hosentasche. Er sagt, ich habe vier Jahre hintereinander Singschwäne besendert. Die fliegen über das Baltikum bis zum Ural. Das war sehr interessant. Nun ist die Dame des Singschwänepaars leider gestorben. Oh, sage ich und streiche C007424 vorsichtig über den Rücken. Dann verbeuge ich mich vor dem Segler und mache ein Foto, denke – aber sage es nicht laut, um nicht ausgelacht zu werden – he Kleiner, hör mal zu, wir sehen uns noch, im Winter, irgendwo auf der Welt, wenn der Datenspeicher es uns verrät, es sei denn, du fliegst zu hoch in der Luft, das könnte dann schwierig werden, wir werden sehen, für heute erstmal danke für das Tragen und Zurückbringen des Geräts. Ich frage Axel, wie geht es jetzt weiter mit dem Lokator? Den schicke ich nach Siegen. Dort wird er zwei oder drei Wochen aufs Dach gelegt. Für einen gleichbleibenden Lichtwert. An dem orientiert man sich in der Auswertung. Der Doktorand schickt ihn nach Sempach in die Schweiz. Zur großen Vogelwarte, die die Technik hat. Dort wird der Speicher ausgelesen. In Siegen werden die Daten interpretiert und die Route berechnet.

Aus Kasten 19 kommt der zweite Lokator des Abends. Er ist vom vorletzten Jahr. Letztes Jahr hatten sie den Segler nicht erwischt. Er trägt die Aufschrift 18TS. C011256 hat ihn zwei Jahre lang auf seinem Rücken getragen, die Batterie ist sicherlich längst leer. Wir befreien den Vogel von seiner Last und freuen uns für ihn und für uns. Unsere Stimmung ist ausgelassen, es sind viele Segler, die wir an diesem einzigen Abend erwischt haben.

Ich stelle mich auf einen Eimer unter das kleine Lukenfenster und öffne die alte Verriegelung. Ein weiß-blau geschuppter Abendhimmel erstreckt sich weit über den kleinen Innenhof. Schwärme von Mauerseglern rasen im Kreis, laut rufend in Grüppchen, auf das Dach der Kirche zu. Sie fliegen im letzten Moment über die Kirche hinweg oder eine sehr scharfe Kurve zur Seite vorbei, nah an meinem Gesicht, die Luft rauscht durch ihr Manöver. Merkwürdig, denke ich, dass nie, niemals nie, zwei Segler beim Fliegen aneinanderstoßen. Wie machen die das? Was können sie sehen? Können sie mich in der Dachluke sehen? Wann können sie das Hindernis sehen? Kurz vorher oder schon von Weitem? Immer wieder rast die Gruppe an mir vorbei, dann lösen sich Einzelne aus dem Schwarm und fliegen die Einfluglöcher der Brutkästen in einem weiten Bogen von unten an. Andere fliegen aus den Kästen heraus und schließen zur Fluggruppe auf, die um das Ende des Kirchenschiffs jagt, aufsteigt und sich entfernt.

Axel sagt, mir reicht es für heute, was meint ihr? Wir packen zusammen und laufen gebückt über den Steg, verabschieden uns vor der Kirche. Ich radele los, um den letzten Zug in Bersenbrück noch zu kriegen, und als ich im Abendlicht an den Getreidefeldern entlangfahre, merke ich: Meine Hand am Lenker schmerzt. Es sind die Kratzer der vierkralligen Zehen des ersten Seglers meines Lebens, den ich in meinen Händen gehalten habe. Tagelang noch werde ich die feinen, verkrustenden Spuren stolz wie eine Trophäe tragen, immer wieder nach ihnen sehen und lächeln. Sie sind der Beweis, dass das gewesen ist und wirklich passiert: Das Schlagen des Herzens des Vogels in meiner Hand.

NEUN | JUNGVOGEL

Ich fahre im kalten Mai noch einmal hin und im Juni. Der Juni wiederum wird heiß, das ist für die Segler perfekt. Die Jungvögel schlüpfen, und es fliegen viele Insekten. Kein adulter Segler weicht einer Kaltwetterfront aus und kein Jungvogel muss sich mit der Tagesschlaflethargie als Energiesparmethode am Leben halten. Wilfried und ich hocken im Dachbodenstaub der Kirche, uns läuft der Schweiß von der Stirn. Wir hocken am Mittag, wir hocken am Nachmittag, wir hocken am Abend. Wir versuchen, aus sieben Kästen den einen Vogel des Paares zu fangen, dessen Ring wir noch nicht ablesen konnten. Wir hoffen, dass unter den sieben verbliebenen auch die beiden sind, die noch Lokatoren vom letzten Jahr tragen, aber die Aussicht auf Erfolg ist gering.

Die Segler, die letztes Jahr ihre Brut aufgaben, kommen wahrscheinlich nicht wieder. Oder doch? Wir warten seit Stunden, kaum ein Segler fliegt. Nur die Jungvögel wispern im Nest, hier und da, als würden sie sich etwas erzählen. In Kasten 8 ist immerzu Party, ein Klopfen und Ruckeln, als übten sie bereits das Fliegen, in anderen Kästen ist es still: Die Jungvögel hocken alleine oder zu zweit oder zu dritt, zu viert kreuz und quer übereinander, im runden Federnestgewirr, ohne einen Laut von sich zu geben, geduldig vor sich hin. Sie wirken träge, von der Hitze oder der Langeweile, sie sind über Stunden allein, die Einzeljungvögel tun mir leid. Wenn der Altvogel kommt, mit einem Futterballen voller Insekten im Mund, wird es lebendig und laut. Er kommt aber nicht. Heute sind alle ausgeflogen. Sind vielleicht doch dem Gewitter von gestern Nacht ausgewichen. Oder wurden gewarnt vor uns, dass, wenn man heute in den Nistkasten fliegt, eine Hand von oben erscheint und nach einem greift. Oder haben einen Betriebsausflug organisiert, zum Dümmer See, hitzefrei, kinderfrei, und kein Babysitter hatte Zeit. He Leute, sag ich, so geht das nicht, ihr müsst euch jetzt mal um die Kleinen kümmern, ihr seid doch keine Raben. Wilfried lächelt schief. Den ganzen

Tag haben wir überwiegend schweigend verbracht, uns nur ab und zu etwas erzählt. Wilfried von den Schleiereulen. Dass die Jungen auf einem ganz bestimmten Ast auf einem Baum auf seiner Spaziergangsstrecke, die er täglich geht, nebeneinander hocken und auf das Futter und das Großwerden warten. Dass er das Nest der jungen Steinkäuze im Hof gegenüber stabilisiert habe. Und dass der Verkehr der Straße bereits einen kleinen und einen Eltern-Kauz auf dem Gewissen hat. Von seinem Versuch, Mauersegler und Störche in seinem Garten anzusiedeln. Beides hat noch nicht funktioniert. Und von den Eisvögeln. Der Eingang der Röhren, in denen sie brüten, muss nach Norden hin liegen. Sonst nehmen sie den Brutort nicht an, sie mögen keine Sonne im Einflugbereich. Die Sonne hier, über den Einfluglöchern der Kirche in Gehrde, geht langsam unter. So langsam, als habe der Tag keine Lust, zu Ende zu gehen. Das Licht fällt durch die wenigen Fensterluken des Daches in langen dünnen Streifen auf den Dachbodenstaub. Es ist ein warmes Licht, das uns einhüllt, wie die Wärme des Holzes, die Spinnenweben, die überall, nur nicht mehr über den Kästen hängen, und wie der Geruch nach altem, Geschichte atmendem Gemäuer, staubtrockenen Dielen und Vogelkot.

Wir sind verschluckt von einer anderen Welt, herausgefallen aus der Zeit. Wir lauschen und knien, wir knien und lauschen, wir hocken auf den Stufen, wenn uns der Rücken weh tut vom Knien, wir sitzen auf dem Boden vor den Kästen, auf einem Stück Schaumstoff oder auf einem Eimer, wir sitzen auf Holzvorsprüngen der Dachkonstruktion und hören die Stille ab und gehen lautlos, die Schritte abfedernd, durch den Raum, wenn wir meinten, ein Geräusch in einem der Kästen zu vernehmen. Aber nichts. Die Sonne geht und die Dämmerung kommt, wir hören die ersten Vögel um die Kirche fliegen, die Flugspiele des Abends beginnen. Ab und an fährt ein Auto über das Kopfsteinpflaster, und immer mehr »Sriehs« ertönen durch die warme Luft der blauen Stunde. Wir beugen uns kniend nach vorne, das Gleichgewicht haltend und schauen in die Kästen, angespannt, zum Zupacken bereit, aber wir haben kein Glück. Die Altvögel bleiben draußen. Oder wir erwischen den, dessen

Ring wir schon abgelesen haben. Oder wir erwischen keinen. Und wenn wir jetzt einen Fehler machen, sagt Wilfried. Wenn wir Unruhe stiften und sie daran hindern, ins Nest zu fliegen und sie nachher das Einflugloch wegen der beginnenden Dunkelheit nicht mehr finden? Ich nicke nachdenklich und schließe den Deckel des Kastens, den ich heute zum x-ten Male lautlos angehoben habe, vorsichtig wieder zu. In den Nestern sitzen die winzigen, unbeflaumten oder die kleinen beflaumten aber noch unbefederten oder die bereits größeren befederten, stillen oder fiependen oder wispernden jungen Vogelwesen.

Die Mauerseglerkolonie gibt es seit 2003. Seit 2008 wird sie von Axel Degen als Beringer begleitet, seitdem gibt es Vogel-Daten: 2019 brüten in der Kolonie fünf Vögel, die schon 2008 auf dem Dachboden gebrütet haben. Das sind zwölf Jahre, zwölf Bruten, zwölf Überquerungen der Sahara hin und zwölf zurück bis zur Landung in Gehrde, jedes Jahr im Mai, im selben Kasten. Eine von den fünfen, die seit 2008 dabei sind, ist Tsholofelo, und eine ist Vale. Eine ist 2008 in Gehrde geschlüpft und brütet seit 2012 in Kasten 20. Das sind acht Bruten und elf Lebensjahre. In Kasten 11 wohnt das Paar, das am längsten zusammengehalten hat, von 2009 bis heute, zehn Jahre, das wäre Rosenhochzeit. Am Anfang war die Kolonie noch keine Kolonie. Sie war der Beginn mit einem einzigen Paar und das Bangen, ob andere Segler sich ansiedeln würden oder ob sie die Kästen verschmäht würden. Man sagt, dass Segler gerne da brüten, wo andere sind, sie sind gesellig und ungern allein und mancher, der eine Kolonie aufbauen will, spielt Srieh-Rufe einer Audio-Datei ab, um vorzutäuschen, dort seien schon viele. 2003 gab es ein Brutpaar mit einem einzigen geschlüpften und ausgeflogenen Jungen. 2004 waren es zwei Brutpaare mit vier Jungen, 2009 18 Brutpaare mit 34 und 2019 29 Paare mit 66 ausgeflogenen Kleinen. 2015 wurden fünf Vögel mit Geolokatoren ausgestattet, von denen drei zurückgekommen sind: Gerda, Tsholofelo und Vale. 2016 stattete man einen Vogel aus, 2017 fünf und 2018 drei Vögel, diesmal mit neuer Technik. Mit der soll die Zugroute noch genauer berechenbar sein, aber von den dreien ist nur einer wiedergekommen bis jetzt, C007424, den wir eingefangen haben: Ein Mauersegler, der vielleicht Jabari heißt. Jabari wurde 2015 als Jungvogel mit einem Geschwister in Kasten 12 beringt und 2018 tauchte er erstmals in der Kolonie wieder auf, sehr spät, am 28. Juli in Kasten 8, als dieser nach der Brut eines anderen Paares schon verlassen war. An diesem Tag wurde Jabari mit dem Lokator ausgestattet. Offenbar inspizierte er die Kästen für eine Ansiedelung im Jahr darauf. 2019 brütete er mit C006880 in Kasten 11a. Zusammen zogen sie drei Jungvögel auf.

Im Juli ruft Axel an, er fahre hin, die Jungvögel zu beringen. Wieder hebe ich das Rad in den Pendlerzug, wieder fahre ich auf dem Waldweg am Rande von Bersenbrück an der Mühle entlang. Die 6,8 Kilometer lange Strecke auf dem Fernradweg kenne ich inzwischen gut: Die Stelle, an der die Erlen eine dicke Wand zum Kartoffelfeld bilden, die Stelle, an der links die vielen Brennnesseln wachsen und die Kurve, die in der Einflugsschneise von fünf Bienenkästen liegt: Wenn es warm ist und nicht regnet, prallt immer eines der Tiere beim Anflug an meiner Seite ab. Dann die hohen, grünen Felder mit Mais, der schwere Roggen, der gelbtrockene Weizen und, nach der Abbiegung bei der roten Bank, der krisselige leichte Hafer. Es ist die Woche im Jahr, die erste Juliwoche, nach der die meisten Singvögel das Singen einstellen, weswegen ich einen mittelschweren Schub von Post-Orni-Gesangswochen-Blues habe. Einen Buchfink und eine Singdrossel höre ich noch, dann eine Schar Wacholderdrosseln rufen, die aus einem Kirschbaum auffliegt, die Kirschen sind tiefrot, überreif. Kleine Äpfel und Birnen hängen bereits in den Bäumen, noch sehr grün, und hellgrüne Minikastanien in dem Baum, der vor sechs Wochen noch in voller Blüte stand. Ein Stieglitz landet schwankend auf einem Kastanienblatt, und Rauchschwalben fliegen tief über den Getreidefeldern entlang und sehr knapp an meinem Fahrradlenker vorbei.

Das Beringen der Jungvögel ist einfach. Kein Vergleich zu dem Beringen der Altvögel. Der Jungvogel kann nicht wegfliegen, wie gemein, aber er scheint auch entspannt zu sein, er wehrt sich nicht, er windet sich nicht, nur ganz selten fiept einer mal, sehr hoch. Ansonsten sitzt er bräsig in der Hand und sieht einen an. Er weiß noch nicht, dass das hier, das Sitzen in der Hand eines Menschen, eigentlich nicht zum Leben eines Mauerseglers gehört. Woher sollte er das auch wissen? Er weiß noch nicht einmal, dass er fliegen kann, obwohl das Fliegen seine Bestimmung ist und er den Rest seines Lebens kaum etwas anderes tun wird. Axel setzt die Jungvögel eines Nestes vorsichtig in einen Eimer, den er mit Papier ausgelegt hat, und trägt diesen unter die Luke im Dach. Dann nimmt er jeden Vogel einzeln heraus und legt einen Ring um eines der noch kurzen, fleischigen Beine. Die Jungvögel haben im Gegensatz zu den adulten Vögeln weiße Flügelränder und eine weiß geschuppte Stirn. Am Bauch haben sie noch keine Federn. Sie wirken noch zerbrechlicher als die erwachsenen Mauersegler. Ihre Flügel sind nicht ausgewachsen, an ihnen kann man erkennen, wie alt der Vogel ungefähr ist. Sind die Schwingen kleine Stummel an den Seiten oder schon bis zur Spitze des Vogelkörpers gewachsen? Reichen die Enden der Flügel, die Handschwingen, bereits über den Körper hinaus, so dass sie sich kreuzen? Dann dauert es nicht mehr lang, bis sie erwachsen sind.

Beim Anheben des Deckels von Kasten 17 landet ein Altvogel zeitgleich am Nest, die Jungvögel machen Radau, ich greife zu. Es ist tatsächlich der zweite adulte Segler des Kastens, den wir noch nicht kontrolliert haben, aber einen Geolokator trägt er nicht. Als ich ihn genauer betrachte, fällt mir auf, dass sein Mund merkwürdig aussieht, unförmig, vollgestopft, und kaum habe ich es gesehen, spuckt er einen Ballen an meiner Hand vorbei auf den Boden. Ich verstehe. Das war das Abendessen. Ich habe ihn zu früh gefangen, im Kasten bleiben die Mägen leer. Kann ich den Ballen aufheben und an die Kleinen verfüttern?, frage ich Axel. Das schaffst du nicht, sagt er, das ist ein angespeichelter Haufen von Insekten. Die müsstest du den Jungen tief in den Rachen stopfen. Wie willst du das tun? Wir lesen den Ring ab und setzen den Vogel zurück ins Nest. Ich bitte murmelnd um Entschuldigung, dann wenden wir uns dem Futterballen auf der Holzdiele zu. Aus dem Speichelhaufen befreien sich einzelne Käfer und laufen über die Dielen davon. Pech hat, wer weiter im Zentrum des Ballens war, der ist schon anverdaut und schafft es nicht mehr, sich zu befreien. Es gibt Ornithologen, die sich die Futterballen der Mauersegler ganz genau angeschaut haben. Sie haben beschrieben, dass diese zwei bis drei Gramm schwer sind und dass die Menge der täglichen Ballen je nach Wetterlage sehr variiere. So gäbe es 6 bis 36 Fütterungen an einem Tag, je nachdem. In einem Ballen wurden 297 Insekten gefunden: 2 Spinnen, 1 Wanze, 35 Zikaden, 56 Blattläuse, 14 Schlupfwespen, 8 Ameisen, 27 Käfer und, neben 5 unbestimmbaren Tieren, noch 149 Fliegen. Die Jagdzeit für einen Ballen beträgt eine halbe Stunde bis zu mehreren Stunden, und je nach Größe befinden sich 90 bis 800 Tiere in ihm. Bei gutem Wetter bekommen die kleinen Segler 10 000 bis 20 000 Insekten als Futterration am Tag. Ein Ornithologe hat mal die ganze Tagesration eines Seglerpaares untersucht und sich die Mühe gemacht, alle Insekten darin zu zählen.

Es waren 11 403 Tiere: 6080 pflanzensaftsaugende Insekten, die zur Ordnung der Schnabelkerfe gehören, die wiederum zur Familie der Neuflügler gezählt werden, deren bestimmendes Merkmal die Möglichkeit ist, die Flügel eng an den Körper anzulegen, wodurch sie viele Lebensräume besiedeln können. Die 6080 waren vor allem Blattläuse, nämlich 5057, und 808 Zikaden. Neben den Insekten der Schnabelkerfe gab es 2963 Käfer, darunter 1717 Rüsselkäfer und 949 Blattkäfer. Hinzu kamen 1125 Dipteren, das sind Zweiflügler, wiederum eine Ordnung der Insekten innerhalb der oben erwähnten Neuflügler, zu denen knapp 160 000 Arten aus 226 Familien gehören, wobei in Mitteleuropa nur schlappe 9200 Arten existieren (welch Monotonie in der europäischen Segler-Essens-Auswahl). Die Dipteren waren im Einzelnen 403 Blumenfliegen und 829 Hautflügler, von denen wiederum 616 fliegende Ameisen waren. Hinzu kamen in diesen Futterballen 207 Schmetterlinge, 144 Wanzen, 30 Netzflügler, 17 Spinnen, 3 Köcherfliegen, 3 Libellen, 1 Eintagsfliege und 1 Schaumfliege. Die schwarz-gelben Schwebefliegen waren manches Mal ebenso zu finden, Wespen und Bienen jedoch sehr selten.

Die ausgewachsenen Segler jagen die Insekten im Flug mit geöffnetem Schnabel, ihre Mundspalte reicht bis unter die Augen. Bei kühlem Wetter jagen die Mauersegler tief über den Feldern, bei gutem jagen sie sehr hoch, in besonderen Luftschichten, häufig jagen viele Segler miteinander. Mauersegler trinken im schnellen, geraden Gleitflug aus Flüssen und Seen. Die Flügel werden in V-Stellung gehalten und die Schwanzfedern gleichzeitig mit dem Öffnen des Schnabels nach unten gedrückt. Aber wie trinken die Jungvögel? Gar nicht, antwortet mir der Doktorand, dem ich diese Frage schreibe. Sie bekommen die Flüssigkeit über das Futter und über den Speichel der Eltern, eine direkte Flüssigkeits-Weitergabe habe er noch nie beobachten können. Die Jungvögel bekommen den Ballen mit den Insekten in den Hals gestopft, dann saugen und schlucken sie daran herum, manchmal minutenlang. Sie halten auch schon mal erschöpft inne und beginnen dann neu. Ich frage mich, ob die Segler von heute bei ihrer Futterjagd auch auf so eine Vielfalt von Insekten kommen. Die untersuchten Futterballen stammen vom Schweizer Ornithologen Emil Weitnauer, der über 40 Jahre lang seine eigene Mauerseglerkolonie im schweizerischen Oltingen beforschte, Luftlinie 100 Kilometer zum Bodensee. Seine Ergebnisse stammen aus den 1940er- bis 1980er-Jahren. Am Bodensee ist in den letzten 30 Jahren die Zahl der Vogelbrutpaare um ein Viertel gesunken. Häufige Vogelarten, Amsel, Spatz und Star sind besonders betroffen und seltenere sind ausgestorben wie das Rebhuhn oder stark dezimiert wie die Feldlerche oder der Kiebitz. Grund ist das Insektensterben durch die Landwirtschaft, der Einsatz der Insektizide, das Zusammenlegen der Flächen, fehlende Hecken und Bäume, fehlende Blumen, die Monokultur. Feld- und Wiesenvögel sind europaweit seit 1980, da war ich fünf Jahre alt, aber noch nicht ornithologisch interessiert, um todtraurige 57 Prozent zurückgegangen.

ZEHN | ARTLAND RUSSLAND

Auf der Kopfsteinpflasterhauptstraße des Dorfes sind, während ich im letzten Licht der untergehenden Sonne zu Abend esse, immer mehr Menschen zusammengekommen. Sie schmücken die Häuser und die alte Pumpe auf der kleinen Kreuzung in der Nähe des Geburtshauses von Hermann van Pels, ziehen einen weiß-grün gestreiften Mast an einem Seil empor, an dem ein großer Kranz aus geflochtenen Rhododendronblättern hängt, und feuern sich gegenseitig an. Es wird gelacht, es wird Sekt getrunken. Vor jedem Haus im Dorfzentrum werden kleine eiserne Halterungen zwischen die Pflastersteine gerammt und ein Traktor knattert durch die Straße, in dessen Anhänger Jugendliche sitzen, die die Birkenäste verteilen, die in die Halterungen gesteckt werden. Nach und nach verwandelt sich der Ort in einen kleinen Birkenästewald, aus dem Kränze herausragen und Wimpel, grün-weiß, über die Straßen gespannt.

Frau Prima sagt, nein, seit Manfred tot ist, gehe ich nicht mehr zum Schützenfest. Sie wirft den Schlüssel, mit dem sie den Raum des Heimatvereins aufgeschlossen hat, mit Schwung auf den Tisch und stellt den Computer an. Auf dem Schirm erscheint das weiß-grau flimmernde Bild eines verlassenen Mauerseglernestes. Kasten 1 ist leer, sagt sie, das ist merkwürdig. Ein einzelner Mauersegler kommt manchmal abends zum Schlafen vorbei, er war der allererste, der hier war, am 1. Mai war er schon da. Und was ist dann passiert?, frage ich. Keine Ahnung, sagt sie, auf jeden Fall brütet er nicht. Ich sage, vielleicht ein Ein- oder Zweijähriger, der den Kasten für das nächste Jahr inspiziert? Sie zuckt mit den Schultern und schaltet auf die andere Kamera um. Ein einzelner Jungvogel sitzt dort, er sieht sehr schlecht gelaunt aus. Neben dem Nest liegt ein Ei, herausgefallen, erkaltet. Wir schauen dem Jungvogel einige Minuten zu, wie er nichts tut. Endlich bewegt er sich, hebt die Flügel an und stupst mit dem Schnabel zwischen den Federn herum. Dann stiert er erneut grimmig vor sich hin.

Frau Prima holt Luft und wiederholt den Namen des Menschen, nach dem ich sie gerade gefragt habe: Manfred. Sie nimmt den Schlüssel vom Tisch und wiegt ihn in ihrer Hand. Von Beruf war er Frisör, sagt sie, das hat er gelernt, dann war er drei Jahre lang beim Bund, er hat sich verpflichten lassen, als Ausbilder. Ich sage, als Ausbilder? Klingt nach Kommando-Ton. Hatte er den? Sie zuckt mit den Achseln, den habe ich ihm nicht mehr abgewöhnt. Nach der Bundeswehr war er Verkaufsfahrer bei Coca-Cola, dann kam er in die Produktion, ins Labor, wo das Konzentrat aus den USA mit Wasser und Zucker vermengt wurde. Ich sage, kannte er das Rezept? Frau Prima lächelt, nein, das kennt doch niemand, streng geheim. Als Coca-Cola zugemacht hat, hab ich bei Artland angefragt, ein Schlachthof, da war ich 18 Jahre lang im Büro. Wir waren 1200 in der Belegschaft, dann wurde abgespeckt. Abgespeckt? Ja, es ging bergab, heute sind es 400. Ich habe damals die Abrechnungen gemacht, das war ungewöhnlich, eine junge Frau, die arbeitet. Ich hatte den ganzen Tag mit Viehhändlern zu tun, die haben gedacht: Die ziehen wir über den Tisch. Von wegen! Ich habe mich behauptet. Frau Prima haut mit der Faust auf das dunkle Holz und sieht mich ernst an: Viehhändler sind mit allen Wassern gewaschen, Lügen konnten die wie gedruckt.

Einer, der kam immer am Freitag und jammerte über die Schweinepreise und dass er es mit den Bandscheiben habe und ihn die Schweinepreise bald ins Armenhaus brächten. Und? Was war? Frau Prima sieht mich auffordernd an. Ich sage, keine Ahnung, was war? Als er weg war, sagte die Kollegin, der hat ein Ferienhaus in der Karibik. Nee, das war schon was, damals, das war sehr interessant, da ging sehr viel Geld über den Tisch, pro Tag wurden 1000 Schweine geschlachtet, auch Rinder und Kälber, die habe ich eingekauft. 1000? Ja, 1000. Manfred bekam einen Posten im Wurstversand, wurde stellvertretender Abteilungsleiter. Als der Versand aufgelöst wurde, kam er zur Lebensmittelkontrolle, wieder ins Labor. Mit 55 ging er in Rente, er hatte einen Tinnitus. Er war noch keine 30, als er den bekam. Wie das?, frage ich überrascht. Frau Prima lehnt sich zurück und verschränkt die Arme. Wir waren auf Borkum, das Wetter war schlecht. Wir sitzen im Fischrestaurant und Manfred legt den Zimmerschlüssel auf den Tisch und sagt, mir ist übel, ich gehe mal raus an die Luft. Ich hinterher. Kaum ist er draußen, fällt er um. Ich konnte seinen Sturz gerade noch abfangen. Er kam zu sich, leichenblass, sagt, es pfeift in meinem Kopf. Wir sind sofort ins Krankenhaus, da haben sie alles Mögliche gemacht, Unterdruckkammer und so weiter. Nichts hat geholfen. Wir vermuten, das war ein Hörsturz. Er soll sich mehr bewegen, hieß es dann. Noch mehr? Jeden Tag ist er gelaufen. 10 bis 20 Kilometer. Sogar bei den deutschen Meisterschaften ist er mitgelaufen. Seit Borkum hatte er das Pfeifen im Ohr. Er war immer rappelig und immer nervös. Wir kannten ihn nicht anders, mein Sohn und ich. Er hat sich abgelenkt mit Fahrradfahren, hat große Touren gemacht, war immer unterwegs. Auf dem Rad ging es ihm gut. Ansonsten hatte er seine Mauersegler, hat gern gekocht und wahnsinnig laut Radio gehört.

Frau Prima sitzt mir gegenüber, und der Jungvogel sitzt neben uns auf dem Bildschirm in seinem Nest. Es sieht so aus, als höre er zu, ungerührt, schlecht gelaunt. Als Frau Prima das laute Radio von Manfred erwähnt, landet ein Altvogel vor der Kamera und füttert den Jungen. Es ist das einzige Mal in zwei Stunden Gespräch, dass ein Altvogel am Nest auftaucht. Nach dem Füttern setzt er sich und macht eine Pause, der Jungvogel hebt den Hintern über den Nestrand und kackt hinaus. Wir müssen lachen. Das sind schon merkwürdige Wesen, sagt Frau Prima. Letzte Woche habe ich Besuchern die Kolonie gezeigt und einen Kasten geöffnet, da waren zwei Junge drin, frisch geschlüpft, ganz nackt, die sahen vielleicht komisch aus. Ja, sage ich, die sehen aus wie Reptilien, gar nicht wie Vögel. Frau Prima nimmt ihren Blick vom Bildschirm und rückt sich die Brille zurecht. Manfred ist 2015 gestorben, an meinem Geburtstag, am 28. Februar. Er hatte Krebs. Ein halbes Jahr lang dauerte seine Krankheit, ich war die ganze Zeit für ihn da. Bei der Beerdigung wurde statt Blumen Geld für das Mauerseglerprojekt gespendet, so hat er sich das gewünscht. Von dem Geld haben wir die Lokatoren finanziert. Manfred hat sogar einen Grabstein mit Mauerseglern drauf, haben Sie den schon gesehen? Ich schüttele den Kopf. Und eine Vogeltränke am Grab, bei der Hitze ist da was los. Ich sage, die Segler haben ihn begleitet, sein ganzes Leben lang, stimmt's? Frau Prima nickt. Als Kind hatte er sie ja schon gesehen. Waren Sie auch Kind in Gehrde, frage ich. Nein, in Groß Drehle, ein paar Kilometer weiter. Früher ein Dorf, heute ein Ortsteil von Gehrde. Dort hatte mein Vater die Landpoststelle, er war Briefträger. In den Ferien habe ich ihn begleitet. Er machte die Tour übers Land, und die Türen der Höfe waren immer offen. Die Leute riefen vom Feld aus, kannst du nachheizen bei uns? Oder, kannst du mal die Kartoffeln aufsetzen? Die Landpoststelle war unser Zuhause, es gab keine Schließzeiten. Auf war, wenn man noch nicht im Bett war. Abends machte mein Vater die Abrechnungen, dann kam Besuch. Man trank zusammen ein Schnäpschen und erzählte sich was. Bei uns zu Hause war immer was los. Ich kenne jede Geschichte von Drehle, habe sogar ein Buch geschrieben: »Von Napoleon bis Merkel – Ein Rückblick auf 200 Jahre«. 1969 ist mein Vater gestorben, da wurde die Landpoststelle aufgelöst. Ich entschied mich für das Kaufmännische und machte die Ausbildung in Osnabrück. Dann kam Artland, Fleischindustrie, Gesundheitschecks. Ich hin zum Röntgen, da haben sie eine Krankheit entdeckt, aus Zufall, ich war 30. Sie dachten Tuberkulose, aber das war falsch. Ich war drei Monate lang im Lungensanatorium im Schwarzwald, Himmel, hatte ich Heimweh! Danach musste ich jahrelang Cortison nehmen, das hat mich umgehauen. Einmal hat ein Arzt die Menge an Cortison reduziert, da hatte ich einen Rückfall. Deswegen habe ich meinen Sohn erst mit 40 bekommen. Aber Manfred und ich sind vorher viel gereist, das war schön.

Frau Prima steht auf, geht zum Computer und stellt ihn aus. Der Jungvogel mit dem sich ausruhenden Altvogel an seiner Seite verschwindet vom Bildschirm. Und was machen Sie heute gern?, frage ich. Frau Prima winkt ab, ich mache viel zu viel. Wir haben regelmäßig Klönabend im Heimatverein, 14-tägig machen wir im Sommer Radtouren, und ich spiele Theater. Mit einer Freundin bemale ich Porzellan, das verkaufen wir auf dem Martinsmarkt. Im Winter nähen wir, wir sind eine Gruppe von acht Frauen. Auf Trab hält mich auch der Garten, den hatte ich schon immer. Der ist riesig, da ist eine Menge zu tun. Sie sagt, und jetzt muss ich weiter. Ich bedanke mich für das Gespräch, wir rücken die Stühle an die Häkelranddecke des Heimatvereinstisches und laufen zu ihr nach Hause. Sie reicht mir den Kirchenschlüssel aus der Hauseingangstür, ich möchte mich von den Seglern verabschieden. Von ihrem Eingang aus kann man viele andere Grundstücke sehen. Alles Russlanddeutsche, sagt sie, hier haben sie gebaut. Hier überall?, frage ich. Sie nickt. Die bleiben unter sich, die lassen sich nicht integrieren. Ich sage, ach ja? Da werde ich später mal klingeln und fragen, warum.

Der Fernradweg raus aus dem Ort führt mich an reifen Getreidefeldern entlang. Es ist schwül-warm, ein Gewitter hängt in der Luft. Weiße und graue Wolken türmen sich hoch am Himmel auf. Der Blick zurück auf Gehrde ist schön. Der Turm der Kirche ist eingerahmt von Feldern, Bäumen und Himmelsweißgraublau, und bald schon auf der Strecke sieht man die berühmten Artland-Höfe, deren Giebel drei- oder vierstufig gestaffelt sind, die mit Fachwerk gebaut und deren Spitzen unter dem Dach mit Holz verkleidet wurden. Auf den zentralen Balken stehen Sprüche, in weißer geschwungener Schrift, Kalenderblattweisheiten von damals oder Bibelverse: Alles nun das ihr wollet das euch die Leute thun, das thut ihr Ihnen wahr. Einen Hof betrete ich, um ein Foto vom Giebel zu machen, beim Rausgehen lockt mich die offene Stalltür. Zwei fette Schweine liegen auf der Seite auf dem Steinfußboden, kein Fußbreit Platz ist zwischen den Gittern und ihnen. 1000 Schweine am Tag, denke ich. Tagsüber im Schlachthof arbeiten und abends die Mauersegler betreuen. Ich stelle mir das anders herum vor: 1000 Mauersegler schlachten und abends die Schweine betreuen. Schlamm für die Wiese ankarren, damit sie sich richtig suhlen können. Die einen Tiere lieben, die anderen töten und essen. Den einen Nistkästen bauen, mit oder ohne Sonne im Einflugsbereich, die anderen einpferchen, ohne Licht.

Der Fernradweg führt mich an die Ufer der Hase. Ein gerader, langsamer Fluss mit Gebüschen und kniehohem Ufergras, in dem es jetzt im Juli gelb blüht. Der weite Blick ins Land auf der Brücke zeigt mir die aufziehende Wolkenfront, höchste Zeit, umzukehren. Im Ortszentrum treffe ich auf eine Gehrderin. Was ist da los mit den Russlanddeutschen?, frage ich, hat Gehrde eine Parallelgesellschaft? Sie verdreht die Augen, Parallelgesellschaft, wenn ich das schon höre. Überall ist Parallelgesellschaft. Wir sind 82 Millionen Deutsche, wie viele Parallelgesellschaften ergibt das wohl? Meine Meinung: Lasst uns gut miteinander auskommen und fertig. Sie erzählt von Kasachstan, wo die Aussiedler:innen aus Gehrde herkämen, von alten Großmütterchen, die verloren wirkten und sehnsüchtig über den Zaun in ihren großen Gemüsegarten sahen. Von Fußballschuhen im Sportverein, die geklaut worden waren oder doch nur mitbenutzt, wer weiß, weil da, wo man herkam, alles von allen benutzt worden war? Ich frage, wo ich Russlanddeutsche treffen könne zum Gespräch. Ob sie jemanden kenne. Sie sagt, versuchen Sie es in der Freikirchlichen Gemeinde. Ich nicke. Dann frage ich sie nach dem bevorstehenden Schützenfest-Ereignis und lasse mir alle Rituale erklären.

Am Abend erscheine ich pünktlich zum Beginn des ersten Ereignisses: das Abholen des Vorjahrskönigs. In der Gaststätte des Ortes sehe ich Männer in Uniformen, die sich und mich mit »Horrido« begrüßen, es dauert einige Zeit, bis ich mir das Wort merken und den Gruß erwidern kann (Eselsbrücke »Korridor«). Die Schützenplaketten-Kette, die den Rest des Jahres im Tresor der Sparkasse von Bersenbrück verwahrt wird, hängt am Hals des noch amtierenden Schützenkönigs. Ich frage den an der Theke mit seinem Gefolge, das sind andere Männer in Uniformen, wartenden König, ob an dieser Kette wirklich alle Plaketten aus allen Jahrhunderten hängen, finde auf Anhieb die Plakette »Kein König wegen Verhagelung« aus dem Jahr 1895, sie hängt auf der Höhe der rechten Brust, und bekomme die Antwort, nee, im »Kriech« war keine Plakette. Der König wird abgeholt von 100 Leuten in Uniformen oder in schwarzen Hosen und weißen Hemden, die durch den Ort ziehen und von einer Blaskapelle begleitet werden. Später am Abend gehe ich ins Schützenzelt, werde auf mehrere Biere eingeladen und höre den Witz des Menschen am Mikrofon über Atomenergie, die er mit verschieden großen Formen von in der Tierhaltung vorkommenden Scheiße vergleicht. Ich stupse meine Nachbarin an und frage nach, ob ich das richtig verstanden und der Redner sich gerade über Atomkraft lustig gemacht habe? Nicken der Angesprochenen, Bestätigung. Das Zelt verlasse ich, bevor die Nationalhymne und das Niedersachsenlied gesungen werden, Stichwörter Blut, Väter, Söhne, Wunden, Mut und andere Wunschikonen toxischer Männlichkeit, auch Eichen, die so stark seien wie die Männer dieser Region, unerschütterlich und fest – wenn nicht, tja, wie bei der Luthereiche, etwas mehr Schnee als gewöhnlich fällt. Am nächsten Tag bin ich enttäuscht. Es ist das erste Schützenfest meines Lebens, und die Schützinnen und Schützen zielen mit einer fest installierten Armbrust auf einen hölzernen Bretter-Adler und müssen über Stunden seine groß-groben Bretter-Bestandteile treffen, bis sich endlich der Leim erbarmt und ein Holzstück des Adlers nach unten fällt, der geöffnete Flügel oder ein Holzklotzbein oder der Kopf. So hatte ich mir das nicht vorgestellt, Armbrust auf Grobholzleimstücke. Ich hatte an Biathlon gedacht, Olympische Spiele, an ein Höchstmaß an Präzision.

Michael treffe ich in der Gaststätte des Ortes. Ich hatte ihn angerufen auf der Suche nach einem Russlanddeutschen. Wir sitzen am Tisch in der Nähe des Eingangs und haben einen inoffiziellen Zuhörer an der Theke, der allein seine Biere trinkt, erst manchmal, dann stetig zu uns herübersieht. Ich klappe das Notizbuch auf, ich sage, Sie sind also Russlanddeutscher, stimmt das? Michael ist um die 40, akkurat gekleidet, elegante Brille, beruflich sicherlich in sehr trockenen Tüchern. Er rollt das »r« in der Aussprache etwas deutlicher als monokulturell nord-hochdeutsch sprechende Menschen, wäre ich ihm woanders begegnet, hätte ich gedacht, er sei aus Süddeutschland. Er sagt, jein. Ich bin ein Deutscher aus Russland, also nein, ich war nur kurz in Russland, ich bin ein Deutscher aus Kasachstan, ein Deutscher mit kasachischem Hintergrund. Aber meine Heimat ist nicht Kasachstan, meine Heimat ist Deutschland. Aha, sage ich, und wie finden Sie es, Russlanddeutscher genannt zu werden? Das ist in Ordnung, das hat sich so eingebürgert. Viele kennen die Geschichte dahinter nicht. Früher hieß es, wir seien Russen, das ist nicht korrekt. Dann kam der Begriff Aussiedler, der geht in Ordnung, und nun halt Russlanddeutscher, von mir aus, er zuckt mit den Achseln. Aber Moment mal, sage ich, Sie sind Russlanddeutscher, aber nicht aus Russland? Tja, sagt er, das ist einer der Widersprüche in der Thematik. Er hebt die Hände in die Luft und lächelt. Aber, sage ich, wie wird man denn Russlanddeutscher? Das wiederum ist eine lange Geschichte, die fängt im 18. Jahrhundert bei Katharina der Großen an, haben Sie von ihr gehört? Ich nicke. Meine Vorfahren waren deutsche Siedler im russischen Reich, die das Land mit entwickelt haben. Dann kamen politisch andere Zeiten, und die Siedler wurden gezwungen, Russisch zu lernen. Sie sollten Deutsch vergessen. Und dann kamen der Erste und der Zweite Weltkrieg. Die deutschen Siedler wurden zum Feind erklärt, sie wurden erschossen oder deportiert. Meine Großeltern mütterlicherseits hießen Margarete Just und Ludwig Hagen. Beide konnten kaum Russisch.

Die Großeltern väterlicherseits Adam und Lydia R. Margarete und Ludwig wurden aus der Ukraine nach Kasachstan deportiert, Adam kam mit seiner Familie aus Sibirien dorthin. Meine Oma hat Schwäbisch gesprochen, aber ein altes Schwäbisch, über die Jahrhunderte konserviert, und mein Opa sprach platt. Meine Oma hat von der Deportation erzählt: Da kamen russische Soldaten und sagten, sie könne die Kinder mitnehmen und Kleidung, sonst nichts. Meine Oma nimmt also die Kinder und etwas Kleidung und steigt in den Zug, der irgendwo im Süden von Kasachstan hält, kaum Zivilisation, kein Strom, nichts. Verstehen Sie? Den Russlanddeutschen wurde von Russen viel Gewalt angetan, obwohl der Russe an sich ein Guter ist, kein schlechtes Wort über ihn. Aber uns Deutsche in Deutschland Russen zu nennen, ist eine merkwürdige Wendung in dem Geschehen. Meinen Urgroßvater haben sie damals mitgenommen, verschwunden war er. Jahrelang hat meine Familie auf ihn gewartet. 40 Jahre später kommt in Deutschland die Nachricht aus Russland, dass er am zweiten Tag nach der Verschleppung erschossen worden war. Meine Großeltern stehen also in einem für sie unbekanntem Land, und, das muss man wissen, Kasachstan ist ein riesiges Land und wenig besiedelt, ungefähr 20-mal so groß wie Deutschland mit nur 18 Millionen Menschen, sehr vielen verschiedenen Gruppierungen: Kasachen, Russen, Usbeken, Uiguren … Michael zieht mit der Hand eine Linie auf dem Tisch von oben nach unten, sagt, die Liste ist wirklich sehr lang. Ich greife zu meinem Handy, sage, die Liste hat mich bei der Vorbereitung beeindruckt, darf ich weiter zitieren? Tataren, Mescheten, Aserbaidschaner, Baschkiren, Tschuwaschen, Turkmenen, Kirgisen, Karakalpaken, Krimtataren, Armenier, Georgier, Tschetschenen, Tscherkessen, Osseten, Awaren, Zachuren, Koreaner, Paschtunen, Perser, Burjaten, Mongolen, Tibeter, Dunganen, Chinesen, Ukrainer, Deutsche, Polen, Letten, Litauer, Weißrussen und Griechen. Genau, sagt Michael, eine beeindruckende Fülle, und wir Deutschen mittendrin, deswegen: Wir haben immer zusammengehalten.

Und was haben Ihre Großeltern dann gemacht im Süden von Kasachstan mit ein bisschen Kleidung, sonst nichts? Sie haben an den Türen der Kasachen geklopft, haben gesagt, wir wurden hier ausgesetzt, könnten wir vielleicht bei Ihnen übernachten? Und die Kasachen haben sie reingelassen. Das danken wir ihnen bis heute. Kasachen sind sehr gastfreundliche Menschen. Und dann?, frage ich. Meine Großeltern haben versucht, Fuß zu fassen in diesem Land. Sie haben Landwirtschaft betrieben und Häuser gebaut. Ein Deutscher muss sich ein Haus bauen, so hieß es immer, alle packen mit an. Das war normal, und das ist es bis heute. Einer baut, und alle helfen mit, selbstverständlich. Ich bin in Kasachstan eingeschult worden, da mussten alle Russisch lernen, auch die kasachischen Kinder, die anderen und ich. Mein Vater war Künstler und Maler. Er hat große Theater ausgestattet und Museen, hat Decken bemalt und Stuckelemente angebracht. Deswegen wollte er weiterziehen, wo es mehr Aufträge gab und wo das Klima besser ist, in Kasachstan ist es im Winter sehr kalt und im Sommer sehr heiß. Als ich sechs Jahre alt war, sind wir in die Nähe von Sotschi gezogen, ans Schwarze Meer. Dort durften wir nicht bleiben, weil wir Deutsche waren. Nach einem halben Jahr sind wir 700 Kilometer weiter in den Kaukasus gezogen. Der Bürgermeister sagte zu meinem Vater, wir schätzen euch Deutsche sehr, aber du kannst hier nicht bleiben, ich verliere meinen Job, wenn ich Deutsche siedeln lasse. Warum?, frage ich. Michael hebt die Schultern, das war damals so. Die Deutschen waren keine Kommunisten, und wir waren auch noch Christen. Irgendwer sagte dann, zieh 1000 Kilometer weiter, auch noch im Kaukasus, da lassen sie euch in Ruh. Also sind wir dahin gezogen. Ich war ein kleiner Junge. Wir waren drei deutsche Familien im ganzen Ort. Von den Kindern war ich der Älteste. Ich war der einzige Deutsche in einer Schulklasse voller Russen, Kaukasier und anderer.

Die Lehrerin war aus Georgien, sie war gut zu mir. Aber die Schüler nicht. Die ständigen Sprüche »Heil Hitler«, »Hände hoch« und so weiter, geschenkt. Aber ich wurde andauernd gehänselt und musste mich prügeln. Ich war immer der Deutsche. Immer der andere. Das war sofort unsere Identität. Wir sahen anders aus, wir hießen anders, wir kamen von woanders her. Manch einer hat seinen Namen verändert, um nicht mehr aufzufallen. Ich habe auch versucht, nicht aufzufallen. Die Kinder meiner Klasse hatten so ein Tuch um den Hals, von der kommunistischen Jugendbewegung. Es war klar, dass wir als Deutsche da nicht mitmachen würden. Aber für das Gefühl, ein bisschen dazuzugehören, habe auch ich dieses Stück Tuch getragen. Michael macht eine Pause und sieht nachdenklich auf den Tisch. Dann sagt er, ich hab das zu Hause nicht erzählt. Manchmal beschwerte ich mich bei meinem Vater wegen der Prügeleien, aber der dachte, ich hätte bestimmt provoziert oder selber etwas angestellt. Einmal fuhr er aus Zufall mit dem Motorrad an mir vorbei, als ich gerade verprügelt wurde. Da hatte er verstanden. Und gesagt, wir müssen weg von hier. Wir haben unser neu gebautes Haus verkauft und gingen nach Kirgisistan. Dort waren Verwandte von uns und sehr viele Deutsche. Wir konnten uns wieder identifizieren, und wir wurden nicht bedroht. Damals haben die Deutschen nur untereinander geheiratet. Eine Schwäbin gerne einen Schwaben, die Plattdeutschen waren doch irgendwie anders. Michael lacht. Er fährt sich durch die Haare. Heute lächeln wir darüber, aber vor nicht langer Zeit war es undenkbar, dass eine Ankumerin einen aus Bersenbrück heiratet, und diese Orte sind keine zehn Kilometer voneinander entfernt. Wir lebten als Deutsche unter Deutschen vier Jahre in der Nähe von Bischkek, der Hauptstadt. Heute sind da so gut wie keine Deutschen mehr. Meine Eltern fingen wieder neu an und bauten sich etwas auf. Für meinen Vater lief es gut, er war erfolgreich. Dann aber kam die Nachricht, dass man zurück nach Deutschland könne, endlich. Das war die große Hoffnung gewesen.

Meine Großeltern hatten immer gesagt: Irgendwann kommt die Zeit, dann gehen wir zurück. Alle sind gegangen. Man muss das verstehen. Wir waren in der damaligen Sowjetunion nicht frei. Jeder Deutsche, der in so einem System aufwächst, in dem er nicht die Freiheit hatte wie ein Russe, denkt: Unsere Heimat ist Deutschland, da gehören wir hin. So kam ich nach Deutschland. Ich war elf Jahre alt. Und gleich nach Gehrde?, frage ich. Nein, wir kamen nach Kiel und dann nach Oldenburg, als Zwischenstation. Ein Onkel von uns war in den Landkreis Osnabrück gekommen, ein halbes Jahr davor. Also sind wir auch dahin gegangen. Ein kleiner schöner Kurort, dort kam ich zur Schule. Ich nicke. Und dort wurde alles gut? Michael zögert, das war unser fünfter Anfang. Es war schwer. Das Altdeutsche ist anders als die heutige Umgangssprache. Wir fielen sofort auf. Wer Deutsch konnte, hat altmodisch gesprochen, wir wurden ausgelacht und als Russen angesehen. Wissen Sie, als Jugendlicher habe ich mich in der Schule geprügelt, wenn ich als »Scheißrusse« beschimpft wurde, das bereue ich heute. Für die anderen waren wir anders. Wir waren ja auch anders. Das Leben unter den Russen, die Verfolgung unserer Großeltern und die Schwierigkeiten danach. Natürlich hatte uns das geprägt. Jeder Russlanddeutsche hat seine Geschichte. Die Russlanddeutschen unterscheiden sich auch untereinander. Aber der Unterschied wird auch von außen gemacht. Ich sage, sind denn die Unterschiede das Problem? Michael überlegt. Die nächsten Generationen werden hoffentlich keine Unterschiede mehr machen. Aber, werfe ich ein, ist das die Lösung, dass die Unterschiede verschwinden? Auch schade, oder? Er wiegt den Kopf, ich weiß es nicht. Aber ich möchte noch einmal betonen: Wir kommen hier im Ort insgesamt sehr gut miteinander aus. Ich weiß, man findet es schade, dass wir nicht am Schützenfest teilnehmen. Aber nicht alle finden es gut, dass wir überhaupt in Gehrde angekommen sind, hier unsere Häuser bauen. Wir sind nicht in Gehrde aufgewachsen und verbinden mit Schützenfesten nicht viel. Das sind individuelle Interessen und Nichtinteressen, die meint ja niemand böse.

Ich will Ihnen noch zwei Dinge erzählen: Ich habe meinen Kindern kein Russisch beigebracht, obwohl es eine sehr schöne und reiche Sprache ist. Ich habe ihnen nicht einmal von der Vergangenheit unserer Familien erzählt. Und mein Kleiner kommt verstört aus der Schule und sagt, Papa, wir sind doch keine Russen?! Und die andere: Ich war acht Mal in Russland mit der Gemeinde. Ein Hilfsprogramm. Und wir besuchen ein Altersheim in Kamtschatka. Ein alter russischer Mann hört, dass Deutsche da sind und besteht darauf, uns zu sehen, um uns in den Arm zu nehmen. Als Zeichen der Versöhnung. Russen und Deutsche haben sich sehr viel Leid angetan, aber die Geschichten beider Länder sind miteinander verwoben. Wir Russlanddeutsche sind nur ein Beispiel dafür. Ich finde, Sie sollten noch mit der älteren Generation Russlanddeutscher reden. Ich weiß nicht, ob ich jemanden finde, der offen dafür ist. Die Älteren haben nie über Politik gesprochen, das hätte sie das Leben kosten können, der KGB hätte sich darum gekümmert. Michael blickt auf die Uhr, sagt, ich muss los. Der Mann an der Theke dreht sich zurück zu seinem Bier. Er hat jedes Wort verfolgt, das Michael sagte. Wir verabschieden uns, ich bedanke mich, fester Händedruck. Michael versichert, sich zu melden, wenn er jemand Älteren zum Reden gefunden hat. Ich klappe mein Notizbuch zu, bestelle noch ein Getränk, gehe an die frische Luft. Als ich zurückkomme, ist Michael immer noch da. Er kommt am Mann an der Theke nicht vorbei, an dem mit den Bieren, der zugehört hat. Der will ihm nun auch von sich erzählen.

Das Wochenende ist vorüber. Einmal noch klettere ich auf den Dachboden der Kirche, diesmal allein, und lausche auf das Wispern der Jungvögel. In einigen Kästen rumort es laut, es sind die fast ausgewachsenen Segler, kurz vorm Fliegen. Ich sehe in Kasten 20 und 7 hinein, die Kästen, in denen wir jeweils einen erwachsenen Vogel nicht einfangen konnten. Aber auch jetzt: kein Altvogel in Sicht. Die Jungvögel hocken schwatzend auf- und nebeneinander und verstummen, als sie das Anheben des Deckels bemerken. Vorsichtig lasse ich ihn wieder sinken. Unschlüssig stehe ich auf den alten Dielen, stemme die Hände in die Seiten. Es ist Hochsommer, es ist sehr warm. Ich weiß, dass ich vor dem Abflug der Mauersegler nicht wiederkehren werde nach Gehrde. Ich sage leise, liebe zwei Vögel aus Kasten 20 und 7. Hoffentlich habt ihr keinen Lokator auf dem Rücken, den ihr ein weiteres Jahr lang tragen müsst. Hoffentlich geht es euch gut. Liebe Jungvögel alle hier, die ihr in den Kästen hockt und wispert und wartet und wachst und ab und zu schon das Fliegen übt, euch auf den Handschwingen abstützt und die Flügel schlagt. Ihr wisst ja noch gar nicht, was alles Großartiges auf euch zukommt. Wie großartig das wird, mit den anderen Seglern loszufliegen und über die Länder und Landschaften zu gleiten, im Fliegen zu schlafen und das Meer zu überqueren. Über den afrikanischen Kontinent zu segeln und dort schönes, warmes, schwüles Wetter zu haben. Wenn ihr mich seht, im Winter oder im Frühjahr, falls ich es schaffe, dorthin zu fahren, um nach euch Ausschau zu halten, dann fliegt einmal besonders tief. Erinnert euch an den Geruch meiner Hände und an meine geflüsterten Worte, als ich euch vorsichtig aus dem Kasten gehoben habe, um euch einen Ring umzutun, der uns anzeigt, wo ihr zu Hause seid oder zumindest geboren seid, denn ihr braucht diesen Ring nicht, weil ihr zu Hause seid in der Luft und bei den sich auftürmenden Wolken im anderen Kontinent, über den ihr viel länger kreist als hier. Gute Reise, passt auf euch auf, keine Japannetze und so, immer schön um alle Netze herumfliegen, ja?, und immer schön viele Insekten fressen, ich glaube, davon gibt es in den Tropen genug. Und vielleicht den ein oder anderen Menschen des anderen Kontinents mit eurer Anwesenheit erfreuen, den ich gerne kennenlernen würde, was aber utopisch ist, ich weiß. So, und nun weiterfressen und größer werden und dann bald hinausfallen aus dem Kasten und das Großartige erfahren, um das ich euch so sehr beneide: Ihr könnt fliegen, ihr Segler, ihr seid in der Luft zu Haus. Gute Reise!

ELF | PERLSILBERKLANG

Es ist Oktober und ich stehe am Watt. Es ist Abend, es dämmert. Hinter meinem Rücken erhebt sich der Deich und die Dunkelheit, vor mir liegt die weite Fläche aus Schlick und Wasserrinnen und See. Eine der Linien am Horizont ist der Übergang zwischen Himmel und Meer, darüber spannt sich grauweiße Wolkenwatte, zusammengedrängt, imposant über den dämmernden Himmel verteilt. Das Stück Aussicht gehört zur Nordsee. Es liegt einsam zwischen zwei Ortschaften, nur der Wind, der an meinen Haaren zerrt, und Scharen von rufenden Weißwangengänsen, die in V-Formationen über mich hinwegfliegen. Die Segler sind im Niger oder in Nigeria, in Kamerun oder Gabun, sie sind, wie alle Langstreckenzieher, längst fort, haben den nahenden Winter verlassen (immer nehme ich ihnen das auch etwas übel), aber einige Vögel bleiben und andere ziehen hierher, genau hierhin. Nach denen halte ich Ausschau. Zugvögel, die im Herbst im Wattenmeer eine Pause einlegen oder hier überwintern. Ich suche mit dem Fernglas die Schlickflächen ab, sehe ein paar Alpenstrandläufer und einige Vögel mit längeren Beinen und Langschnäbeln, mit denen sie im Boden herumstochern. Es könnten Pfuhlschnepfen sein oder Große Brachvögel, die sind eigentlich leicht zu bestimmen: die Rekordlänge des Schnabels, der melodisch flötende Ruf. Aber die Stochernden in meinen Fernglasrundungen rufen nicht, das Licht schwindet nun schnell, und mit Watvögeln kenne ich mich nicht gut aus. Meine Vogelbestimmung läuft über das Ohr. Es sind die Gesänge der Vögel, die bei mir Herzklopfen auslösen, Begeisterung. Gegenüber Watvögeln habe ich Respekt, keine Frage, vor allem gegenüber denen, die ziehen, aber es bleibt höflich zwischen uns, ich würde sagen, wir siezen uns.

Der erste Vogel meines Lebens war ein Rotkehlchen auf einem Friedhof. Der Weg zwischen den Gräbern war die Abkürzung zum Unterricht für die Konfirmation. Ich war 13, vielleicht 14 Jahre alt. Auf einem Ast das Tier, klein, aufrecht, der Schnabel geöffnet, aus voller Kehle, der Gesang. Fein und sich überschlagend, wieder und wieder leise heranrollend, als käme er aus der Entfernung. Es war der Tag, an dem ich das erste Mal bewusst hörte, was eine Vogelkehle hervorbringen kann. Ich kaufte mir kleine, in Plastik gebundene Natur-Bestimmungs-Heftchen, die Fotos der Vögel zeigten und neben den Kennzeichen auch die Gesänge beschrieben. Den Rotkehlchengesang als »hohe, aneinandergereihte Töne, helle abfallende Triller, die davonzuschweben scheinen«. »Feierlich und melancholisch«, schreiben andere, »schüchtern und lieblich«. Ein »perlender Gesang«, der »schwermütig«, »traurig und wehmütig« klinge. Der durch »hohe, ausgezogene, feine Töne eingeleitet« werde, denen »lang ausgezogene zitternde, perlende Silbertöne folgen« würden, die nach und nach ausklängen. Es gibt Vogelarten, die wiederholen eine gleichbleibende Melodie. Der Buchfink zum Beispiel. Das Bestimmungsbuch schreibt: »schmetternde Strophe mit charakteristischem Endschnörkel, wie zizizizijezjezjazjazjawoidhja«. Dieser Endschnörkel könne je nach Gebiet variieren, aber der einzelne Vogel singe immer seinen persönlichen Schnörkel. Es gibt auch Vögel, die verschiedene Strophen haben und jede wiederholen. Die Singdrossel zum Beispiel. Unverkennbar, in der Dämmerung, auch in der späten noch oder früh am Morgen, beschrieben als »wohllautende, zwei bis vier Mal wiederholte Motive, die eine Strophe bilden, die von den nächstfolgenden durch eine kurze Pause getrennt werden. Sehr abwechslungsreich, weithin schallend, von exponierten Singwarten aus vorgetragen«. Beim Rotkehlchen ist die Strophe egal, man erkennt den Tonfall wieder. Wie die Stimme einer nahen Person, die man aus hunderten heraushören kann, egal was sie gerade sagt.

Die Wasservögel vor mir im Watt trällern keine Motive, die »davonschweben« oder »-perlen« oder »ausgezogen silbern zittern« (was immer das sein mag), sie rennen jetzt flink durch den Schlick, zumindest die Alpenstrandläufer, die als Zugvögel häufig hier sind, groß wie ein Star und gerne in Scharen unterwegs. Die Alpenstrandläufer fressen sich im Wattenmeer von 50 auf 80 Gramm hoch, um Reserven für den Flug ins

Wintergebiet zu haben, es geht nach Frankreich oder weiter bis Mauretanien. Der Große Brachvogel, der mit dem schönen Ruf, bleibt im Winter im Watt und kehrt im Frühjahr zurück nach Skandinavien. Die Pfuhlschnepfen fliegen bis Westafrika. Also die, die in Sibirien gebrütet haben, unlogischerweise, denn die aus Skandinavien überwintern hier. Dabei sind die sibirischen bis hier schon viel weiter geflogen als die skandinavischen. Aber diese Strecke toppen die Pfuhlschnepfen aus Alaska, sie machen den längsten bekannten Nonstop-Flug nach den Mauerseglern. Vom Yukon-Delta bis nach Neuseeland, neun Tage lang, 11 500 Kilometer. Der lateinische Name der Pfuhlschnepfe lautet *Limosa lapponica* und das heißt übersetzt die Schlammige aus Lappland (wie kommt man denn auf so was?). Berühmt sind auch die Küstenseeschwalbe und der Knutt. Beide Arten sind extreme Langstreckenzieher. Der Knutt brütet in Ostkanada oder Nordsibirien, 4000 Kilometer vom Watt entfernt. Er ist so groß wie eine Amsel und wiegt normalerweise 140 Gramm (eine Amsel wiegt 95), aber um den langen Flug zu überstehen, legt er 100 Gramm an Reserve dazu. Das ist so, als würde ich mir 45 Kilogramm anfuttern, um dann 60 Stunden lang nonstop 300 Kilometer zu laufen. Knutts sind in Schwärmen unterwegs und bleiben entweder in Westeuropa oder fliegen bis nach Westafrika. Die Küstenseeschwalbe hält den Rekord der längsten Zugstrecke, von der Nordpolar- bis zur Südpolarregion, das sind 30 000 Kilometer, wobei einzelne Individuen bis zu 90 000 Kilometer im Jahr zurücklegen. So jagen sie durch die polaren Sommer und bekommen mit Abstand das meiste Sonnenlicht ab, auch eine Strategie. Betrachtet man das Foto eines Küstenseeschwalbenkükens, grauschwarz gesprenkelter Flaumball mit weißer Brust und rotem Schnabel, setzt hier die Vorstellungskraft bei 90 000 Kilometern ebenso aus wie bei den Küken der Wanderfalken und den 320 km/h.

Die Konturen der Vögel im Watt verschwimmen mit dem Untergrund, und ich packe das Fernglas ein. Das Gras des Deiches ist tiefgrau, ein Greifvogel jagt über der Krone, es ist zu dunkel, um ihn zu bestimmen. Während ich in nassen

Schuhen den Deich hinaufstapfe und oben von noch schärferem Wind empfangen werde, ziehen riesige Schwärme von Weißwangengänsen rufend über die Felder zum Watt hinaus. Ich sehe ihnen zu und komme mir vor, als stünde ich in einem düsteren Herbstgemälde oder in einem dramatisch-melancholischen Gedicht und sehne mich, ehrlich gesagt, jetzt schon, es ist Oktober, nach leuchtenden Farben, nach Blüten und hohem, im warmen Wind sich wiegendem Gras.

Liberia

ZWÖLF | KAP MESURADO

Es scheint Ihnen wirklich ernst zu sein, ist die Antwort der Frau des schwäbischen Ornithologen auf meine siebte Mail an ihren Mann, die eine Einladung zur Folge hat. Ja, nicke ich beim Lesen der Mail, in der Tat, eine Reise nach Liberia ist für mich ernst.

Helene Coopers Buch »The House at Sugar Beach« und Hawa Jande Golakais Text »Zombieland« sind meine ersten Annäherungen an das Land, der schwäbische Ornithologe soll meine zweite sein, bevor das Eigentliche geschieht, das Bereisen des Landes und das Erzählen der Menschen vor Ort. Helene Cooper ist Journalistin der New York Times und stammt aus Liberia. Sie ist eine Nachfahrin von Elijah Johnson und Randolph Cooper, zwei ehemals versklavte Menschen, die 1820 mit dem Schiff *Elizabeth* von New York bis an die Küste Westafrikas segelten. Drei *Weiße* und 88 Schwarze sogenannte »Heimkehrer«, von denen viele aber nicht heimkehrten, sondern aufbrachen, weil sie in den USA geboren worden waren. Unterstützt wurden sie von der American Colonization Society, ein kolonialer Club *weißer* US-amerikanischer Männer, die die Idee verfolgten, ehemals versklavte und nun freigelassene Menschen auf dem Kontinent Afrika anzusiedeln. Die einen, weil sie die versklavten Menschen in den USA befreien, die anderen, weil sie sie unbedingt loswerden wollten, damit sie nicht gleichberechtigt mit ihnen zusammenleben müssten. Zwei Millionen versklavte Menschen lebten zu dieser Zeit in den USA, und die Auseinandersetzungen um das Verbot der Versklavung waren im vollen Gange. 1777 hatte der Bundesstaat Vermont als erster die Sklaverei abgeschafft, 1787 wurde im Urtext der US-amerikanischen Verfassung die »Einfuhr« und »Haltung« von Menschen ausdrücklich gestattet, ab 1793 boomte der Baumwollanbau in den Südstaaten und ab 1798 das Verschleppen von Menschen für die Arbeit in den Baumwollplantagen: 200 000 in die USA verschleppte Personen in einem einzigen Jahrzehnt. 1807 verbot der Kongress den weiteren »Import« von Menschen, und der Kampf gipfelte im Bürgerkrieg 1861 bis 1865 der Nordstaaten, die für die Abschaffung der Sklaverei waren, gegen die Südstaaten, die dagegen waren – erstere gewannen. In der Colonization Society dachte man 1816 bei der Reiseplanung für das Schiff *Elizabeth,* man könne die freigelassenen Neusiedler als billige Arbeitskräfte für den erstarkenden Handel mit afrikanischen Rohstoffen einsetzen. Dass der europäische Blick auf den afrikanischen Kontinent die Ausbeutung im Sinn hatte, verrät schon die Namensgebung: Die Portugiesen sahen im 15. Jahrhundert beim Anblick der Westküste Afrikas den Pfeffer und nannten sie Pfefferküste (Liberia und Sierra Leone), das Elfenbein, Elfenbeinküste (heute mit gleichem Namen), das Gold, Goldküste (Ghana), und Menschen, von denen man meinte, sie für die eigenen Interessen ausbeuten und vernichten zu dürfen, Sklavenküste (Togo, Benin und das westliche Nigeria).

Die »Heimkehrer« auf dem Segelschiff *Elizabeth* dachten aber nicht daran, sich erneut für die Geldinteressen der Kolonialisten einspannen zu lassen. Sie gründeten selber Handelshäuser und einen Staat, der 1847 seine Unabhängigkeit erklärte, den ersten unabhängigen Staat auf dem Kontinent Afrika, Liberia. Sein Leitspruch: The love of liberty brought us here, die Liebe zur Freiheit führte uns hierher. Jedoch, die Liebe zur eigenen Freiheit. Nicht zur Freiheit derer, die vor ihnen in dem Land, das Liberia werden sollte, lebten wie die Mande und Kru mit den Mano, Loma, Vai, Kpelle, Gola und Mandinka und den Bassa, Grebo, Gio und Krahn. Für die Siedler verhandelten der Kapitän des Schiffes und der Agent der Society mit den sogenannten »Häuptlingen« Peter, George, Joda und Long Peter. So lauteten die englischen Namen im Text des Vertrags, die afrikanischen sind nicht überliefert. Die besagten politischen Verantwortlichen erklärten sich unter dem Druck militärischer Drohung bereit, »zum Zwecke der Gründung einer Colonie von freien amerikanischen Schwarzen für immer abzutreten ein Gebiet von 130 miles Küstenlänge und 40 miles Breite, gelegen am Vorgebirge Mesurado, gegen Bezahlung einer Kaufsumme von: 6 Musketen [Gewehren], 1 Fass Glasperlen,

2 Fässern Tabak, 1 Fässchen Pulver, 6 Stangen Eisen, 10 eisernen Töpfen, 12 Messern, 12 Gabeln und 12 Löffeln, 6 Stück blauem Kattunstoff, 4 Hüten, 3 Anzügen, 3 Paar Schuhen, 1 Kistchen Pfeifen, 1 Fässchen Nägel, 3 Spiegeln, 3 Stücken Kaliko [Gewebe], 3 Spazierstöcken, 4 Regenschirmen, 1 Kistchen Seife, 1 Fässchen Rum. Ueberdies verpflichten sich die Käufer weiter zu bezahlen: 6 Stangen Eisen, 12 Gewehre, 3 Fässchen Pulver, 12 Teller, 12 Messer, 12 Gabeln, 20 Hüte, 5 Fässer Salzfleisch, 5 Fässer Schweinefleisch, 12 Fässer Zwieback, 12 Karaffen, 12 Trinkgläser und 50 Paar Schuhe«. Mit diesem Vertrag in der Tasche wollten die Siedler auf dem Kap Mesurado ihre erste Ansiedlung bauen, doch die indigene Bevölkerung versuchte dies zu verhindern. Viele Kämpfe trugen die Neuankommenden gegen die Alteingesessenen des später Liberia genannten Landes aus und auch gegen die Sklavenhändler, die ein weites Netz von Sklavendepots auf den Flussinseln errichtet hatten. Für das 18. Jahrhundert werden 143 100 verschleppte Menschen aus dem Hinterland Liberias gezählt, die, von afrikanischen Händlern gejagt, an Europäer verkauft, auf die karibischen Inseln, nach Nordamerika oder nach Brasilien verschleppt wurden.

Der atlantische Sklavenhandel, begonnen im 16. Jahrhundert, wurde im 18. Jahrhundert ein wesentlicher Bestandteil der atlantischen Wirtschaft. Die Aufteilung der Welt in einen reichen Norden und einen armen Süden fußt auf dem Verbrechen der Verschleppung und Ausbeutung von 12 Millionen Menschen aus dem Kontinent Afrika. In Liberia bauten die noch heute Americo-Liberianer genannten Nachfahren der Siedler ein Staatswesen auf, das »besonderes Interesse beanspruchte«, da es der einzige nichtkoloniale Staat des ganzen Kontinents war, »eine Republik, auf die die Augen der ganzen gebildeten Welt gerichtet waren«. Anfangs wohl bemüht, mit der indigenen Bevölkerung ein Auskommen zu finden, sicherten sich die Americo-Liberianer:innen die Macht und Privilegien, 130 Jahre lang, obwohl sie nur zwei bis fünf Prozent der Bevölkerung darstellten. 1980 führte Samuel K. Doe aus der Gruppe der Krahn einen Militärputsch an und beendete die Einparteienherrschaft der True Whig Party. Sein Regime destabilisierte das Land, 1985 ein Putschversuch, 1989 der nächste Putsch. Doe wurde festgesetzt und gefoltert, sein Sterben gefilmt und auf Videokassetten im ganzen Land verbreitet. Sein Folterer ist heute ein von Jesus begeisterter Senator im Norden des Landes, und der Anführer des Putschs und nachmalige Präsident, Charles Taylor, begründete seine Herrschaft als Baptistenprediger mit dem Christentum und sitzt seit 2013 wegen Verbrechen gegen die Menschlichkeit für 50 Jahre hinter Gittern. 14 Jahre grausamster Bürgerkrieg. Kindersoldaten, Vergewaltigungen, 250 000 Tote, 1 Million Vertriebene. Ellen Johnson Sirleaf wurde 2005 die erste gewählte Präsidentin Liberias und damit die eines afrikanischen Staates überhaupt. Sirleaf erhielt 2011 den Friedensnobelpreis, verteidigte 2012 die Strafverfolgung homosexueller Menschen und wurde 2017 im Zusammenhang mit den Paradise Papers erwähnt, in denen es um Geldwäsche und Steuervermeidung geht. Von 2017 bis 2023 war George Weah Präsident, der 1995 Weltfußballer des Jahres war. Die meisten Spiele absolvierte er für die Clubs AC Mailand und AS Monaco, und beim Endspiel des Europapokals der Pokalsieger 1992 traf er als Stürmer gegen den siegreichen Werder Bremen auf den Verteidiger »Eisenfuß« Uli Borowka. Der erinnert sich an das Duell in Lissabon so: »Ich hatte genug mit dem George Weah zu tun. Gegen den konnte man treten und grätschen, der hat sich überhaupt nichts anmerken lassen und hat auch nie etwas gesagt, obwohl ich ihn mehrfach gefällt hatte. Der ist einfach aufgestanden und hat weitergemacht. Ich dachte: Mein lieber Herr Gesangsverein, kann das denn wahr sein? Weah war echt eine harte Nuss.« Im November 2023 verlor Weah hauchdünn die Stichwahl gegen den Konkurrenten, den er 2017 knapp geschlagen hatte: Joseph Boakai. Boakai war von 2006 bis 2017 Vizepräsident unter Ellen Johnson Sirleaf, und von 1983 bis 1985 Landwirtschaftsminister unter Samuel K. Doe. Nun ist er Präsident Liberias.

Helen Cooper beschreibt in ihrem Buch ihre Kindheit und beginnende Jugend als Americo-Liberianerin im feudalen Haus der Familie mit 22 Zimmern an der tosenden Atlantikküste am

Sugar Beach. Sie beschreibt den Putsch von 1989, die Flucht in die USA und ihre Schuldgefühle, weil die Familie ihre adoptierte Schwester Eunice zurückließ, die aus einer indigenen Familie stammte. Jahre später macht sie sich auf die Suche nach ihrer Schwester, die den Krieg erleiden musste, und findet sie.

Hawa Jande Golakai wiederum beschreibt als bekannte liberianische Autorin in ihrem Text »Zombieland«, erschienen in der Anthologie »My Africa, My City«, die ambivalente Beziehung zu der Hauptstadt Liberias, ihrer einst so geliebten Heimatstadt, Monrovia. Golakai hat wegen des Bürgerkriegs in verschiedenen Ländern Afrikas gelebt, bevor sie nach Liberia zurückkehren konnte. Seitdem hat sich ihr Blick auf die Stadt verändert. Monrovia sei für sie ein zu schnell gealterter Kleinstadtstar, die nie groß rausgekommen, aber immer auch schön gewesen sei. Die nie eine Bedeutung wie Kapstadt oder Lagos erlangt habe und deswegen oft zu grelles Make-up trüge. Deren Gebäude wie Zombies in der Stadt herumstünden, noch nicht tot oder noch dabei, sich zu entwickeln, manche wie faule Zähne, die man ziehen müsse, wie das nie fertig gestellte Verteidigungsministerium in derselben Straße von Royal Hotels und ausladenden Supermärkten. Die Stadt täte ihr Bestes in all dem Widerspruch, sie bemühe sich im »bohemian business quarter« der Camp Johnson Street, sie gebe sich sexy nachts in der Gurley Street und sie spucke dir ins Gesicht in den Slums von West Point und Soniewen. Sie offenbare einen atemberaubenden Blick im Mamba Point Hotel und lade zum Verweilen und Trinken in den Bars der Airfield Road ein, in denen die Zunge verstumme, aber die Sinne erwachten. Die Autorin weiß noch nicht, ob sie der Stadt erlauben soll, sie wieder für sich einzunehmen, die Stadt, die ihr die Flügel verklebe und sie am Fliegen hindere. Aber sie weiß, wenn sie an ihren stürmischen Atlantikstränden steht und ihr die Worte vom Wind verweht werden, dann ist Monrovia ihr Zuhause.

Auf dem Sofa des schwäbischen Ornithologen habe ich einen Blick auf den Albtrauf mit der Burg Teck und die Erkenntnis: Der schwäbische Ornithologe wohnt nicht auf, er wohnt an der Alb. Sein Forschungsprojekt aber befindet sich oben, die Station Randecker Maar. Das Maar, eigentlich immer eine runde oder ovale Mulde vulkanischen Ursprungs, ist dort nur zur Hälfte erhalten, die andere, abgetragene Hälfte öffnet sich sanft zum Vorland der Alb hin. Das wissen die Zugvögel für die Überwindung der 500 Höhenmeter der sonst abbruchkantartig steilen Alb-Nordwestseite zu schätzen, gelenkt werden sie auch von den Bergen Schafbuckel und Auchtert, die das Maar flankieren und den sonst breit gefächerten Vogelzug wie durch einen Trichter führen. Das wiederum wissen die ornithologisch interessierten Menschen der Region zu schätzen und erfassen seit 1966 jedes Jahr vom 25. August bis zum 31. Oktober vom Tagesanbruch bis zum späten Nachmittag die nach Südwest ziehenden Vögel.

Auf der Website der Forschungsstation fallen die Hinweise auf die außergewöhnlichen Beobachtungsjahre ins Auge: der Kälteherbst 1974 mit der Schwalbenkatastrophe, die Invasionen der Kreuzschnäbel 1990 und 1993 und die Wiederkehr der Greifvögel nach dem Zusammenbruch ihrer Populationen durch Umweltgifte. Auf dem Weg von Norddeutschland an die Alb zu dem Sofa, auf dem ich nun mit Blick auf die Teck Platz genommen habe, las ich die Artikel des Ornithologen aus den 80er-Jahren über die Zugvögel in Liberia noch einmal und begann mit der Lektüre seines Buches »Birds of Liberia«. Darin ist von Gebirgszügen im Nordwesten und Norden Liberias die Rede, von Wäldern, durch die nur Fußwege führten und von Flüssen, die nicht schiffbar waren. Das habe das Land in der Historie vor dem Eindringen der umliegenden Imperien, Ghana, Mali und damals Songhai, bewahrt. Von den US-amerikanischen Siedlern lese ich, die mit ihren kleinen Städten den Zugang der indigenen Menschen zur Küste und damit zum Handel mit den Europäern behinderten, und von den schweren kriegerischen Auseinandersetzungen bis 1932 deswegen. Von der Hauptstadt Monrovia, errichtet auf dem Kap Mesurado, benannt nach dem US-amerikanischen Präsidenten James Monroe, der bei Ankunft der ersten Siedler im Amt gewesen war, und vom Slang der US-amerikanischen Südstaaten, der in das liberianische Englisch eingegangen sei. Die Flagge wiederum sei eine Mischung aus der US-amerikanischen und der texanischen, und die US-Amerikanisierung habe weder vor Siedlungsnamen noch vor Tiernamen haltgemacht, sondern alle afrikanischen Krokodilarten in *alligators* verwandelt und die afrikanische Zibetkatze *Civettictis civetta* in einen schnöden Waschbären, *raccoon*. Das Land sei lange Zeit eines der am wenigsten erforschten Länder der Welt gewesen, und europäische Forscher, Pflanzer und Geldanleger seien am Klima, an der Luftfeuchtigkeit und an der Malaria gescheitert.

DREIZEHN | SCHWALBENSCHWÄNZCHEN

Der akribisch in Liberia und auf der Alb tätig gewesene Ornithologe erwähnt ausdrücklich die Leistungen anderer deutschsprachiger ebenso akribisch tätig gewesener Naturforscher in Liberia vor seiner Zeit: die Schweizer Johann Büttikofer und Franz Stampfli und den Oldenburger Max Dinklage. Naturforscher spielten zur Zeit der Kolonialisierung eine zwielichtige Rolle. Mit ihrem vermeintlichen »Entdecken« der Landschaft und der Natur, dem sich Aneignen des vor Ort vorhandenen Wissens, dem Beschreiben, dem Vermessen und schließlich – in Ignoranz der bereits in Landessprache vorhandenen Namen – dem Benennen des Vorgefundenen mit eigenen Begriffen, bereiteten sie die Inbesitznahme des Landes für die Kolonialmacht vor. Oder übernahmen diese Rolle gleich mit. Oft waren sie im Lauf ihres Lebens erst Forscher und dann Kolonialbeamte.

Max Dinklage war vor dem Ersten Weltkrieg deutscher Konsul in Liberia gewesen. Er hat Aufsätze wie »Liberia in seiner Bedeutung für Deutschlands Handel und zukünftige Versorgung« 1918 und 1934 »Der afrikanische Kontinent in geopolitischer Betrachtung unter besonderer Berücksichtigung des deutschen Kolonialgedankens« veröffentlicht. Ersteren, als die deutschen Großmachtphantasien zwar durch die Niederlage des Ersten Weltkriegs, aber noch nicht durch den Vertrag von Versailles gekränkt worden waren, den zweiten, als der »deutsche Kolonialgedanke« längst keine Realität mehr, aber ein weiterhin und faschistisch neu geträumter Größenwahn war. Ich stoße im Netz im Herbarium der Harvard University auf Dinklages in Liberia, Guinea, Gabun und Kamerun gesammelte und getrocknete Blumen, die von seiner feinen Handschrift auf einem dazu geklebten Notizzettel, schwarz umrandet, bezeichnet wurden. So hat er am 25. Oktober 1896 in Fishtown die weiß blühende Orchideenart *Habenaria anaphysema* in einer kurzgrasigen Umgebung, drei Meter über dem Meeresspiegel, gepflückt, bestimmt und für die Ewigkeit gepresst (nun in der Farbe braun). Die Zeilen der Bestimmungen sind eng beschrieben, die Zeile für den einheimischen Namen ist leer.

Der Schweizer Franz Stampfli wiederum stand 1884 bei Johann Büttikofer im niederländischen Leiden vor der Tür, wo dieser im Naturkundemuseum tätig war. Büttikofer engagierte ihn kurzerhand als Jäger und Sammler in Liberia, denn dass es dort viel zu jagen und auszustopfen gab, wusste er von seiner ersten Reise durch das Land 1879 bis 1882. Er reiste ihm bald nach und wurde nach seiner Rückkehr ein schreibender Zoodirektor in Rotterdam. In Band I seines Buches »Reisebilder aus Liberia« beschreibt er auf 440 Seiten seine Aufenthalte und Erkundigungen, seine Jagden und Begegnungen und die Orte, an denen er die neue Technik der Photographie einsetzte – die Fotoplatten zerbrachen häufig auf dem Transport. Jahrelang bestimmt er Bäume, Pflanzen, Tiere und Steine, zerlegt Flusspferde und Antilopen, zerkocht Schildkröten und Flughunde, schießt Vögel und Pinselschweine und stopft auch eine Rundschwanzseekuh aus. Ohne zu zögern schießt er die Tiere, die ihm begegnen, ab, selbst wenn diese brüten oder Nachwuchs haben, konserviert Haut und Knochen und probiert den Geschmack ihres Fleisches, egal ob Stummelaffe (»vortrefflich«), Wassermoschusthier (»eine Delikatesse, die an Güte und Schmackhaftigkeit alles übertraf, was ich bisher gekostet hatte«), schwarze Waldantilope (»bitter«), Riesenschuppenthier (»sehr zäh, Beigeschmack von Ameisensäure«), Lederschildkröte (»grünliches Fett in grössern und kleinern, kugeligen Klumpen«), Rundschwanzseekuh (»wie frisches Schweinefleisch«) oder Flusspferd (»zäh und geschmacklos, so dass ich mit ebensoviel Vergnügen ein Stück Kautschuk gekaut hätte«). Emsig arbeitet er an seiner Sammlung ausgestopfter Tiere, die, wie die vielen Sammlungen anderer Forscher der damaligen Zeit, heute noch in den Naturkundemuseen europäischer Städte zu sehen sind. Mancher hat sich oder jemand anderen in den lateinischen Namen von Pflanz und Tier verewigt, so wie ein niederländischer Zoologe, der über Schnurwürmer promovierte, zu Ehren von Johann Büttikofer den Fisch Zebra-Tilapie 1881 *Chromis buttikoferi* nannte. Der Riffbarsch Chromis, im Deutschen Schwalbenschwänzchen, wurde aber später der Gattung *Tilapia* zugerechnet und erhielt den klangvollen Namen der Untergattung *Heterotilapia,* die 2013 zur eigenständigen Gattung aufstieg, womit der Fisch nun *Heterotilapia buttikoferi* heißt und, von seinem Namensglücke ungerührt, als dunkler Buntbarsch mit weißen Streifen durch die Süßgewässer von Westafrika schwimmt. Auch eine Krabbe erhält seinen Namen, *Sesarma buttikoferi,* so wie ein Affe, ein weiterer Fisch, ein Flughund und ein Sperber. Ansonsten tauscht, bezahlt, verschenkt, besticht und ermuntert Büttikofer nach eigenen Berichten sogenannte »Häuptlinge«, Träger, Kanufahrer, Jäger und Frauen, die ihm Mahlzeiten bereiten, mit Branntwein, Tabakblättern, Baumwollstoffen, Taschentüchern und noch einmal Branntwein und isst beständig Maniokwurzeln, die neben Reis die Hauptmahlzeit in den Dörfern darstellen. Auf der zweiten Reise 1886 bis 1887 hat »Mr. Buttercoffee« begriffen, dass er erfolgreicher ist, wenn er die Menschen vor Ort bittet oder bezahlt, mit ihm zu jagen – sie wissen es besser. Jackson Demery ist einer dieser besseren Jäger und sein Sohn Archey wird der erste Präparator Liberias. Vater und Sohn schicken Büttikofer später Hunderte ihrer Präparate nach Leiden zu. 1895 ist auch ein allererstes Exemplar dabei, und ein solches ist für die Forscherriege immer von Bedeutung: eine Rostflankenbülbülgrasmücke. Ein kleiner Vogel mit rostbraunem Bauch, weißer Kehle und großen gelben Augen. 1905 meint der englische Forscher Robin Kemp, diesen Vogel als Erster zu beschreiben und nennt ihn ganz unbescheiden *Macrosphenus kempi,* auf Englisch *Kemp's Longbill,* doch die Rostflankenbülbülgrasmücke müsste eigentlich *Macrosphenus demeryi* heißen, *Demery's Longbill.* Oder gar nicht nach dem vermeintlich Erstbeschreibenden, da schon viele Menschen vor ihnen diesen Vogel in ihrer Umgebung kannten und benannten, also einfach *Everybody's Longbill,* obwohl ein *Longbill* ja letztendlich niemandem gehört, nur sich selber, also *Belonging-to-himself-Longbill.*

Büttikofer hatte Glück und überlebte seine Reisen, zählt aber viele Forscher und Händler auf, die dem Sumpffieber erlagen, so wie auch 22 der ersten Siedler, die starben, bevor sie überhaupt das Schiff verlassen konnten. Kurz vor seiner endgültigen Abreise, auf dem Schiff mit 41,9 Grad Fieber liegend, fällt auch er fast der Malaria zum Opfer. »Haushälterin Nancy« rettet ihm das Leben, die »als vortreffliche Krankenwärterin eine gewisse Berühmtheit erworben hatte«.

Büttikofer kennt 1890 das Wort Malaria noch nicht und erwähnt auf 950 Seiten an keiner Stelle, dass er Mücken in Verdacht hat, Überträgerinnen der Krankheit zu sein. 1897 beweist der Mediziner Ronald Ross, mit Hilfe der Vorarbeit und Unterstützung vieler anderer (Alphonse Laveran, Camillo Golgi, Patrick Manson und Arnico Bignami, die auf den Schultern vieler ungenannter Forscher aus Afrika, Indien und China standen, die diese These schon »seit Langem« aufgestellt hatten) den Zusammenhang zwischen Mückenstich und Sumpffieber und erhält dafür 1902 den Nobelpreis für Medizin.

Im zweiten Buch fasst Büttikofer die Ergebnisse seiner Reisen zusammen und beschreibt neben der Staatsgründung die Pflanzen, die Tiere und – rassistisch – die Menschen. Hier wird sein *weißes* Herrschaftsdenken offenbar. Am Ende listet er 91 Säugetiere, 237 Vögel, 51 Reptilien und Amphibien, 82 Fische, 44 Weichtiere, 173 Insekten, 21 Krustentiere und 3 Wurmarten auf. Die zusammengetragenen Eigenarten der einzelnen Tiere rufen Staunen, Gruseln, Lachen und Freude bei mir hervor, nebst Sorge und faustballender Wut ob des heutigen Artensterbens. Hinzu kommt auch Respekt vor den umfassenden, detailverliebten Kenntnissen Büttikofers und gleichzeitig schiere Fassungslosigkeit ob seiner überheblichen und abwertenden Haltung den Menschen gegenüber, die er zu »anderen« gemacht hat sowie ob der ihm komplett abgehenden Tötungshemmung bei Tieren. Ihm fehlt jegliche Spur von Ambivalenz und Zweifel zulassender Selbstreflexion. Der ehemalige Fußballrekordnationalspieler Frankreichs und Autor Lilian Thuram fragt in seinem Buch »Das weiße Denken«, ob man über Rassismus sprechen könne, ohne das Verhältnis des

Menschen zu den anderen Lebewesen auf der Erde zu hinterfragen?

Naturkunde hat umbenannt, getötet, gesammelt und ausgestopft. Naturkunde kann beobachten, beschreiben, bewahren. Leben mit einem Tier, über Jahre, und Menschen befragen, die leben mit einem Tier, über Jahre, Geschichten sammeln und Wissen und Details, malen, zeichnen und fotografieren. Im Naturkundemuseum Leiden stapeln sich 25 700 000 tote Tiere.

*

Während ich dieses Kapitel schreibe im Zimmer mit den 31 Dielen mit Blick auf den Himmel eines grauen, verregneten Februars und eines langsam freundlicher werdenden Märzes, lasse ich mich gegen Gelbfieber, Hepatitis und Tollwut impfen und mir Mittel gegen Malaria verschreiben, beginnt mein unbezahlter Urlaub, den ich monatelang vorbereitet habe, beantrage ich Visa für die drei Länder Liberia, Sierra Leone und Guinea, warte ich auf Antworten meiner Stipendiumsbewerbungen, rechne die anfallenden Kosten durch und lese in der Zeitung von einer sich ausbreitenden Epidemie in China. Ich werde von mir nahestehenden Personen davor gewarnt, nach Westafrika zu reisen, da es sich nur noch um »eine kurze Zeit« handeln könne, dass »halb Afrika dem Virus aus China erliege«. Der Gedanke liegt nah: die im letzten Jahrzehnt entstandenen engen Beziehungen afrikanischer Staaten zu China und die anfälligen Gesundheitssysteme vieler afrikanischer Länder. Aber der Gedanke ist ebenso vertraut aus der Mottenkiste der Klischees über Afrika: Afrika als Ursprung, Erleidende und Überträgerin tödlich verlaufender Krankheiten. Ich nicke den mir Nahestehenden zu. Und buche. Und dann kommt es anders. Liberia schließt am 5. März seine Grenzen für Deutsche, Guinea am 13. März. Europa wird zum Epizentrum der Pandemie. Meine Reise fällt aus. In zwei Wochen wäre ich geflogen. Nicht die Afrikanerinnen stecken mich an, ich stecke die Afrikaner an. Ein noch bis zur Woche vorher unvorstellbares Szenario ist in Deutschland eingekehrt: Schulen und

Kindergärten werden geschlossen, öffentliche Veranstaltungen abgesagt, Arbeit, wo es geht, nach Hause verlegt. Wer reisen will, muss sich beeilen, die Nachbarländer machen dicht. Dieser Satz stimmt niedergeschrieben schon nicht mehr, die Nachbarländer sind dicht. Flüge von und nach Europa sind eingestellt, an den innereuropäischen Grenzen wird patrouilliert. Ich sitze in meinen vier Wänden wie die anderen um mich herum auch und bin überrascht. So etwas gab es für mich noch nie. Als Westdeutsche, als Deutsch-Pass-Privilegierte. Grenzen, die unüberwindbar sind und die Erschütterung eines Alltags, der gerade noch unverrückbar schien.

VIERZEHN | ZUGVOGELWEGE

Ein Jahrhundert nach Büttikofer kam ein weiterer deutschsprachiger Naturforscher ins Land, der schwäbische Ornithologe. Sein Thema: Die nachhaltige Bewirtschaftung der liberianischen Naturwälder. Sein Notizblock: eine Vorder- und eine Rückseite. Vorne notierte er das zu Lernende für den Förster, hinten das für den Ornithologen. Die Zusammenfassung der Notizen der Rückseite lautet: Erstens, es gibt 617 Vogelarten im Land, von denen 125 Zugvögel sind. Zweitens, der Frühjahrszug europäischer und asiatischer Zugvögel ist im Kontinent Afrika wider Erwarten erst nach Westen gerichtet. Drittens, das Bergland von Guinea, zu dem die Berge Liberias gehören, ist ein wichtiger Zugvogelrastplatz vor der Saharadurchquerung.

Das, sagt der Ornithologe, der mir gegenüber am Kaffeetisch sitzt, habe ihm viel Ärger eingebracht, das habe ihm niemand geglaubt. Es gab die These, dass die Vögel die Süd-West-Richtung, mit der sie im Herbst in Europa den Zug beginnen, nach dem Passieren von Gibraltar aufgeben würden und Richtung Nigeria fliegen, an den Gewässern der Sahara entlang. Ebenso auf dem Rückweg. Deswegen wäre in Liberia, der Zug-Knick-These nach, was die Zugvögel beträfe, nichts los. Es war aber was los! Die Ornithologen in der Wüste hatten ihre Ringfunde, deswegen ihre Theorien und deswegen die Empörung, als ich schrieb: Ja, mitten in der Sahara sind auch Vögel vorbeigeflogen, aber der Hauptzug findet woanders statt. Verstehe, sage ich, und die Forschung von heute gibt Ihnen recht? Der Ornithologe nickt. Ich klappe mein Notizbuch auf und stelle ihm die für mich wichtigste Frage: 1984 schreiben Sie von 150 000 bis 500 000 Seglern in Buchanan und von mehr als 100 000 zwischen Kakata und Totota. Wo finde ich die Mauersegler in Liberia? Der Ornithologe blickt mich aufmerksam an, sagt, Sie werden auf jeden Fall Segler sehen, aber Sie brauchen Glück, um so viele zu sehen. Ein bestimmtes Wetterphänomen, eine *Line Squall,* eine Böenfront. Das ist eine schnell ziehende Gewitterlinie, hunderte Kilometer breit, die die Mauersegler vor sich hertreibt. Hoch aufgetürmte Wolken, zehn Kilometer hoch, heftige Böen und lautes Grollen. Ich war damals auf dem Weg von Zwedru nach Monrovia, einmal durchs Land, 500 Kilometer, eine Tagestour. Alles braute sich zusammen. Der aufkommende Wind riss einen Baum um, der krachend vor mein Auto fiel. Ich stieg aus und betrachtete den Schaden, dann den Himmel und dachte, was ist denn das? Hunderttausende von Mauerseglern, die die Böenfront über mich hinwegtrieb. Das hatte ich noch nie gesehen. Er lehnt sich in seinen Sessel zurück, verschränkt die Arme vor der Brust, und ich notiere das Wort *Line Squall,* das ich noch nie gehört habe, frage, soll ich also nach Buchanan fahren und auf ein Gewitter warten? Nein, in Buchanan ist nicht viel los mit Seglern. In Monrovia auch nicht, da fliegen sie zu hoch. Sie müssen ins Bergland. Aber nicht dort, wo viel Wald ist, da sehen Sie nichts. Der Ornithologe kratzt sich am Kopf, steht auf und holt eine Landkarte. Wir stellen die Kaffeetassen beiseite und falten die Karte auseinander.

Er fährt mit dem Finger die Straßen entlang, murmelt die Namen der Orte, die er für geeignet hält, Gbarnga, Ganta, Yekepa, Tapeta, Zwedru. In Yekepa gebe es ein Hotel, die Straße ende oben am Bergwerk von ArcelorMittal, ich müsse in Ganta nach Nordosten abbiegen. Ins Lofa County zu fahren empfehle er auch, sehr liberianisch und landschaftlich schön. In Gbarnga, weiter südlich, hätte ich sicherlich den freien Blick zum Himmel. Sie wollen da also wirklich hin? Er sieht mich fragend an. Ich sage, ja. Er nickt, okay, wenn die Regenzeit beginnt, verschlammen die unbefestigten Straßen. Wenn Sie in einem Taxi sitzen, das stecken bleibt, gehen Sie zu Fuß weiter, bis der Weg wieder befahrbar ist, da stehen andere Taxis. Nehmen Sie Fischkonserven mit, wenn Sie unterwegs sind und das eingeschweißte Brot der libanesischen Händler. Stecken Sie einen Flachmann ein, mit Hochprozentigem. Ab und an einen Schluck zur Desinfektion und zum Händeeinreiben. Und noch etwas … Er steht auf und nimmt eine kleine Box aus dem Regal. In ihr ist das Skelett des Kopfes einer Schlange. Die Giftzähne sind geschwungen und schwer zu übersehen. Vor der, sagt er, nehmen Sie sich in Acht. Das ist eine *Seven-Step-Schlange.* Wissen Sie, warum die so heißt? Ein Biss und Sie gehen noch *seven steps,* sieben Schritte. Keinen einzigen mehr.

Im Zug zurück blättere ich durch die Veröffentlichung des Ornithologen zur »Forstlichen Entwicklungszusammenarbeit« und lese die Auszüge aus dem Tagebuch seiner Frau Dorothea. Sie beschreibt den Umzug aus der Hauptstadt aufs Land mit Hühnern und Hahn im Gepäck, die Schönheit der Dörfer der Gio und Dan, die Probleme mit den Brunnen zur Trockenzeit und das Ausschwärmen von Millionen von Termiten, als endlich der Regen kam. Sie berichtet vom Blitz, der die Wasserleitung traf, den furchtbaren Schlag, den sie und die Kinder, da barfuß, erlitten hätten und dass ihre Körper hell erleuchtet gewesen seien. Sie zählt die Zusammensetzung der Bevölkerung in und um Zwedru auf, Mano und Gio, Grebo und Bassa, Kpelle, Krahn und Mandigo neben den libanesischen Händlern, die das Marktgeschehen fest in der Hand gehabt hätten, und den missionierenden Ausländern, »Father Hans aus Norddeutschland mit weißem, wallendem Gewand *(let's sing a Lied!),* Father John aus Oregon (hast du noch deutsche Wurst?) und die amerikanischen Bibelübersetzer *(I pray for you!)*«, und erwähnt, dass es in den Dörfern, in denen sich die christlichen und islamischen Einflüsse noch nicht hätten breitmachen können, einen Medizinmann gäbe oder eine Zoe, die Krankheiten heilen, Böses abwenden oder es auf den Weg bringen können.

Dann schlage ich das Buch »Birds of Liberia« auf. An der 560 Kilometer langen Küste sei nicht viel los mit Vögeln, schreibt darin Dorotheas Mann Wulf, aber im Regenwald, in der Savanne und in den nördlichen Bergketten, die an Guinea, 270 Kilometer von der Küste entfernt, und an die Elfenbeinküste grenzen. Das Land ist somit ansteigend vom Atlantik bis zu den Grenzgebieten, und der höchste Berg Liberias ist der Mount Wuteve mit 1440 Metern. Die Bergregionen sind Orte der Überwinterung von Singvögeln, die in den Frühlings- und Sommermonaten in Deutschland durch die Gärten und über die Wiesen fliegen. Das heißt, zweimal im Jahr überqueren sie, wie die Mauersegler, die Sahara: der Trauerschnäpper und der Grauschnäpper, die Gartengrasmücke und die Mönchsgrasmücke, der Fitis und der Teichrohrsänger, die Nachtigall und das Braunkehlchen, die Schafstelze, der Baumpieper, der Feldschwirl und die Rauchschwalbe. Ein Trauerschnäpper wiegt 13 Gramm, ein Fitis neun. Der Fitis legt mit der Kraft von neun Gramm 6000 bis 13 000 Kilometer zurück. Wie macht der das?

Ich lese mich durch Veröffentlichungen zu »migration patterns«, Zugvogelstrategien, und stoße auf die Zahl fünf Milliarden Singvögel, die jedes Jahr zwischen Europa-Asien und dem Kontinent Afrika unterwegs sind. Alle innerkontinentalen Zugvogelbewegungen mit eingeschlossen seien es jährlich sogar 50 Milliarden Vögel, die in anderen Regionen überwintern als denen, in denen sie brüten. Viele von ihnen fliegen nachts. Es heißt, dass in nur einer Nacht im Herbst ein Drittel aller in Deutschland ansässigen Amseln das Land gen Südeuropa verlässt und dass in allein zehn, von mir ahnungslos verschlafenen, herbstlichen Zugnächten Milliarden Vögel über Europa unterwegs sind. Sie fliegen im Schnitt 300 Kilometer täglich oder nächtlich und insgesamt zwischen 40 und 60 Tage, aber diese Zahlen sind grob, denn die Zugstrategien der Arten variieren, sogar innerhalb der Arten je nach Brutgebiet und Umwelteinflüssen.

Man teilt die Vögel ein in Standvögel, die, die bleiben; Teilzieher, einige bleiben, andere ziehen; Kurzstreckenzieher, bis zu 2000 Kilometer; Mittelstreckenzieher, 2000 bis 4000 Kilometer; und Langstreckenzieher, über 4000 Kilometer. Auch die Höhe, in der geflogen wird, ist sehr verschieden. Man weiß von Schwänen, dass sie 8000 Meter hoch fliegen und ebenso, dass der Himalaya von Zugvögeln überquert wird, das ist eine Flughöhe von 7000 bis 10 000 Metern. Große Vögel fliegen gerne am Tag, da sie die Aufwinde nutzen. Kleine Vögel fliegen nachts, vor allem bei der Überquerung der Sahara, der Hitze ausweichend und den Turbulenzen der Luftmassen am Tag. Darunter zählen die liberiareisenden Fitis, Trauerschnäpper und Gartengrasmücke, die bei Sonnenuntergang aufsteigen und bei Sonnenaufgang im Sand landen, um die heißen Stunden des Tages ruhend am Boden zu verbringen. Früher dachte man, auch diese Vögel machten Nonstop-Flüge wie der Mauersegler, aber heute weiß man es besser. Alle Zugvogelstrategien kreisen um das Zusammenspiel von Fliegen, Futtern und Ruhen. Die einen fressen sich viele Reserven an und fliegen als schwerer Vogel sehr weite Strecken, die anderen machen viele Zwischenstopps, um als leichter Vogel schneller fliegen zu können. Die dritten fressen im Flug, so wie die Segler, und machen Umwege, damit genügend Insekten vorhanden sind und die Richtung des Windes stimmt. Abreisezeit, Zugrichtung und oft auch die Zielorte werden meistens genetisch weitergegeben, können sich aber über Generationen verändern, manchmal werden sie auch erlernt. Auch der Klimawandel hat bereits Zugrouten beeinflusst. Zugvögel, die im Käfig gehalten werden, zeigen flügelschlagend und sich in die Himmelsrichtung wendend die ihnen angeborene Zugunruhe in den Nächten und Tagen der eigentlichen Abreise an. Junge Kuckucke fliegen die ihnen unbekannte Strecke nach Afrika alleine ohne Begleitung der Altvögel in das Winterquartier der Eltern und legen im Jahr darauf die eigenen Eier in das Nest der Vogelart, von dem sie selber aufgezogen wurden. Jede Zugvogelstrategie ist ausgeklügelt. Dennoch bleibt sie für den Vogel gefährlich. Manche Vögel verausgaben sich so sehr, dass sich die inneren Organe und die Muskeln verkleinern, und im schlechtesten Fall kann es passieren, dass der Vogel mitten im Flug aus Erschöpfung tot vom Himmel fällt. Man schätzt, dass die Hälfte der im Herbst aufbrechenden Vögel im Frühling nicht wiederkommt. Warum tun sie es doch? Weil sie ökologische Nischen besetzen, alle möglichen, um erfolgreich zu brüten. Weil sie um Futter und Brutplätze miteinander konkurrieren. Der Mauersegler hat keine Seglerkonkurrenz in Norddeutschland, in Nordliberia aber schon.

FÜNFZEHN | GELBBAUCHLAPPENSCHNÄPPER

Die Vögel Liberias sind in sehr verschiedenen Lebensräumen zu Hause. In den Bergen über 1200 Meter finden sich die Zimttaube, der Grauflügelrötel und die Weißaugenpinie. In mittlerer Höhe die weltweit größte Population der Gelbkopf-Felshüpfer. In der Savanne der Webervogel Schildwida und der Rotgesichtcistensänger. Und auf den Inselbergen, die aus den Waldgebieten herausragen, der Langschnabel- und der Gelbkehlpieper, die Stein- und die Fleckennachtschwalbe, der Kapsegler und der Fleckenuhu. Die Weber haben ihren Namen wegen ihrer Nestbauweise erhalten, die je nach Art variiert, es gibt 115 Arten in 17 Gattungen. Die meisten Weber leben in Kolonien und nah bei den Menschen. Sie sind laut und gesellig und bauen kunstvolle Hängenester in Bäume hinein, die daraufhin mit Hunderten von runden oder flaschenförmigen Grashalmbeuteln mit seitlichen oder unten angelegten Eingängen behangen sind. Oft sieht man die bauenden, meist bunten Männchen kopfüber mit flatternden Flügeln an Ästen hängen. Es gibt Weberarten, die Gemeinschaftsnester bauen, drei Meter hoch und vier Meter breit, unter deren Last wohl auch manchmal ein Baum zusammenbricht. Der Schildweber, rot-schwarz, baut im Wald und in Siedlungsnähe kugelförmige Nester mit langen Eingangsröhren. Der Dorfweber, gelb-schwarz, baut an Waldrändern und Dörfern nierenförmige Hängenester aus Gras dicht nebeneinander und gerne, laut Büttikofer, in Bäumen, in denen ein Geierseeadler (Palmgeier) brütet. Ob dieser die lärmende Gesellschaft mag oder die lärmende Gesellschaft die Sicherheit der Anwesenheit des Geiers, »vermag er nicht zu entscheiden«. Der Kastanienbraunschwarze Weber, rotbraun-schwarz, baut nicht gern weit oben, sondern lieber in Schilfbeständen an der Spitze von einem oder zwei Halmen, und der prächtige Königsweber, leuchtend orange, baut sein Nest in dornigem Buschwerk gerne an Flussmündungen. Liberias umfassende Wälder sind ebenso Orte der Vögel. Der schwäbische Ornithologe, Dorotheas

Mann, Wulf Gatter, beschreibt ursprüngliche und sekundäre Wälder und deren Übergänge, dazu alle Varianten zwischen immergrünen und laubabwerfenden Gewächsen und verschiedene Ast-, Blatt- und Lianengrößen, die alle für das Bewohnen und für die Futtersuche der Vögel von Bedeutung sind. In jeder Höhenschicht eines Regenwalds leben andere Arten. So haben die, die im Walddach zwischen 30 und 50 Metern zu Hause sind, meist ein auffallendes Äußeres und ein hohes innerspezifisches Sozialverhalten. Sie übernachten in Schwärmen, sie brüten gemeinsam, sie rufen sehr laut, und sie legen längere Distanzen zwischen den herausragenden Baumkronen zurück. Die untere Waldschicht, vom Boden bis zu drei Meter Höhe, ist oft undurchdringlich bewachsen.

In ihnen sind die häufigsten Vögel die Diadem- und die Braunbrustalethe, das Waldrotkehlchen, der Olivnektarvogel und der Rotschwanzborstenbülbül. Ebenso streifen durch die unteren Meter des Regenwalds der Gelbbartbülbül und der für mich schönste Vogel Liberias, der Gelbbauchlappenschnäpper. Dieser zehn Zentimeter kleine und neun bis zehn Gramm leichte Vogel hat neben seinem leuchtend gelben Bauch und gelber, manchmal roter Kehle eine kräftig graue Oberseite und hellgrün umrandete Augen. Die Umrandung sollen die besagten Lappen sein, die bei den verschiedenen Lappenschnäppern in allerlei Farben vorkommen. Beim schwarz-weißen und rotwangigen Glanzlappenschnäpper markant ausgeprägt hellblau, beim schwarzblau schimmernden und weißen, in Ostafrika vorkommenden und mit rostrotem Fleck unterm Auge markierten, Jamesonlappenschnäpper in Türkis und beim schwarz-weißen in Angola vorkommenden Weißstirnlappenschnäpper in Knallrot. Unter den Vögeln Liberias gibt es weitere Gattungen, die ebenso farbenprächtig sind. Zum Beispiel die Eisvögel und die Nektarvögel. Letztere sind ähnlich wie Kolibris sehr klein, sehr lebendig, sehr bunt, die mit ihren gebogenen Schnäbeln und langen Zungen entweder Insekten fangen oder Nektar aus Blüten saugen, die sie gegen Bienen und Schmetterlinge verteidigen. Nektarvögel haben sich über die Länge und die Formen der Schnäbel ausdifferenziert, und die 15 verschiedenen Gattungen und ihre zahlreichen Arten bewohnen alle möglichen ökologischen Nischen südlich der Sahara und in Südasien bis Australien. In Liberia leben die farbenprächtigsten von ihnen im Regenwald am weitesten oben, von denen der Zwergnektarvogel einer der buntesten ist. Er wird neun bis zehn Zentimeter groß bei einem Gewicht von fünf Gramm, und er hat einen weißen Unterbauch, einen blauen Oberbauch, eine rote Brust, ein umlaufendes blaues Kehlband, einen grünen Kopf, einen schwarzen Schnabel, einen gelben Seitenstreif und braune Flügel. Vom ebenfalls recht bunten Stieglitz, der in Deutschland vorkommt, gibt es die Legende, dass die Schöpferin* alle Vögel anmalte und der Stieglitz als Letztes ankam, als die Arbeit bereits getan war. Sie habe ihn dann mit den Resten der Farbtöpfe ausgestattet. Beim Zwergnektarvogel hat sie ihn bei vollen Farbtöpfen mit allem angepinselt. In die Vollen griff sie ebenso beim Papagei Grünköpfchen, der auch Halsbandunzertrennliche heißt (ehrlich wahr), der sehr grün ist und ein schwarzes Halsband trägt, das in ein Orange-Gelb übergeht. Den Saphirspint malte sie marineblau mit roter Kehle an, den Waldfrankolin mit weißen Punkten und schwarzem Augenstreif und den Riesenturako leuchtend blau, den Schnabel und den Bauch gelb-rot.

*

Doch genug der Prachtexemplare der liberianischen Vogelwelt. Ich reise in zwei Wochen nicht nach Liberia. Obwohl ich von Arbeit befreit, vernetzt und aufgeregt genug für die Größe des Reiseplans wäre. Die Vorbereitung für die subsaharische Ornithologie kann pausieren. Das Virus Covid 19, das wahrscheinlich aus einer Fledermaus stammt, so wie das Ebola-Virus wahrscheinlich aus einem fledermausähnlichen Flughund stammt, weswegen, wie Wulf Gatter vermutet, die Ablehnung gegenüber dem Mauersegler in Liberia wahrscheinlich aus

* Aus Diversitätsgründen möge man sich bitte an dieser Stelle eine junge oder ältere oder sehr alte Schwarze Frau oder eine Frau of Color vorstellen.

der Fledermausähnlichkeit des Mauerseglers stammt, soll mit Ausgangssperren eingedämmt werden. Niemand geht mehr aus und niemand reist. Aber die Vögel reisen. Sie kommen in den nächsten Wochen zurück aus Afrika. Ich beschließe, die zu erwarten, die heute noch in Liberia sind. Aufmerksam, auf die Gesänge achtend, durch die Landschaften meiner Stadt zu gehen und die Liberia-Winter-Zugvögel zurück im norddeutschen Frühling willkommen zu heißen. So ich sie finde und antreffen kann.

SECHZEHN | LANGE STRECKE

Es ist der 23. März. Sonne, sieben Grad, gefühlte vier. Auf dem Rad braucht es Mütze, Handschuhe und Schal. Kalter Wind aus Südost. Der große Park der Stadt, hohe, alte Bäume, Untergehölz, noch kahl, Gräben mit Wasser, einige Seen. Tiergehege mit Eseln und Wild, auf den Wegen anbei Hühner, ein Pfau. Die Menschen gehen spazieren, erlaubt ist zu zweit, viele gehen allein. Sie lächeln sich bei den Virus-Ausweich-Manöver-Bögen freundlich zu. Es sind 13 Gesänge und Rufe, die ich beim Gang durch den Park, kaum dass ich ihn betreten habe, hören kann: die Kohlmeise (ziziwäwä) und die Blaumeise (zie-zi-zi), das eintönige Klappern der Sumpfmeise und der Wechsel von Zirpen und Schnarren der Schwanzmeise. Rabenkrähen rufen heiser, Grünspechte zeternd, Buntspechte eintönig und Weißwangengänse krächzend, die, wer weiß von woher kommend, als seltene Gäste im Park zwischengelandet sind. Stare schwatzen aus Baumkronenhöhen, Kleiber rufen von hohen Stämmen hinunter und ein Buchfink singt ununterbrochen seinen Schnörkel. Ringeltauben, Eichelhäher, Stockenten, Teichhühner, Blässhühner, Graureiher und Kormorane lassen nichts von sich hören, aber als die Sonne sinkt, wandele ich auf einem Klangteppich aus Amselflötengesang und Rotkehlchen-Perlsilberklängen.

Die Rotkehlchen, die hier singen, sind aus Südwesteuropa zurück oder vom Mittelmeer und die, die manchmal im Winter leise gesungen haben, waren Kehlchen aus Nord- oder Nordosteuropa. Langstreckenzieher höre ich im Park heute keine. Dafür ist es zu früh, sie sind noch nicht wieder da. Am 24. März, Sonne, neun Grad, Wind aus Südost, höre ich im Kleingartengebiet die kleinste Meise Mitteleuropas, die Tannenmeise (didü-didü-didü-didü), das wirbelnde Zwitschern der Heckenbraunelle, die das ganze Jahr über vor Ort ist, aber sich selten zeigt und den Zilpzalp, der so singt wie er heißt (zilp-zalp-zelp-zilp-zalp). Der Zilpzalp kann zugvogeltechnisch alles. Er könnte sich in den letzten Monaten einfach hier in den Gärten rumgetrieben haben oder in Spanien, in Westfrankreich oder in Sizilien, Korsika, Libyen, Marokko. Manche Zilpzalpe fliegen sogar bis in die Oasen der Sahara, in die Trockensavanne oder ins Hochland Ostafrikas. Dieser Zilpzalp aber nicht, er wäre noch nicht zurück von der Reise. Der Zaunkönig im Garten nebenan singt lautstark, wie immer. Ein Teilzieher, über den es viele Legenden gibt. Wahr ist: Er hält sich bei kalten Temperaturen zum Wärmen mit anderen Zaunkönigen in einem Kugelnest auf. Die Melodie des Gartenbaumläufers ist fein und eingängig. Der Läufer selber ist filigran, er wandert von unten nach oben die Baumstämme rauf, aber nicht kopfunter wieder runter, das macht nur der Kleiber. Die Strophen des Grünfinks, hoch im selben Baum, haben ein gepresstes Schnarren am Ende. Gartenbaumläufer und Grünfink bleiben im Winter hier, mancher Baumläufer zieht aber auch davon.

Auf der Fahrradweiterfahrt zur Flussniederung Werderland höre ich auf dem Deich der Lesum den melancholischen Ruf des leuchtroten Gimpels, ein Standvogel, und den kurzen, scharfen Ruf des Eisvogels, er bleibt auch das ganze Jahr über hier, den ich sogar zu Gesicht bekomme, er ist azurblau-grün-türkis-orange. Wegen seiner Farbenpracht bilde ich mir einen Moment lang ein – ignoriere dafür die Winterjacke und den Wind, die nahe Autobahn und die Eintönigkeit des Kanals, an dem der Eisvogel sitzt –, ich sei doch in dem Land, in dem viele Arten dieser farbenprächtigen Exemplare zu Hause sind, in Liberia. Vom Lehrpfad am Dungersee werde ich in die Weite der Flussniederung entlassen, zwischen Lesum und Weser gelegen. Kilometerweit überschwemmte oder feuchte Wiesen, begrenzt vom Industriegelände von ArcelorMittal. Kanäle mit schmalen Staustufengittern, Schilf, Büsche und niedrige Bäume, deren Wurzeln im Wasser stehen. Ich sehe Rohrammern, die vielleicht unterwegs waren, vielleicht aber auch nicht, und das schöne Schwarzkehlchen, das den Winter in Südwesteuropa erträglich fand, schwarzer Kopf beim Männchen, orangerot bei beiden die Brust. Kein Vogel singt, das Fernglas hilft. Kiebitze stürmen in Sturzflügen durch die Luft, Gänse erheben sich laut. Der Wanderweg führt über die

Wiesen, und die Weite des Geländes gibt preis, was nur das norddeutsch-flache, manchmal langweilig wirkende Land preisgeben kann: die vielen Nuancen von Licht. In diesem Moment die eines sich langsam zurückziehenden Sonnenuntergangfrühlingslichts. Auf dem Rückweg höre ich die abwärts gezogenen Rohrammerrufe (zieh), auf dem Deich die abgesetzten Singdrosselstrophen, den Ruf der Bachstelze (zwillit) im welligen Flug und im abnehmenden Licht das Rauschen der Starenschwärme in der Luft, die über mich hinwegfliegen, übernachtungsplatzsuchend. Die Singdrossel mag es im Winter mediterran, manche fliegen noch weiter südlich, Singdrosseln kennen den Überspringzug. Je weiter nordöstlich eine brütet, desto weiter zieht sie im Winter nach Süden und »überspringt« die Kolleginnen, die im Sommer nicht so weit in den Norden kamen. Das Zugverhalten der Bachstelze wiederum variiert, sie kann ziehen, sie kann bleiben.

In der Flussniederung sehe ich Tage später voller Sonne sechs Störche im Aufwind kreisen, nach langer oder mittellanger Zugstrecke zurück und am 7. April, 18 Uhr, Sonne, 14 Grad, die ersten sicheren Langstreckenzieherinnen dieses Frühlings: drei Schafstelzen, leuchtend gelb. Sie hocken im Gebüsch, dann auf der Wiese, dann stolzieren sie am Wasser des überschwemmten Wiesenrands. Ich werfe das Fernglas in die Luft, fange es auf und verbeuge mich anerkennend: willkommen zurück. Die Mönchsgrasmücke im bald verblühten Forsythienstrauch, der über dem braunträgen Wasser der Ochtum hängt, hat vielleicht die Sahara überquert, vielleicht auch nicht. Der erste Fitis aber am südlichen Weserufer – lockerer Baumbestand, lärmende Reismühle, knospender Baum –, hat als reiner Langstreckenzieher sicher den weiten Weg geschafft, Verbeugung, Applaus. Am 9. April, 18 Uhr, Sonne, 13 Grad, kalter Wind aus Nordost, sind im Werderland mit einem Mal der Fitisse viele, und zurück aus Südlich-des-Äquators-Afrika begrüße ich den Schilfrohrsänger in den Halmen, den ich ohne Gesang nie gesehen hätte. Auf dem Deich der Lesum kreuzt eine einzige Rauchschwalbe meinen Radweg in reißendem Flug, die zwar noch keinen Sommer macht, aber dieses Jahr schon südlich der Sahara war.

Die Woche darauf ist mühsam. Vogelbeobachtung kann zäh und anstrengend sein. Ein Naturschutzgebiet nördlich von Bremen ist trostlos, keine Wiese ist mehr überschwemmt, kein Vogel zu sehen. Eine Flussniederung im Süden der Stadt wird mehr von der Autobahn beschallt als von Vögeln, und in einem Wald außerhalb Bremens höre ich nur die Gesänge, die ich schon im Park und in den Gärten vernahm. Doch hier sind es viele, ein Konzert, mit einer neuen Stimme dabei: das Wispern des Sommergoldhähnchens. Es ist der kleinste Vogel Mitteleuropas und sein Name kommt vom orange-gelben, also goldenen, Scheitelstreif, der an den Hahnenkamm erinnert. Das Sommergoldhähnchen war mit der Kraft seines fünf Gramm schweren Körpers in Südfrankreich, Spanien oder Nordafrika.

In einer weiteren Flussniederung sehe ich am 18. April den Großen Brachvogel, der mit dem schönen Ruf, und friere den Rest des Abends im kalten Wind, am Rande der Wiese hockend. Ich warte auf den Gesang des seltenen Blaukehlchens, das am Mittelmeer war. Vergeblich. Dafür habe ich auf dem Weg nach Hause Rückenwind und beim schnellen Warmfahren durch die Felder einen knallroten Abendhimmelstreifen vor Augen. Der Umweg am kleinen See bringt mich zur brütenden Weißwangengans, doch sie bemerkt mich sofort (mein Fahrrad muss leiser werden). Fledermäuse begleiten den klappernden Fahrradflug an den Kanälen entlang, flattern ihr Zickzack neben und über dem Rad, und das Abendrot legt mit der Leuchtkraft seiner Farbe immer noch etwas zu. In der Dunkelheit erreiche ich die Gebüsche und Gärten am Fleet, an dem zwei Nachtigallen leben, bremse, lausche und höre nur meinen Atem, der langsam leiser wird. Nachtigallen kommen spät an im Jahr, Ende April, je nach Wetterlage. Überhaupt hängt der Vogelzug vom Wetter ab, von Nahrung, Winden und Temperatur. Vor zwei Wochen strandeten zehntausende Schwalben und Mauersegler auf der Ostroute zurück nach Europa. Das Überfliegen der Sahara hatten sie geschafft, doch dann wurden sie im Norden Afrikas verweht und mussten in der Ägäis gegen einen kalten, starken Nordwind anfliegen. Am

Morgen des 6. April saßen in ganz Ostgriechenland unterkühlte, erschöpfte Schwalben auf Balkonen, Dächern, Straßen und jeder anderen freien Oberfläche und konnten sich nicht mehr bewegen. Mauersegler, die nicht auf dem Boden oder auf Drähten ruhen können, krallten sich an Wänden fest. Viele der Schwalben und Segler starben.

In der zweiten Hälfte des April kommen in diesem Jahr in meiner Stadt viele Langstreckenzieher an. Ich höre die erste Klappergrasmücke, die im Winter in Ostafrika gewesen ist, und bewundere ihre Schönheit mitsamt dem Detail, dass ihr unteres Augenlid hell ist. Auf der Parzelle setzt ein Gartenrotschwanz im nahen Gebüsch zum Gesang an – auch er hat die Wüstenstrecke geschafft, Freude, Gratulation. Der Gartenrotschwanz mag vor allem die Savanne im Winter, dafür aber die Tropen nicht. In der Flussniederung Werderland ist seit dem letzten Besuch viel passiert. Es ist der 23. April, 18 Uhr, unwahrscheinliche 21 Grad, Wind aus Südost. Der ganze April war außergewöhnlich trocken und warm. Die Wege, auf denen ich im März tief eingesunken bin, sind leicht passierbar, auch die knie- und knöchelhohen Gräser an den Wegrandseiten sind trockengefallen. Habe ich vor zwei Wochen noch einen einzigen Schilfrohrsänger gehört, sind es nun fünfzehn und mehr, die alle paar Meter im Schilf ihren Gesang mit dem häufigen krrrr, krrrrr, krrrr ertönen lassen. Einer sitzt auf einem noch kahlen Baum an der Wegesecke. Sein Bauch ist beige, der Hals ganz weiß. Deutlich zu sehen sind der helle Überaugenstreif, der schmale Schnabel und der rostbraune Bürzel, die untere Rückenpartie. Neu im Schilf und Gebüsch der Wiesen sind die Feldschwirle, die auch den langen Weg aus dem tropischen Afrika gemeistert haben. Es sind viele, ihr Gesang klingt wie Heuschrecken, ein einziger Ton, ein lang anhaltendes Schwirren. Feldschwirle sind scheu und huschen knapp über dem Boden entlang. Ich beschließe, heute geduldig genug zu sein, bis ich einen singenden Schwirl gesehen habe. Es gelingt. Er sitzt im bodennahen Gebüsch, hat den Kopf gereckt und den Schnabel weit geöffnet, der sich nicht bewegt wie bei anderen singenden Vögeln, dafür zittert sein Schwanz, als müsste dieser bei der Gesangesanstrengung helfen. Feldschwirle singen auch nachts und bis Anfang September, wenn die anderen Vögel längst aufgehört haben. Die beiden Kuckucke nahe dem Weg sind bereits 9000 Kilometer geflogen – chapeau! –, und beim Gesang der ersten Nachtigall des Jahres verbeuge ich mich ausladend, tief. Ein paar Büsche weiter huscht eine Dorngrasmücke durch die Zweige, die südlich der Sahara in der Savanne war, und in der Dämmerung beginnt der Sumpfrohrsänger zu singen, der viele andere Vogelarten, die er auf seinem Langstreckenzug kennengelernt hat, imitiert. Ich erhebe ein imaginiertes Glas, die Wasserflasche aus dem Rucksack, und proste der Grasmücke und dem Rohrsänger ob ihrer Wiederkehr zu.

Am Samstag, dem 26. April, 21.30 Uhr, 8 Grad, frischer Wind aus Nordost, suche ich im Dunkeln am Abend die Wiesen eines anderen Flusses auf und laufe hinein in die Niederungsweite und die beginnende Nacht. Ein Streifen Abendrot ist am Himmel zu sehen, darüber die sehr schmale Sichel des Monds, die am äußersten Rand der durchschimmernden, runden Mondscheibe liegt. Über der Sichel hängt der Abendstern, als wolle er sich jeden Moment in die schräg liegende Mondschale stürzen. Ich laufe trotz Dunkelheit, weil ich weiß, dass Blaukehlchen von der Dämmerung an bis in die Nacht hinein singen. Es singt aber nicht. Frösche quaken, ein Fuchs bellt in der Ferne und die Erde vibriert, als einige Rehe in der Nähe zu laufen beginnen. Ich höre meine Schritte, meinen Atem und dann ein Geräusch, das ich noch nie vernommen habe. In der dunklen Luft, links und rechts, mal näher, mal weiter entfernt, ein kurzes Sirren, das sich zu einem Wummern steigert. Ich ziehe den Kopf ein, ich denke, irgendetwas Technisches fliegt durch die Nacht, eine Drohne, von einem Freak gesteuert, der in der Wiese hockt, ein Bumerang, der seine Kreise dreht, wer weiß, hoffentlich trifft er mich nicht. Das Geräusch kommt näher, entfernt sich wieder, verdoppelt sich. Mit geducktem Kopf gehe ich weiter, die Nacht ist zu schön, um schon umzukehren. Ein Mann mit Hund taucht aus dem Dunkeln auf, ich frage ihn, was wir da hören. Er sagt, das Meckern der Himmelsziegen. Die Bekassinen. Die fliegen über uns, und im Sturzflug spreizen sie die Schwanzfedern ab, das erzeugt das Geräusch. Wirklich?, frage ich ungläubig, das klingt nicht wie hoch in der Luft, das klingt wie ganz nah. Nein, nein, sagt er, das ist weit oben. Und wieso tun sie das? Das ist ihre Balz. Im Dunkeln? Der Mann zuckt mit den Schultern, es ist ja deutlich zu hören. Ich bedanke mich und laufe lauschend weiter durch die geräuscherfüllte, lichtklare Nacht. Das verblassende Abendrot spiegelt sich im Wasser der Kanäle, die Himmelsziege meckert in der Luft, und ich beginne zu verstehen, dass meine bisherige Vogelwelt aus den Vögeln der Gärten, Parks und Dächer der Stadt, der Wochenendausflugs- und Wanderungswälder bestand und dass dieser mein Ausschnitt des ornithologischen Lebens ein sehr bescheidener ist.

Am Nachmittag des nächsten Tages fahre ich wieder hin, die Bekassine im Hellen zu sehen. Es ist enttäuschend. Nichts los bei den Vögeln. Nur die Wochenendausflügler klingeln mich radelnd aus ihrem Weg. Ich treffe auf eine andere Frau mit Fernglas und spreche sie an. Den Wachtelkönig! Den müsse ich sehen! Der sei die letzten Jahre vor Ort gewesen, aber noch nicht wieder da. Wachtelkönig? Wieder so ein Wiesenvogel, von dem ich nichts weiß. Um 21 Uhr sind die Ausflüglerinnen verschwunden, der Abendhimmel übernimmt die Regie, und diesmal ist es da, das Blaukehlchen, das in der Dämmerung singt. Ich sehe es auf dem Pfahl eines Zaunes sitzen, im letzten Licht, mit weißem Stern auf der Brust. Der Gesang tönt noch lange in die Nacht hinein und eine einzige Bekassine wummert ihre Sturzflugbässe leise am Himmel dazu.

Der April ist fast vorbei. Sechs der zwölf Singvogelarten, die der schwäbische Ornithologe in den Bergregionen Liberias im Winter gesehen hatte, konnte ich willkommen heißen, die anderen suche ich noch. Den Grau- und den Trauerschnäpper, das Braunkehlchen, den Baumpieper, den Teichrohrsänger und die Gartengrasmücke. Die Gartengrasmücke ist eigentlich häufig. Dieser, althochdeutsch, Gra-Smucka, Grau-Schlüpfer, ist wie alle Gra-Smuckas-Grasmücken nicht sehr auffällig, grau und braun. Dazu noch gut versteckt und sehr scheu. Er singt wie die Mönchsgrasmücke, die ist noch häufiger. Die Mönchsgrasmücke habe ich in diesem Frühling oft gesehen und x-mal gehört. Immer gedacht, aha, eine Mönchsgrasmücke. Doch es war vielleicht eine Gartengrasmücke. Ich beschließe, nachzusitzen und das Gehör zu schulen in Mönchsgartengrasmückengesangsunterscheidung. Bei der Gartengrasmücke fehlen die reinen Flötentöne am Ende, lerne ich, dafür singe sie anhaltender, sie schwatze vor sich hin. Bei der nächsten dichten Gebüschansammlung mit Grasmücken und vermeintlich fehlenden reinen Endflötentönen spiele ich mir den Gesang zur Erinnerung noch einmal vor, woraufhin der schwatzende Vogel sich singend nähert und aufgeregt durch die Zweige huscht. Wartend, ins Grün hineinkletternd und schauend bekomme ich den Smucka kurz, aber doch zu Gesicht. Keine Kappe auf dem Kopf wie die Mönchsgrasmücke, eindeutig, die Gartengrasmücke. Ich bitte um Entschuldigung für die Störung, ziehe mich verbeugend zurück, bedanke mich für die Wiederkehr. Den Teichrohrsänger sehe ich im Uferschilf eines Sees, er, der auch Rohrspatz genannt wird, schimpft laut aus den Halmen heraus. Das Braunkehlchen ist sehr selten geworden. Es bewohnt die kaum noch existierenden Brachflächen, die eine Krautschicht haben, Hecken und Sträucher. Und vor allem Ansitzwarten, von denen das Kehlchen aus für die Insektenjagd losfliegen kann: aufragende Schilfhalme, Rohrkolben oder Blütenköpfe. Bis 2009 gab es eine Verordnung der EU, einen kleinen Anteil der landwirtschaftlichen Flächen stillzulegen, für den ein Ausgleich gezahlt wurde. Die Population der Braunkehlchen brach nach Abschaffung der Verordnung ein. Ich rufe einen Ornithologen vom Naturschutzbund an und frage ihn, wo in Bremen die Braunkehlchen brüten. Er sieht in Datenbanken nach, im letzten Jahr habe es drei kartographierte Braunkehlchenpaare gegeben. Ich frage, drei? Ja, sagt er. Sicherlich habe es einige mehr gegeben, aber nachgewiesen seien drei. Er nennt mir die Orte. Der Flugplatz der Bekassinen ist dabei und das Werderland.

Den Baumpieper finde ich in einem Heidegebiet nördlich von Bremen. 27. April, Sonne, 18 Grad. Ein sandiger Weg am

Moorrand, Kiefer und Birken, Gebüsch, hochgewachsene, trockene Gräser. Der Pieper sitzt wie bestellt auf der Spitze des alleinstehenden Nadelbaums und schmettert seine kanarienartigen Strophen mit dem unverkennbaren zia-zia-zia am Ende. Er führt seinen Balzflug vor, fliegt von der Singwarte aus in die Höhe und lässt sich, die Flügel ausgebreitet, wie an einem Fallschirm schwebend, singend zurück zur Baumspitze segeln. Gesang und Singflug werden als hell und heiter bezeichnet und brachten ihm viele Namen ein: Holzlerche, Krautlerche oder Spitzlerche, Ziepe oder Schmelchen. Ein Baumpieper wiegt 22 Gramm. Zu Beginn des Herbstzuges sind es über 30 und bei Ankunft im Überwinterungsgebiet können es 16 sein.

Am 30. April sehe ich den ersten Mauersegler über den Dächern meines Viertels und lese auf einer Vogelseite im Netz, dass über 80 Segler in den Wiesen der Bekassinen gesichtet wurden. Dorthin treibt es mich wieder, 3. Mai, 19 Uhr, 12 Grad, Wind aus Nordwest. In diesen Tagen wird die Welt hellgrün, alles sprießt, und man sieht vor lauter Löwenzahn die flussnahen Wiesen nicht. Als ich das Fahrrad abstelle, hängen Wolken tief über der Flussniederung, und Kühe sehen mich neugierig an. Es war den ganzen Tag über bewölkt und frisch, kein Mensch verirrt sich heute hierhin. Aber auch kein Segler. Kaltes Wetter mögen sie nicht. Sie haben sich wer weiß wohin verzogen und warten auf wärmere Temperaturen. Das Braunkehlchenbrutgebiet, das der Ornithologe vom Naturschutzbund nannte, ist vom Weg weit entfernt. Meine altbewährte Methode, Lauschen und Ranschleichen, ist in Naturschutzgebieten und Wiesenweiten nicht möglich. Die Geduld muss es richten und die ruhige Hand für den unverwackelten Fernglasblick. Auf den schwankenden Schilfhalmen und auf dem Zaun zur Wiese wechseln sich Schilfrohrsänger, Rohrammern und – tatsächlich – Braunkehlchen ab. Ich jubiliere, spreche meinen Rückkehrdank aus, bestaune die Schönheit der Kehlchen durch die Fernglaslinsen und schicke ihnen meine allerbesten Wünsche für eine gelingende Brut ins Schilf. In der beginnenden Dämmerung fliegt eine Bekassine am Himmel über mir ihre Runde, viel höher, als ich gedacht habe. Einmal kommt sie nah und zeigt deutlich ihren langen Schnabel. Ihr Flug ist aufgeregt flatternd bis auf den Bogensturzflug, der das Wummern erzeugt. Für den neigt sie sich zur Seite und hält im Fallen die Flügel still, dann fliegt sie, als müsse sie sich beeilen und als fiele ihr das wieder ein, hektisch weiter. Der Wachtelkönig ruft laut und eintönig kräh-kräh, kräh-kräh aus dem Gras heraus. Es klingt, als würde man mit dem Daumen einen Kamm entlangfahren, nur viel lauter. Der Himmel zieht sich zu, die Fernglasfinger sind kalt, und der Mond wirkt wie ins gesteppte Himmelsgrau getunkt, er ragt zu zwei Dritteln aus der Tunke heraus. Mit einem Mal ist es still. Ich weiß nicht, ob das an der Kälte liegt. Die Natur hat die Luft angehalten.

Am 4. Mai um 14 Uhr rasen die ersten drei Mauersegler rufend über die Nachbardächer, und ich stürze ans Fenster, um sie zu sehen. Da seid ihr ja wieder. Willkommen! Wie war es denn in Liberia?

Am 9. Mai, Sonne, 22 Grad, Wind aus Südost, suche ich den Trauerschnäpper, den ich nicht gut kenne und auf dem Waldfriedhof vermute, auf dem heute ein Vogelkonzert sondergleichen stattfindet. Das Vogelbestimmungsbuch mit Plastikeinband stellt den Gesang des Trauerschnäppers als schlürfend klingende aneinandergereihte Töne im zweisilbigen Aufbau kurzer Strophen mit einem markanten wuti-wuti-wuti vor. In der Klangfarbe sei er dem des Gartenrotschwanzes ähnlich. Ich laufe an Gräbern entlang, harre auf Bänken aus, bis ich die Schnäpperstimme höre und den schlürfenden wuti-Sänger im markant braunweißen Federkleid hoch oben in einer Eiche entdecke. Er singt viel lauter und schneller, als ich es in Erinnerung habe. Die Tage darauf vertreiben die Eisheiligen erneut die Mauersegler, aber in den Flusswiesen üben junge Schafstelzen und Rohrammern das Fliegen, flattert und segelt der Große Brachvogel rufend seine Flugbögen und knarzt ununterbrochen der langstreckenziehende Wachtelkönig von der späten Dämmerung an bis in die Nacht. Der markante Ruf hat dem früher häufigen Vogel viele Namen beschert:

Wiesenknarre, Schnärz und Schnerper, Grasrätsche, Knarrer und Nachtschreier, Gerstenratzer und Heckenschnärr.

Und plötzlich ist es Ende Mai. Die Wochen sind verflogen. Kaum, dass ich elf der zwölf Vögel gefunden und nebenher noch andere kennengelernt habe. Die Regeln zur Eindämmung der Corona-Pandemie werden gelockert, und ich fahre das erste Mal wieder Zug, verlasse das erste Mal seit Anfang März für ein paar Tage Bremen. Auf der Wanderung um einen See sehe ich Neuntöter, Grauammer, Turteltaube, Seeadler und, unscheinbar in einer Eiche am Rande des Kopfsteinpflasters einer Straße, einen Grauschnäpper sitzen, schlank und aufrecht, lange Flügel, dunkle Augen.

SIEBZEHN | Monrovia, Gbarnga, Ganta*

* Dieses leere Kapitel steht stellvertretend für die fehlenden Beschreibungen der Reise nach Liberia. Die Reise konnte ich erst aufgrund der Pandemie und dann wegen meiner Long-Covid-Erkrankung nicht antreten. Die dadurch entstehende Leerstelle im Buch möchte ich hier explizit sichtbar machen. Als *weiße* und privilegierte Person aus Europa das afrikanisches Land Liberia nur mit Hilfe Zweiter-Hand-Quellen vorzustellen, ohne Menschen vor Ort einen Raum für ihre Geschichten gegeben zu haben, widerspricht meinem Verständnis vom Schreiben eines erzählenden Sachbuchs im Allgemeinen und insbesondere im Themenzusammenhang von Kolonialismus und kolonialen Kontinuitäten.

Übersee

ACHTZEHN | C007424

In der Zwischenzeit habe ich den Doktoranden angeschrieben. Ihn gefragt, wohin der Segler C007424 denn nun geflogen sei. Ob er das bereits wüsste? Oder ob die Auswertung missglückt sei, es Schwierigkeiten gegeben habe? Dass ich meine Reise nach Liberia verschieben musste, dass ich nun am Ende des Jahres zum südöstlichsten Punkt der Zugroute des Gehrder Seglers aufbrechen wolle – wo auch immer das sei –, und dass ich deshalb die Ergebnisse brauche. Der Doktorand antwortet nicht. Auch nicht am Telefon, ich lasse es lange klingeln, es gibt keinen AB. Dann endlich erhalte ich Nachricht. Die Batterie des Datenträgers auf dem Rücken des Vogels habe nicht durchgehalten. Der Geolokator habe nur bis zum Februar Hell und Dunkel aufgezeichnet, der Rückzug nach Europa sei nicht dokumentiert. Und übrigens, er, der Doktorand, habe nun eine andere Arbeitsstelle, ich möge die Professorin ansprechen. Ich halte den Atem an, ich denke: Beide Reiseprojekte gehen schief. Der andere Lokator, lese ich weiter, der mit der alten Technik, den der Vogel C011256 zwei Jahre lang trug, der aber habe aufgezeichnet, die ganze Zeitspanne lang. Dies sei doch interessant wegen der zwei Zugrouten hintereinander. Ob ich nicht besser diesen nähme? Ich schreibe sofort zurück, bekomme keine Antwort mehr. Die Professorin sagt am Telefon, sie habe die Details nicht im Kopf, sie melde sich wieder. Die Mail, die ich Wochen später erhalte, kommt vom neuen Doktoranden, ob er sich vorstellen dürfe, er führe das Projekt nun weiter und um welche Segler es gehe, er werde sich später im Jahr um die Auswertung der Daten bemühen.

In Gehrde indes sind in diesem Jahr wieder alle 31 Kästen belegt und in Kasten 4 bereits drei Jungvögel geschlüpft, unbeflaumt, daumenklein. In den anderen Nestern liegen zwei bis drei Eier, seltener auch mal eins oder vier. In zwei Kästen finden Wilfried und ich bei unserem ersten Kontrollgang zwei tote Segler vor, sie liegen neben den Nestern und haben den Schnabel weit aufgerissen, als schnappten sie vergeblich nach Luft. Der April und der Mai waren außergewöhnlich warm in diesem Jahr. Ob es damit zu tun hatte? Wir lesen ihre Ringe ab und einer der toten Segler ist Fridolin vom letzten Jahr, der neu war in der Kolonie und dem ich den Namen heimlich zugeflüstert habe, als ich ihn zurück in seinen Kasten trug. Abends, als die anderen weg sind, stehe ich im Rosenbeet an der Kirche und beerdige zwei steife, sehr leichte, schnabelgeöffnete Vogelkörper, die neun Monate lang in der Luft waren und nun, ab jetzt, in der Erde. Ich verbringe wie letztes Jahr Tage auf dem Kirchendachboden, fange die Altvögel ein, lese die Nummern auf den Ringen ab, zähle die Eier in den Nestern und die Jungvögel, die schlüpfen, aufwachsen und dann beringt in die Welt hinausfliegen. Viele Segler treffe ich im selben Kasten wie letztes Jahr an. In Kasten 2 begrüße ich den, der der erste Vogel in meiner Hand gewesen ist, und in Kasten 20 beglückwünsche ich den 2008 in Gehrde geschlüpften und seit 2012 brütenden Segler zu seinem erfolgreich abgeschlossenen 24. Zugroutenflug. Einen Vogel aus Kasten 5 befreie ich von einem Datenträger auf seinem Rücken, aber es ist kein Lokator, sondern ein Sender mit Antenne, mit dem die Futterwege vor Ort in und um Gehrde beforscht worden sind. Ich bin erschrocken. Wie kann es sein, dass wir diesen Sender im letzten Jahr übersahen? Und warum wurde er nicht vermisst? Und welchen Kraftakt musste der Vogel mehrere Jahre durch das unnütze Tragen vollführen? Ich verneige mich entschuldigend vor dem Tier und schicke das kleine Gerät an Axel, per Einschreiben, der es den Forschenden an der Uni Siegen übergibt. Zwei Altvögel erwische ich in dieser Saison wieder nicht, so ausdauernd ich auch im Staub des Dachbodens warte, und so muss ich am Ende der Brutzeit zusammenfassen: C007424, also Jabari, und C011256, der mit dem Zwei-Jahre-hintereinander-Lokator, waren entweder genau die, die sich nicht haben einfangen lassen, oder aber – und dafür spricht, dass die Plätze in ihren ursprünglichen Kästen von anderen besetzt sind – sie waren beide in diesem Jahr nicht hier.

Es ist Ende September, als der neue Doktorand mir die Ergebnisse der Auswertungen schreibt. Aufgeregt öffne ich die

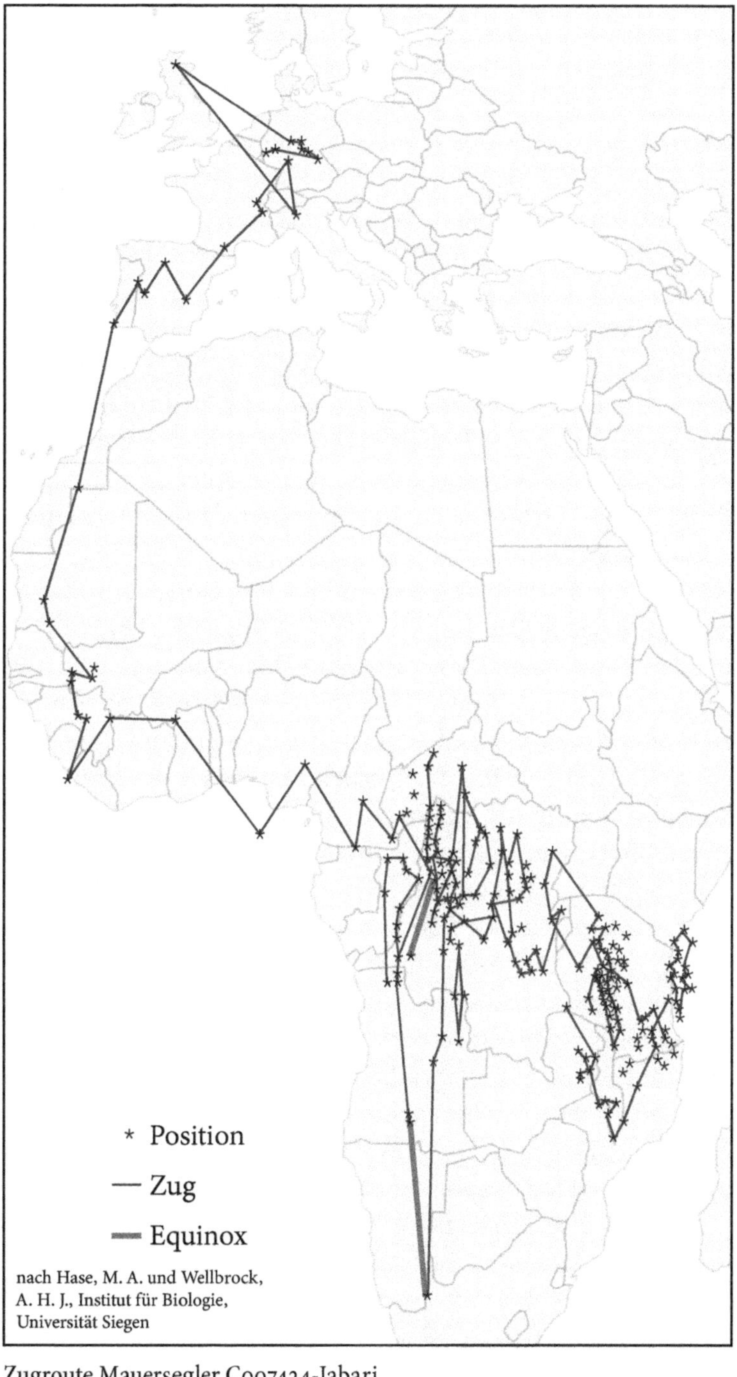

Zugroute Mauersegler C007424-Jabari

angehängten Dateien seiner Mail, überfliege die Daten und deute die Karte. C007424-Jabari flog nach getaner Jungvogelaufzucht einen Ausflug in die schottische Hauptstadt Edinburgh, um sich dann im schweizerischen Lugano und dem nahe gelegenen italienischen Como herumzutreiben, bevor er seine Zugroute klassisch nach Südwest über Frankreich fortsetzte. In Spanien, ungefähr über der Stadt Ciudad Real in Kastilien-La Mancha, also im Süden, merkte er, dass er doch in Valladolid vorbeifliegen wollte und machte einen Schlenker zurück nach Nordwest. Über den südwestlichsten Punkt Portugals, dem Cabo de São Vicente, flog er Richtung Afrika raus aufs Meer, um auf der Höhe des Tan-Tan-Strands bei El Ouatia in Marokko die Sahara erstmalig wieder unter sich zu sehen. Er flog über Westafrika zu seinem ersten Überwinterungsort und das sehr schnell, denn er kam bereits am 27. August im Nordwesten der Demokratischen Republik Kongo an – das ist das große der beiden Kongos –, um 76 Tage lang im Himmel zwischen der Stadt Binga am Fluss Mongala und dem Ort Makanza am Fluss Kongo bis zum 11. November vor sich hin zu segeln. Am 12. November brach Jabari auf, um im Dezember am weitesten von seinem hölzernen Nistkasten auf dem Dachboden in Gehrde entfernt zu sein und bis zum 7. Januar – nach einem Zwischenstopp im Südwesten Tansanias – die Inseln von Sansibar zu erkunden. Damit war das äußere Ende der Zugroute erreicht, die Sonne hatte sich gewendet, der Vogel kehrte um. Vom 8. bis zum 27. Januar flog er durch Zentraltansania und anschließend zurück in das Kongobecken, wo sich seine Spur vorerst verliert, denn der Lokator zeichnete nur bis zum Februar auf. Wahrscheinlich aber ging es über Westafrika zurück nach Europa, denn im Mai begann er mit der Brut in Gehrde, Kasten 11a, in dem Wilfried ihn am 17. Mai einfing und Axel und ich ihn von seinem Technik-Rucksack befreiten.

Sansibar also. Ich sitze im Zimmer der 31 schmalen Dielen im dritten Stock des Milchkellerhauses in der Straße Helgoland und ziehe die Luft durch die Zähne. Sansibar. Ein Teil Tansanias. Ein Reiseziel, das verbunden ist mit der kolonialen Vergangenheit des Landes, in dem ich lebe. Der Vertrag des

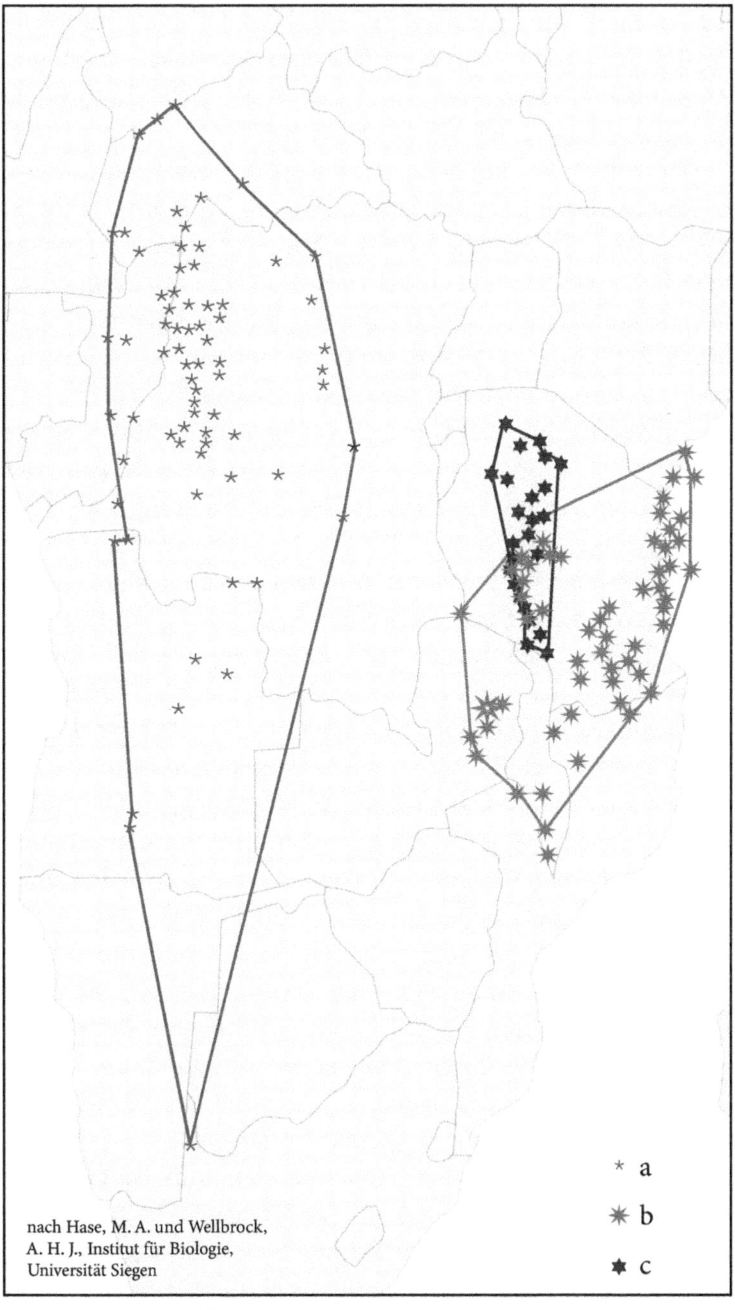

Die drei wichtigsten Überwinterungsgebiete des Mauerseglers C007424-Jabari

Kaiserreichs mit Großbritannien: keine Gebietsansprüche bezüglich Sansibar, dafür im Gegenzug die Insel Helgoland. Ausgerechnet Helgoland. Wäre der Vogel nicht diese Route geflogen, klänge es wie für das Buch erdacht.

Der neue Doktorand schickt mir auch die Route von C011256. Diese Auswertung sei schwieriger gewesen, die andere Technik, und es täte ihm leid, die Batterie habe zwar gehalten, aber die Speicherkapazität sei begrenzt gewesen. Nicht zwei Zugrouten hintereinander seien dokumentiert, aber die eine: vom Aufbruch des Vogels vom Kirchendachboden am 26. August bis zum 21. Mai der Wiederankunft am selbigen Platze. Die sich anschließende Brutzeit vom 22. Mai bis zum 22. Juli. Und die ersten Wochen des erneuten Wegzugs bis Ende August. Der Streckenverlauf des Vogels ging über die bekannte Süd-West-Route Frankreich-Spanien-Marokko bis in den Senegal. Machte ungewöhnliche Ausflüge nach Algerien und dem Niger – es sei denn, dies waren Daten-Ausreißer wegen der Herbsttagundnachtgleiche –, ließ ihn den halben Oktober und den November in Liberia herumfliegen, um von Dezember bis Ende März die Demokratische Republik Kongo mit seiner Anwesenheit zu beehren. Es waren die Menschen in den Städten Mwene-Ditu, Gandajika, Kabinda, Mbuji-Mayi und Kananga, die C011256 in jenen Monaten bei seiner Flugakrobatik bewundern konnten und es in diesem Moment, beim Schreiben dieser Zeilen, es ist Dezember, erneut wieder können, denn ein Segler folgt seiner Route jedes Jahr. Im April müssen sie sich von ihm verabschieden, denn er durchquert den Kontinent gen Westen und fliegt noch bis Anfang Mai – je nach Wetter – an der Grenze von Liberia und der Elfenbeinküste herum, um dann in zehn Tagen die Sahara und Südeuropa zu überqueren und Mitte Mai in Norddeutschland mit der Brut anzufangen.

Ich bedanke mich beim Doktoranden und beginne mit den Reisevorbereitungen. Doch das Virus Covid-19, das das öffentliche Leben bereits im Frühjahr zum Erliegen brachte, lebt wieder auf. Eine Woche nach der Nachricht, wohin Jabari geflogen ist, wird Bremen qua Definition Risikogebiet: mehr als 50 Neuinfektionen täglich auf 100 000 Einwohnende,

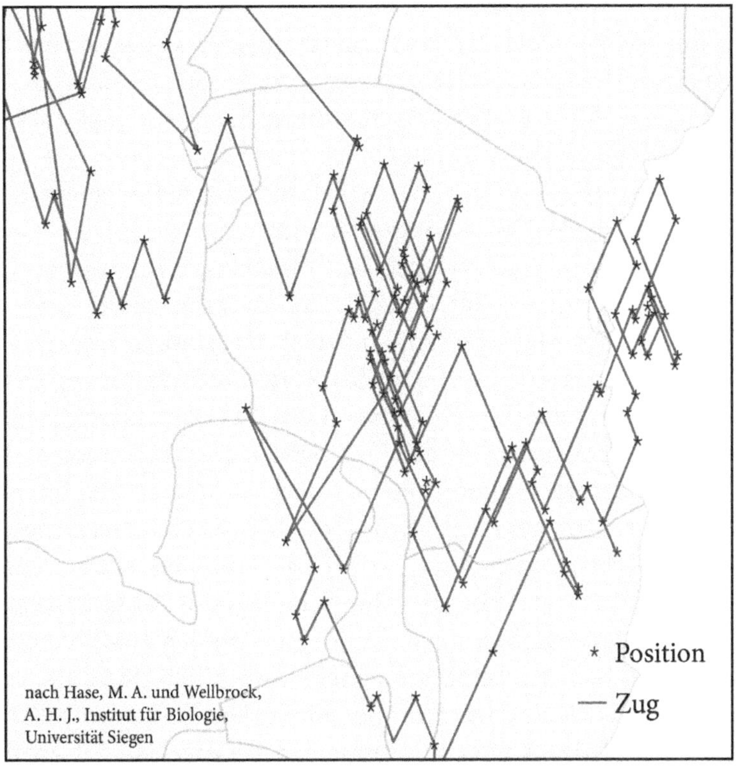

Ausschnitt der Route und des Aufenthalts von C007424-Jabari in Tansania und Nachbarländern

Bremen liegt bei 99. Die Pflicht, eine Maske zu tragen, wird verschärft, ebenso die, Abstand zu halten und in geschlossenen Räumen zu lüften. Wer aus Bremen verreist, bekommt kein Hotelzimmer mehr – nur mit Negativtest. Aufregung überall, die Herbstferien stehen vor der Tür. Hände werden permanent gewaschen und desinfiziert, sie zum Gruß zu schütteln gilt schon lange nicht mehr. Plastikscheiben trennen Redende voneinander, Veranstaltungen sind abgesagt, Sitzungen ins Netz verlegt. Doch nicht nur gesessen wird im Netz, es wird gearbeitet, gespielt, getanzt, es werden Lesungen abgehalten, Theaterstücke, Schulen und Konzerte besucht. Restaurants und Kneipen haben zu, der Fußball rollt vor leeren Rängen, Sportvereine schließen. Sich treffen geht eingeschränkt. Zu zehnt, wenn es höchstens zwei Haushalte sind, später nur noch zu fünft. Dringend wird darum gebeten, Mobilität und Begegnungen einzuschränken. Die Idee dieses Buches ist: mobil sein und sich begegnen. Was nun?

Meine Schwester sagt, wie willst du sicherstellen, niemanden anzustecken? Eine Mitbewohnerin sagt, wir müssen das Leben auch mit Corona leben. Der Präsident von Tansania sagt, Tansania hat dank Gott kein Corona. Die tansanische Regierung sagt, 509 Menschen sind infiziert, 21 gestorben. Der deutsche Honorarkonsul von Sansibar sagt, die Situation vor Ort erscheint normal. Ein deutscher Journalist sagt, sichergehen, niemanden anzustecken, geht durch einen Test bei Abreise und Quarantäne bei Ankunft. Er sagt auch, ihm seien alle Interviews im Niger abgesagt worden, die Menschen hätten Angst gehabt, berechtigterweise, das Virus käme von außen, aus Asien und Europa. Ein deutscher Schulleiter in Tansania sagt, ich müsse niemanden vor Ort um eine Meinung anschreiben, die Menschen seien eingeschüchtert worden. Ich frage, eingeschüchtert, wie und warum, aber erhalte keine Antwort mehr. Das Auswärtige Amt sagt, Tansania ist Risikogebiet, seit April gibt es keine aktuellen Zahlen. Der Leiter des Goethe-Instituts in Tansania sagt, kommen Sie nicht! Es könnte sein, dass Sie das Virus mitbringen. Er sagt auch, die Krankenhäuser sind nicht überlastet, aber dort geht auch niemand hin, es gibt keine Krankenversicherung. Ein deutsches Nachrichtenmagazin sagt, viele Krankenhäuser sind dem »Ansturm« von Patienten kaum noch gewachsen, die Corona-Toten werden heimlich des Nachts bestattet. Ein deutscher Ornithologe sagt, seine tansanischen Kollegen sagen, es sei entspannt, es gebe wenige Infektionen wegen der jungen Gesellschaft, die Menschen haben gute Immunsysteme. Virologen sagen, die Neandertaler-Gene in Asien und Europa sind von Nachteil. Ein tansanischer Ornithologe sagt, *everything is fine, you are welcome.* Ein anderer tansanischer Ornithologe sagt, beachten Sie die Präsidentschaftswahl nächste Woche: Es könnte zu Unruhen kommen.

Kommt es auch. Der gläubige Corona-Besieger John Magufuli wird wiedergewählt. Oppositionspolitiker:innen landen im Gefängnis. Sein Herausforderer Tundu Lissu flüchtet sich in die Deutsche Botschaft und reist nach Belgien aus. Er überlebte schon 2017 nur knapp ein Attentat. Die deutschen Nachrichten melden zehn Tote bei Unruhen auf Sansibar. Die Zahl bleibt umstritten. 13 sind es gewesen, sagt die Opposition, drei sagt der Generalinspekteur der Polizei. Der neue Präsident von Sansibar heißt Hussein Mwinyi.

Mein Umfeld fragt, fährst du nun oder fährst du nicht? Ich weiche in meinen Antworten aus. Dann sage ich Ja. Dann sage ich Nein.

NEUNZEHN | TAÍNO

Eingeschleppte Krankheitserreger kennt man aus der Geschichte. Am schlimmsten aus der Kolonialgeschichte. Die Spanier und die Portugiesen, die die Amerikas erreichten, brachten Pocken, Grippe, Masern und Cholera mit und zig Millionen Menschen den Tod – bis zu 90 Prozent der indigenen Bevölkerung starben. Aber sie starben nicht allein an den Krankheiten. Die Eroberer hatten Pferde und Waffen, und vor allem die Haltung, wo sie auch auftauchten, alles und alle zu unterwerfen: in Beschlag nehmen, rauben, ausbeuten, versklaven, verstümmeln, vergewaltigen, umbringen. Dazu kamen die Viren und Bakterien. Ihre eigenen Immunsysteme waren an sie gewöhnt, aber nicht die Immunsysteme der Menschen vor Ort. Es gab den Weg der Erreger auch andersherum, aber längst nicht in diesem Ausmaß. Europa hatte beim Erreichen des anderen Kontinents eine lange Tradition von Ackerbau und Viehzucht in großem Ausmaß im Geschichtsgepäck, dazu das Leben in Städten, das Wohnen von vielen auf engstem Raum. Beides züchtet unfreiwillig Krankheitserreger heran, an die die Menschen sich anpassen mussten. Masern und Pocken kamen von den Rindern, die Grippe von den Schweinen, und Seuchen hatte Europa schon durchgemacht, wie die Pest im 6. und im 14. Jahrhundert.

Den Weg von Amerika nach Europa nahm eine spezielle Form der Syphilis. Das Bakterium begleitete Kolumbus und seine Leute zurück in die spanischen Hafenstädte und traf dort über die Kriegs- und Handelswege auf unangepasste europäische Immunsysteme. 50 Jahre lang währte die Syphilis-Epidemie, bevor sich ihre Ansteckungsfähigkeit abschwächte. In dieselbe Richtung reiste einige hundert Jahre später die Spanische Grippe. Die Viren kamen nicht aus Spanien, sie kamen aus den Amerikas und mit einem Umweg über Europa am 15. August 1918 auf dem afrikanischen Kontinent an. An diesem Tag lief die britische HMS Mantua im Hafen von Freetown, Sierra Leone, ein, auf ihr war auf See die Grippe ausgebrochen. Einige Wochen später waren zwei Drittel der Einwohner:innen Freetowns erkrankt. Auf dem anderen Kontinent, Amerika, starben nach Ankunft der spanischen Eroberer ganze Bevölkerungsgruppen aus, wie die Taino auf Haiti. 1492 lebten 320 000 Menschen auf dem Eiland in der Karibik, einige Jahre später nur noch 16 000. Die Spanier rodeten den Wald, bauten Zucker an und zwangen die Bewohner:innen der Insel zur Arbeit. Da es bald nur noch wenige von ihnen gab, verschleppten sie Menschen aus Afrika auf die Plantagen. 50 Jahre nach Ankunft von Kolumbus gab es nur noch 200 verbliebene Einheimische vor Ort, 5000 Spanier und 30 000 versklavte Afrikaner:innen. Die letzten 4000 Taino hatten sich 20 Jahre zuvor unter ihrem Anführer Guarocuya (die Spanier nannten ihn Enriquillo) erhoben und eine Befreiung von der Sklavenarbeit erkämpft. Der Albtraum aber hörte nicht auf, die Krankheiten blieben, die Taino starben aus.

Einige hundert Jahre später änderte ein anderes Virus den geschichtlichen Lauf auf Haiti, das Gelbfieber. Das Virus war mit den verschleppten Menschen aus Afrika über das Meer gekommen, und wer als Kind bereits an Gelbfieber erkrankt, ist meist ein Leben lang immun. Nicht aber, wer als Erwachsener dem Virus zum ersten Mal begegnet. Als sich um 1800 herum die versklavten Haitianer:innen erhoben, halfen die Viren ihnen, sich gegen die Truppen von Napoleon zu behaupten. Es heißt, von 60 000 französischen Soldaten seien 50 000 nach Ankunft auf dem abtrünnigen Eiland verstorben. Nicht durch Waffen – das zwar auch –, aber drei Viertel von ihnen durch Mückenstiche. Dass Mücken Krankheiten übertrugen, wusste man damals nicht. Ebenso halfen die Mücken den Unabhängigkeitskämpfern auf Kuba knapp 100 Jahre später bei ihrem Kampf gegen die Spanier: 3100 spanische Tote durch Kampfhandlungen, 41 000 Tote durch Krankheit. Einer der Anführer des kubanischen Unabhängigkeitskrieges, Máximo Gómez, sprach von den »unbesiegbaren Generälen Juni, Juli und August«, den Monaten, in denen es zu regnen beginnt und die Mücken ausschwärmen.

Für die Einreise nach Liberia muss ich eine Impfung gegen Gelbfieber vorweisen. Das Virus ist weiter aktiv. 300 000 Erkrankte im Jahr, 20 000 Tote, 90 Prozent von ihnen in afrikanischen Ländern. So sitze ich an einem Vormittag im März in dem blitzblanken Gang eines Gesundheitsamtes auf einem Hartschalenplastikstuhl und unterschreibe, verstanden zu haben, dass eine Allergie gegen Hühnereiweiß mir bei der bevorstehenden Gelbfieberimpfung mit dem Lebendimpfstoff 17D große Probleme bereiten könnte – der Impfstoff wird durch Vermehrung in bebrüteten Hühnereiern gewonnen. Ich verdanke also Hühnern meinen Schutz vor der Krankheit. Und vielen Menschen: dem kubanischen Arzt Carlos Juan Finlay, der 1881 herausfand, dass Stechmücken das Fieber übertragen. Menschen der Maya-Kultur, die sich mit Krankheiten befassten, denn Finlay kam nach der Lektüre von Maya-Manuskripten auf die Idee mit der Mücke, die vor ihm schon andere aufgeschrieben hatten: Josiah Clark Nott 1848 und Louis Daniel Beauperthuy 1853. Ich verdanke meinen Schutz auch einer 1937 verstorbenen, namenlos gebliebenen Person aus Ghana und Max Theiler, der aus dieser toten Person den Lebendimpfstoff isolierte und dafür den Nobelpreis bekam. Dazu Adrian Stokes und Hideyo Nuguchi, die bei Eigenversuchen an Gelbfieber starben, aber herausfanden oder dabei waren herauszufinden, dass Viren und nicht Bakterien der Krankheit zu Grunde liegen. Affenexperimente spielten dabei eine wesentliche Rolle. Affen verdanke ich meinen Aufenthalt im gewienerten Gesundheitsamtsflur also auch und Militärärzten der USA. Sie wollten bei Kriegen nicht vom Virus behindert werden, wie beim Kampf um Kuba geschehen, und später Gelbfieber als biologische Waffe einsetzen. Damit ihre Soldaten nicht dabei starben, wenn die Japaner selbiges täten, impften sie im Zweiten Weltkrieg 330 000 von ihnen mit einem noch nicht zugelassenen, mangelhaften Impfstoff, woraufhin alle Geimpften an Hepatitis B erkrankten – der größte Ausbruch dieser Viruserkrankung, den es je gab.

Die Bekämpfung von Krankheiten diente in der Geschichte nicht nur militärischen Zwecken. Sie diente auch den

Kolonialmächten um 1900, ihre Macht in den Kolonien zu festigen. Mit dem hehren Ziel der Seuchenbekämpfung baute die Kolonialbürokratie die Infrastrukturen vor Ort aus und einen durchgreifenden Kontrollapparat auf. Man importierte den eigenen medizinischen Ansatz, ignorierte das dort vorhandene Wissen zu Krankheiten und deren Heilung, die Bräuche zur Eindämmung, die Praktiken der Pflege und die lokalen Mediziner:innen. Gesellschaftliche Ordnungen wurden so untergraben, Grenzen neu gezogen, befestigt oder gesperrt, Transportwege und Flüsse kontrolliert, Bevölkerungsgruppen und Dörfer zwangsumgesiedelt. Die Kolonialisten meinten, als *Weiße* Schwarzen »überlegen« zu sein. Sie hingen der Vorstellung an, »Zivilisation« in die sogenannte »Wildnis« zu bringen. Damit legitimierten sie alles. Zwar waren sie ständig abhängig von lokalem Wissen und den Einheimischen, das aber galt es zu verbergen und sich nicht einzugestehen.

Rudyard Kipling legt 1899 in dem Gedicht »The *White* Man's Burden« die groteske Kolonialmachtsvorstellungswelt seiner Zeit offen: Der weiße Mann trüge die »Bürde« der »Zivilisierung« des Schwarzen Mannes. Eine große, ehrenhafte Aufgabe, die ihm keinen Dank einbrächte und die es trotzdem zu vollbringen hieße. Die USA hatten gerade die Philippinen, Kuba, Guam und Puerto Rico von den Spaniern erobert und Kipling richtete sich an die imperialkritischen Menschen in seinem Land, um sie zu überzeugen. Auch Krankheiten kommen dabei vor, als Teil des edlen, zu erfüllenden Aufgabenkatalogs: »Füllt den Mund des Hungers und gebietet der Krankheit Einhalt!« Für die Kolonialmächte um 1900 in Afrika hieß das konkret, dass europäische Mediziner ungestört Forschungen für ihre jungen Fachrichtungen Bakteriologie und Virologie in den Kolonien durchführten. Die Öffentlichkeit zu Hause war kritisch gegenüber neuen Medikamenten und ihren Nebenwirkungen geworden. Der Nobelpreisträger Robert Koch, der das Tuberkulose-Virus nachwies, aber mit seinem Mittel dagegen spektakulär scheiterte, führte in Tansania, damals Deutsch-Ostafrika, umfassende Experimente an Menschen durch, die an der Schlafkrankheit litten. Er verabreichte ihnen

Arsen und erhöhte nach Misserfolg ohne Rücksprache die Dosis, woraufhin jede:r achte Behandelte starb und Überlebende erblindeten. Auch Zwangsumsiedelungen und das Wegsperren der Erkrankten in sogenannten »Konzentrationslagern« brachte er mit auf den Weg, die Opfer waren ihm egal.

Egal waren sie den Kolonialmächten einige Jahre später nicht mehr. Man bangte um die wirtschaftliche Ausbeutung der Kolonien. Wie man der Kindersterblichkeit entgegenarbeiten könne, war eine Frage, die sie umtrieb, denn diese Kinder waren die Arbeitenden von morgen, die »eingeborene Bevölkerung« das »wirtschaftlich wertvollste Aktivum«. Wirtschaftliche Interessen bestimmen die medizinische Versorgung oder Nichtversorgung von Menschen auf der Welt bis heute. Die Schlafkrankheit ist in den ärmsten Regionen der Welt immer noch aktiv, aber nur in den ärmsten. Ihre Erforschung bringt denen, die Medikamente verkaufen, kein Geld. Zurück bleibt die koloniale Darstellung Afrikas als »Reich der Seuchen«. Wo werden wie und warum Seuchen und Krankheiten erforscht und bekämpft? Und wo warum nicht?

Covid-19 ist längst zur Pandemie geworden, hat alle Kontinente erreicht. In dem kleinen Land der Welt, in dem ich lebe und diese Zeilen schreibe, sterben an und mit dem Virus am Anfang des Jahres 2021 täglich 1000 Menschen. Durch die Maßnahmen zur Eindämmung der Pandemie fällt das traditionelle familiäre Zusammenkommen am wichtigsten Fest des Jahres, an Weihnachten, bescheiden aus und 250 Jahre, nachdem man sich in der sich konstituierenden USA darüber ärgerte, dass die eingewanderten Deutschen hartnäckig an ihren merkwürdigen Ritualen wie dem Abfeuern von Raketen an Silvester festhielten, erlebe ich zum ersten Mal in meinem Leben einen städtischen, stillen, fast feuerwerksfreien Jahreswechsel. In den Tagen davor wurde der erste Impfstoff gegen Corona zugelassen, Europa sichert sich 300 Millionen Dosen. Knapp 40 Länder beginnen mit den Impfungen, überwiegend Industrieländer, Afrika steht hinten an. In Deutschland werden die Menschen in Gruppen eingeteilt. Zuerst geimpft werden die über 80-Jährigen, die Menschen in

Pflegeheimen und die Pflegenden. Die afrikanischen Staaten bemühen sich, bei der Verteilung der Impfdosen berücksichtigt zu werden, die Vereinten Nationen mahnen, dass diese für alle zugänglich und bezahlbar sein müssten. Tansania geht einen anderen Weg. Das tansanische Gesundheitsministerium verkündet, dass man nicht vorhabe, den Impfstoff zu verwenden. Nach der kurzen Produktionsdauer müsse man erst testen, ob er auch für das tansanische Volk sicher sei. Tansania bezieht das Heilmittel Covid Organics aus Madagaskar, das die Pflanze *Artemisia annua*, Einjährigen Beifuß, verwendet. Der Einjährige Beifuß blüht gelbgrün und gelb und gedeiht in sommerwarmen Regengebieten am besten. Er wird 50 bis 150 Zentimeter hoch, riecht aromatisch und hilft gegen Malaria. Die chinesische Pharmakologin Tu Youyou erhielt 2015 den Nobelpreis für Medizin für das Isolieren des Pflanzenstoffes des Einjährigen Beifusses, Artemisinin, aus dem das von der WHO empfohlene Mittel gegen Malaria besteht. Ob Artemisinin tatsächlich auch gegen Covid-19 hilft, ist noch fraglich. Allein sei der Wirkstoff nicht effektiv genug, lese ich, aber in Verbindung mit Kaffee vielleicht, das werde zurzeit erforscht. Was immer die weiteren Forschungen und Impferfahrungen ergeben, meine Reise zu Jabaris Überwinterungsort wird von ihnen abhängig sein.

Ein liegengebliebenes Buchprojekt, das neben einer festen Teilzeitanstellung verfolgt werden kann, zwei abgesagte Reisen, die freiwillig angestrebt wurden und die nur stattgefunden hätten, weil ein Pass vorhanden ist, der das Reisen fast überallhin erlaubt: in Anbetracht der Krise sind das kleingedruckte Notizen am Rand. Wer aktuell unfreiwillig reist, steckt fest. Das Erreichen sicherer Lebensumstände wird durch Lockdowns und Grenzschließungen erheblich erschwert. Über 350 000 Hilfsgesuchsanrufe gingen beim UN-Flüchtlingskommissariat im Frühjahr im »Nahen Osten«* und in Nordafrika

* Die Begrifflichkeit »Naher Osten« wird auf der Website der UNHCR verwendet. In kolonialkritischen Zusammenhängen wird darauf hingewiesen, dass dieser Begriff problematisch sei, da »ein ganzes Gebiet danach beschrieben wird, wo es geografisch von Mitteleuropa liegt«. Weiteres unter Anmerkungen.

ein. Es waren Bitten von flüchtenden Menschen um Hilfe für das tägliche Überleben. Bei Zielankunft, so es zu dieser kommt, folgen Quarantäne in Aufnahmezentren und oft katastrophale Zustände in überfüllten Lagern. Gemeinschaftsunterkünfte erweisen sich auch in Deutschland als häufige Orte der Ansteckung mit Covid-19, die Forderung nach dezentralen Unterbringungen wird lauter. Wer in einem Transitland ist oder in seinem Zielland angelangt, arbeitet meist unter prekären Arbeitsbedingungen, viele im informellen Sektor, ohne Arbeitsverträge, ohne Sicherheitsnetz. Auch ein Großteil der Bevölkerung in ärmeren Ländern arbeitet so, zwei Milliarden Menschen weltweit, 1260 Millionen Männer, 740 Millionen Frauen. Die pandemiebedingten Ausgangsbeschränkungen bedrohen das Ausüben ihrer Tätigkeiten. Die Einkommensquellen der Tagelöhner:innen versiegen.

Im Milchkellerhaus sitzen sieben Frauen in ihren vier Wänden. Es ist Winter. Einige studieren und einige arbeiten – gegen Lohn oder ohne –, andere – wegen Corona – nicht. Überschüsse vom gemeinsamen Konto werden in hochwertige Mund-Nasen-Schutz-Masken gesteckt, in Bestellungen von Zitrusfrüchten bei einer sizilianischen Kooperative und in das stundenweise Anmieten einer lokalen Sauna als »Tapetenwechsel«-Ereignis. Nachrichten von ansteckenden Mutationen des Virus machen die Runde. Inzwischen kennt jede einen oder eine, die an Covid-19 erkrankte, die Stimmung ist gedrückt.

Über Tansania fliegt ein Vogel mit einem Ring am kurzen Bein mit der Nummer C007424 in Richtung Kongo. In Tansania schreibt ein Ornithologe eine Mail und fragt, hello, how are you? Wo bleibt ihr denn? Man kann auch hier Abstand halten und Vögel beobachten, die stecken einen nicht an, ehrlich wahr.

In Tansania stirbt am Ende des Winters 61-jährig der Corona leugnende Präsident des Landes John Magufuli. An Herzversagen, so heißt es. Vorher wurde er in einem Privatkrankenhaus im – reicheren – Nachbarland Kenia behandelt. Ein Beatmungsgerät sei eingesetzt worden. Es sterben der stellvertretende Finanzminister, der ehemalige Zentralbankchef und der Vizepräsident von Sansibar. Dieser wird kurz vor seinem Tod positiv auf Covid-19 getestet. Fragen tauchen auf. Eine lautet: Wenn privilegierte Menschen in Tansania mit Zugang zum Gesundheitssystem an – vermutlich – Covid-19 sterben, wie geht es aktuell den nichtprivilegierten Menschen in Tansania?

ZWANZIG | MEER OHNE WASSER

Im Milchkellerhaus gehen die Schichten der Alarm Phone Initiative weiter. So wie in anderen Städten Europas auch. Die Anrufe der in Seenot Geratenen auf dem Mittelmeer erreichen die Straße Helgoland. Im Laufe des ersten Coronajahres sind das 172 Boote auf der zentralen Mittelmeerroute – es gibt drei Mittelmeerhauptpassagen – mit 10 074 Menschen an Bord. Die Versuche der Anrainerstaaten, die Unterwegsseienden zurückzudrängen oder auf See sterben zu lassen, hält die Aufgebrochenen vom Überqueren des Meeres nicht ab. 2390 der das Alarm Phone Anrufenden werden in diesem Zeitraum auf dieser Route von der libyschen Küstenwache abgefangen, 219 ertrinken, von 578 fehlt jede Spur. »Hello, my friend« ist die Anrede der Freiwilligen des Alarm Phone bei Anruf, damit das Gegenüber weiß, es ist willkommen. Keine Küstenwache am Apparat, keine Polizei. Die Zeitfenster der Anrufe sind klein. Wie stabil ist der Akku? Ist das Funktionieren des Telefons durch Nässe bedroht? Ist das Gegenüber in Panik? Die Verständigung ist oft schwierig, die Not verstellt die Stimmen, zuerst muss Beruhigung her, Wiederholungen des Gesagten helfen. Insgesamt versuchten 2020 – so die Berechnungen der Initiative Alarm Phone – 27 435 Menschen, Libyen zu verlassen und 26 349 Tunesien. 11 891 wurden – nach den Angaben der Internationalen Organisation für Migration (IOM) – nach Libyen zurückgedrängt, und vor der Küste Tunesiens zwang man 13 466 Menschen zur Umkehr.

Europa zahlt Geld für die Geflüchtetenabwehr. Europa externalisiert seine Grenzen. 848 Menschen sind bei dem Versuch des Übersetzens auf der zentralen Mittelmeerroute im Jahr 2020 ums Leben gekommen, so die staatliche IOM – NGOs halten diese Zahl für zu niedrig. Die Nummer des Alarm Phone ist bekannter geworden. Fünf Jahre Alarm Phone heißt fünf Jahre lang Freiwilligen-Schichten am Telefon rund um die Uhr, heißt Kontakte zu den Menschen, die auf 2800 Booten unterwegs waren. Auch Familien, Angehörige und Freund:innen melden sich vermehrt unter der Nummer und fragen nach ihren Lieben. Überlebende berichten von zahlreichen unsichtbar gemachten Schiffsunglücken und dem Zurückdrängen der Boote durch die Küstenwache, manchmal auch mit Waffengewalt, auf hoher See. Andere Beteiligte rufen um Hilfe. So ein libyscher Fischer letztes Jahr im September des Nachts, er habe 21 Menschen aus einem kenternden Boot gerettet, aber 33 zurücklassen müssen, die sich nun an den Schläuchen des Gummiboots festhielten. Die Behörden, die er versucht habe zu kontaktieren, reagierten nicht.

Während ich in der Küche des Milchkellerhauses den Kaffee aufbrühe, der den Weg über das Meer problemlos bewältigte, höre ich die Stimme meiner Mitbewohnerin, die im Zimmer nebenan laut und deutlich ins Telefon spricht: *Is your engine working? … We don't have own boats. We just can put pressure on the coast guard. Therefore, we need your actual GPS position. … The GPS dates you gave us are too old. Where are you now? … We want you to be rescued. … No, we don't have own boats. We just can put pressure on the coast guard. … Is your engine working? … Are you near land? …* Die 100 Menschen auf dem Schlauchboot werden später vom Rettungsschiff Open Arms aufgenommen. Letztes Jahr um diese Zeit hatten 91 Aufgebrochene dieses Glück nicht. Ihre Namen und Gesichter sind auf der Website der Alarm Phone Initiative zu sehen. Es sind lächelnde, posierende, cool, nachdenklich und verschmitzt dreinblickende junge Menschen. Abdul Juma zwirbelt sich eine Haarsträhne über der Stirn, Khaled Aka posiert in Kämpferpose vorm Meer, Rasheed Wadi hat eine Kamera um den Hals, wache Augen, und Ahmed Bedi Kopfhörer im Ohr und einen Blick, als wäre er zu schüchtern für diese Welt. Würden diese Männer Christoph Seidel, François Malier, Antonio Lazzano, Marek Golazcewski und Aart Schuitema heißen, die Geld für ihre Familien hinter dem Meer verdienen oder vor politischen Verhältnissen fliehen wollten, wäre in Europa mehr Anteilnahme da. Mehr noch. Die Verhältnisse würden sich ändern.

Wer in Libyen, Algerien oder Tunesien in ein Schiff steigt, um das Mittelmeer auf der zentralen Route nach Lampedusa oder

Malta oder Sizilien zu überqueren oder in Marokko, um auf der westlichen Route nach Festlandspanien oder auf der westafrikanischen Route zu den Kanaren unterwegs zu sein, oder in Ägypten, um auf der östlichen Mittelmeerroute nach Italien oder über die Türkei nach Griechenland zu gelangen, hat seine letzte Etappe nach Europa angetreten. Davor lagen Etappen durch einen ganzen Kontinent. Die schwierigste von ihnen: die Durchquerung der Wüste. Millionen Zugvögel überqueren unter extremem Kraftaufwand zweimal im Jahr die größte ökologische Barriere der Welt. In der Luft. Wie machen es die Menschen?

Ich lese »Mein Weg vom Kongo nach Europa« von Emmanuel Mbolela, sehe Dokumentarfilme von Shafagh Laghai, Simone Schlindwein und Jan Wagner an, lese in Büchern und Artikeln der Bundeszentrale für Politische Bildung* und treffe Olaf Bernau zu einem Gespräch, der das Netzwerk »Afrique-Europe-Interact« mitgegründet hat und Autor des Buches »Brennpunkt Afrika – Die Fluchtursachen und was Europa tun sollte« ist. Dabei erfahre ich: Die Menschen durchqueren die Wüste in Bussen, Pick-ups und zur Not auch zu Fuß, auf Asphalt, Schotter und Sand. Und: Viele Schiffbrüche und Tode auf dem Mittelmeer bleiben unsichtbar, noch mehr die Toten der Wüste. Europa zahlt Millionenbeträge an afrikanische Staaten bei Kooperation zur Flüchtlingsabwehr. In der Wüste fahren die Menschen immer weitere Umwege, entfernen sich von den alten Handelsrouten, da mit deutscher Technik die Wasserstellen überwacht, die Grenzposten aufgerüstet und im Hauptquartier der europäischen Flüchtlingsabwehreinrichtung Frontex in Warschau Reifenspuren im Wüstensand durch hochauflösende Satellitenaufnahmen analysiert werden. Europa will – koste es was es wolle, an Menschenleben und an Geld – weniger Migration. Afrika aber will mehr davon. Legale Migration, sichere, geregelte. Nicht kriminalisierte. Es geht um innerafrikanische und außerafrikanische Teilhabe am globalen Wirtschaften. Migration ist ein Akt der Autonomie, der Selbstbestimmung und des Widerstands. Die Rohstoffe afrikanischer Länder sind selbstverständlicher Bestandteil der globalen Wertschöpfungskette oder haben diese überhaupt erst mit ermöglicht. Die Menschen aber sind außen vor. Die Geldüberweisungen der in anderen Ländern Arbeitenden an die zu Hause Gebliebenen übersteigt die vom Globalen Norden an den Globalen Süden gezahlten Unterstützungen erheblich. Migration ist – auch für ärmere Länder in Europa – ein Veränderungs-, in vielen Fällen Verbesserungsmotor. Innerafrikanische Migration ist eine traditionelle Strategie der Existenzsicherung: wechselnde Weideflächen, wechselnde Anbauflächen, Handel, Saisonarbeit. Die Grenzen zwischen den westafrikanischen Staaten sind durch die Wirtschaftsgemeinschaft ECOWAS, ähnlich wie in der EU, offen, die Mobilität innerhalb eines Landes eine Selbstverständlichkeit. Eigentlich. 4000 Kilometer von Deutschland entfernt werden Grenzkontrollen zwischen afrikanischen Ländern mit deutschen Geldern und deutscher Technik verschärft. Im Niger drohen seit 2015 zehn Jahre Haft (andere Quellen sprechen von 30 Jahren), wenn man andere Menschen im eigenen Gefährt mitnimmt.* Europas Bild von Flucht und Migration: Alle wollen nach Europa. Die Realität: Flucht und Migration in die Nachbarländer ist um ein Vielfaches höher. Grenzen zu überschreiten ist doch kein Verbrechen, sagt der Direktor für Soziales der Afrikanischen Union, Olawale Maiyegun, egal wie sehr man es zu einem machen will. Wir alle sind irgendwann mal von irgendwoher eingewandert, Migration hilft der Entwicklung. Es wäre gut, die positiven Seiten von Migration mehr in den Vordergrund zu rücken. Sie anzuerkennen. Auch um die Argumente der rechten Parteien auf beiden Kontinenten zu entkräften.

Wer von Westafrika aus durch die Sahara will, kommt wahrscheinlich durch Gao in Mali oder durch die alte Handelsstadt Agadez im Niger. Agadez ist die letzte große Oase vor der Wüste in der nördlichen Sahelzone. Sahel heißt Ufer, Sahelzone heißt Übergang. Im Norden die Sahara, im Süden die Feuchtsavanne.

* Dieses Gesetz galt bis zum November 2023. Die sich im Juli 2023 an die Macht geputschte Militärregierung schaffte es wieder ab.

Drei bis fünf Monate etwas Regen im Jahr, ansonsten trocken und heiß. Das Zentrum von Agadez ist Weltkulturerbe. Auffallend die Lehmbauweise, markant das Lehmbau-Minarett der Moschee, spitz zulaufend, 27 Meter hoch. Durch Agadez kommen die Migrierenden und die Geflüchteten, die südlich der Sahara zu Hause waren. Es kommen Soldaten aus den USA und Frankreich mit Flugzeugen, Drohnen und Waffen, um islamistische Widerstandsgruppen zu bekämpfen und den Uranabbau zu sichern.* Es kommen Zurückgeschobene aus der Wüste und Beamt:innen aus der EU, die das Zurückschieben logistisch unterstützen, Mitarbeitende der IOM, die Erste Hilfe leisten und versuchen, Gestrandete zur Rückkehr in die Heimatländer zu überreden. Es kommen Händler mit LKWs und Händler mit Dromedaren, die zu den traditionellen Salzkarawanen gehören, aus den Oasen der Sandwüste Ténéré: Fachi in Nigers Norden, Bilma in Nordost. Die Ténéré gilt als die Wüste der Wüsten. So wie man sich Wüste eigentlich vorstellt: Sand und Dünenzüge, bis zu 300 und 400 Meter hoch, einhundert Kilometer lang. Die Ténéré ist Weltnaturerbe. Sonst ist die Wüste flach, die Sahara besteht nur zu 20 Prozent aus Sand, der Rest ist Kies, Geröll, Stein. Im flachen Norden der Ténéré stand einmal ein Baum. Mitten drin. Eine Schirmakazie neben einem Brunnen, die trotz Brennholzmangel niemals gestutzt und gefällt worden war. Es war der einzige Baum im Umkreis von hunderten Kilometern, eingezeichnet in allen Karten. 1973 fuhr ein, so heißt es, betrunkener LKW-Fahrer gegen den für die Tuareg unberührbaren Baum, woraufhin der Baum starb. Seitdem steht eine Skulptur an dem Ort, aus Metall, und die Reste des Baums sind im nigrischen Nationalmuseum in der Hauptstadt Niamey zu sehen. Ein einziger Baum in einer sehr großen Wüste. Diese Geschichte ist 50 Jahre alt und wird immer noch weitererzählt.

---

* Nach dem Militärputsch im Juli 2023 wird Frankreich als nicht mehr gewünschter Kooperationspartner des Landes verwiesen. Französische Soldat:innen verlassen im Dezember 2023 das Land. Auch die USA ziehen im Laufe des Jahres fast alles Personal ab.

In Agadez gibt es ein Büro der 2017 gegründeten Organisation Alarm Phone Sahara, APS, die kleine Schwester des Alarm Phone für das Mittelmeer. Die Idee dahinter: eine ähnliche Solidarstruktur aufbauen. Ein Netzwerk an Streckenbeobachtenden, die Alarm schlagen bei Menschenrechtsverletzungen oder bei Lebensgefahr. Ein Informieren der Reisenden über die Tücken der Wüste und über die von anderen beim Durchqueren der Wüste erlebte Gewalt. Ein Mitgeben der Telefonnummer des APS für die Möglichkeit eines Anrufs bei Notfall. Ein bunter, bilddurchsetzter Flyer mit Nummer und nützlichen Tipps, verteilt an Busbahnhöfen in Mali, Burkina Faso und im Niger. Das APS will – so die Schlagwörter auf der Website und dem Schild des schattenspendenden Vordachs seiner Anlaufstelle – sensibilisieren, retten und dokumentieren. Eine Öffentlichkeit herstellen für die Vorgänge und Realität im »Meer ohne Wasser«, in tausend Kilometern Sand und Kies: über das Aussetzen von Menschen in der Wüste, weit entfernt von bewohnten Orten, das Zurückschieben ins Wüstennichts der in Razzien Aufgegriffenen und über die Toten, in und neben den liegengebliebenen verlassenen Vehikeln oder irgendwo in der Wüste, die beim Versuch, den fehlenden Wegabschnitt zu Fuß zu überbrücken, verdursteten oder die vom Pick-up stürzten, der überladen war, weil ein Fahrer mehr Geld machen wollte und liegen gelassen wurden, weil sie das Geld für den Transfer schon gezahlt hatten und die Reisegruppe nicht zu rebellieren wagte.

Die Umsetzung der Idee des Alarm Phone Sahara ist schwer. Es gibt kaum Strukturen vor Ort, auf die sich das Projekt stützen könnte. Keine zivilgesellschaftlichen Netzwerke, keine sozialpolitische Bewegung. Sich sicher in der Wüste bewegen kann nur, wer sich Sandkorn für Sandkorn orientieren kann. Mitmachen im Netzwerk nur, wer Kapazitäten hat und nicht am Existenzminimum lebt. Das aber tun fast alle – Niger gilt als das ärmste Land der Welt. Auch gibt es keine Wüstenwachen, so wie Küstenwachen, und kein Internationales Abkommen zur Wüstennotrettung, wie das Internationale Übereinkommen zur Seenotrettung. Es gibt keine zufällig vorbeikommenden Autos wie vorbeikommende Schiffe auf See, die in Not Geratene aufnehmen könnten. Und, nicht zuletzt, die Sahara ist groß – zweimal so groß wie das Mittelmeer, 26-mal so groß wie Deutschland – und in vielen Regionen gesperrt, da politisch unruhig, umkämpft.

Von Agadez aus sind es 250 Kilometer Richtung Norden in die Stadt Arlit. Eine Stadt des Uranabbaus, 1969 gegründet, 80 000 Einwohner:innen. Die Gewinne des Bergabbaus fließen nach Frankreich. Während es um Agadez herum noch Bäume und spärlichen Bewuchs gibt, wird die Landschaft in Arlit kahl und die Asphaltstraße endet. Von hier aus sind es 200 Kilometer Richtung Nordwest nach Assamaka, einem kleinen Dorf nahe der algerischen Grenze. 15 Kilometer entfernt vom Dorf werden nach groß angelegten Razzien in Algerien Migrant:innen und Geflüchtete aus Subsahara-Afrika in der Wüste abgesetzt. Sie müssen den Weg nach Assamaka zu Fuß fortsetzen. »Man kann uns doch nicht wie ein Sack fauler Tomaten in der Wüste entsorgen«, formulierte es der langjährige Präsident der Vereinigung der kongolesischen Geflüchteten und Asylbewerber:innen in Marokko, Emmanuel Mbolela, bei einem Gespräch mit der IOM in Rabat. Doch. Kann man. Marokko kann, Libyen kann, Algerien kann. Mit dem Rückenwind europäischer Politik. Seit Jahren oder aktuell: im Herbst 2020 nach den ersten Corona-Lockerungen 1500 Menschen. In den Jahren davor bis zu 10 000. Und in der ersten Hälfte des Monats März, in dem diese Zeilen geschrieben werden, 2098 Menschen, wie es die Whistleblower des Alarm Phone Sahara berichten.

Auf den Flyern rät das APS allen, die vorhaben, die Wüste zu durchqueren, vor Abreise sicherzustellen, dass der Fahrer ein funktionierendes Satellitentelefon besitzt und dass er genug Benzin, ein Ersatzrad und Werkzeug zum Wechseln dabei hat. Dass jede Person zehn Baguettes, fünf Packungen Kekse, fünf bis zehn Dosen Sardinen und zwei Liter Wasser mit sich trägt und dass im Auto selber drei Kanister mit jeweils 50 Litern Wasser vorhanden sind. Es warnt vor schlechten Menschen im Business des Migrantentransports – die es, wie in jedem Beruf, neben den guten auch gäbe –, die erpressten und mit Banden zusammenarbeiteten. Es warnt vor Vergewaltigung und dem in der Wüste Ausgesetztwerden. Es rät, ein weißes Tuch bei sich zu haben und dieses bei Notfall gut sichtbar vor sich auszubreiten. Vor allem aber, sich nicht von der Angst davontragen zu lassen, immer die Hoffnung zu bewahren und niemals allein in die Wüste loszulaufen. Stattdessen kraftsparend abzuwarten.

Aufgeben sei keine Option, sagt Baldé, ein junger Zurückgeschobener aus Guinea im Film von Shafagh Laghai. Baldé hat sich außerhalb von Agadez in einem Verschlag versteckt und wartet auf den richtigen Moment für einen neuen Versuch. Migration sei auch Widerstand gegen die Ungerechtigkeit. Es gebe nur eine einzige Möglichkeit, nicht nach Europa zu gehen: Wenn wir Afrikaner und unsere Kinder unabhängig wären und selber von unseren Bodenschätzen profitieren würden.

EINUNDZWANZIG | SANS PAPIERS

Emmanuel Mbolela hat seine Erfahrungen der Reise durch den afrikanischen Kontinent in einem Buch aufgeschrieben: »Mein Weg vom Kongo nach Europa«. Zwei Jahre lang war er unterwegs und drei Jahre lang hing er fest, in Marokko. Er erzählt seine Geschichte und die der vielen, die er auf dem Weg getroffen hat. Aufgebrochen ist er im Kongo. Es gibt zwei Kongos. Eine ehemalige französische Kolonie, das kleinere Kongo mit sechs Millionen Einwohner:innen und der Hauptstadt Brazzaville. Und eine ehemalige belgische Kolonie, das größere Kongo mit 102 Millionen Menschen und der Hauptstadt Kinshasa. Der Name Brazzaville stammt von Pierre Savorgnan de Brazza, ein Franzose italienischer Herkunft, der eine Handels- und Missionsstation am Kongofluss anlegte, aus der die Zweimillionenstadt hervorging: Brazzaville. Kinshasa liegt auf der anderen Seite des Flusses, hat 12 Millionen Einwohner:innen und hieß einmal Léopoldville nach dem belgischen König Leopold II., der den Kongo als seinen Privatbesitz deklarierte. Unter Leopolds Ägide geschahen die Gräueltaten, für die ein eigenes Wort erfunden wurde: Kongogräuel.

Kinshasa wiederum ist ein alter Dorfname im Stadtgebiet, und die Stadt hat Leopold 1966 aus ihrem Namen verbannt. Emmanuel Mbolela kommt aus dem großen Kongo. Das große Kongo heißt Demokratische Republik Kongo, das kleine Kongo Republik Kongo. Das große Kongo hieß auch mal Königreich Kongo, Kongo-Freistaat, Belgisch-Kongo, Republik Kongo, Freie Republik Kongo, Bundesrepublik Kongo, Volksrepublik Kongo, Kongo-Léopoldville, Kongo-Kinshasa und Republik Zaire. Das kleine Kongo hieß Königreich Kongo, Mittelkongo, Französisch-Kongo, Kongolesische Republik, Kongo-Brazzaville und Volksrepublik Kongo. Wie etwas heißt, erzählt viel: Geschichte, Herkunft und Macht. Seit 1960 sind beide Kongos unabhängig und ver- und entwickeln ihre politischen Strukturen im Kampf mit dem Erbe kolonialer Ursprünge, Grenzziehungen und Einflüsse.

Mbolela musste fliehen. Von der Familie unterstützt konnte er Bildung erhalten, das ist im Kongo nicht selbstverständlich. Er ging an die Universität in Mbuji-Mayi, eine der Städte, in denen der Segler C011256 aus Gehrde jedes Jahr von Dezember bis Ende März seine Wege fliegt und überwintert. Mbolela engagiert sich politisch. Er wird Sekretär der Jugendorganisation einer Partei. Sein Traum: Demokratie, sozialer Fortschritt und Bildung. Er organisiert eine Demonstration für den Interkongolesischen Dialog zur Beendigung des Bürgerkriegs. Es folgen Verhaftungen und die Verliese der Spezialeinheiten. Er kommt frei unter der Auflage des Exils. 2002 verlässt er das Land. Die Reise nach Mali über die Republik Kongo, Kamerun, Benin und Burkina Faso verläuft problemlos. Reisefreiheit ist gegeben und hängt im Wesentlichen von der Geldbörse ab. Nachts, so schreibt er, erzählt man sich in Bussen oder Lastwagen die Geschichten und lernt dabei, die Reisenden zu unterscheiden. Die, die ihr Leben retten und die, die ein neues beginnen wollen. Die, die fliehen, konnten sich auf die Reise nicht vorbereiten, ihr Ziel ist ihnen schlicht nicht bekannt. Und die, die auf der Suche nach dem Leben sind, wie sie es nennen, wissen, was ihr Ziel ist, das ist Europa, aber nicht, wo sie hinsteuern und welche Länder sie durchqueren sollen.

Er habe nicht einmal Geld, um seinen Eltern ein würdiges Begräbnis zu finanzieren, erzählt der eine, und die Entschlossenheit und der feste Wille, der Familie zu helfen, beeindruckt ihn bei allen Reisenden in unzähligen Begegnungen auf dem Weg. Sie fliehe mit ihrer kleinen Tochter vor der Praxis der weiblichen Genitalbeschneidung, erzählt eine andere, und von der Gewalt, die Frauen und Kindern auf dem Weg angetan wird, berichtet er vom ersten Tag der Reise gen Norden an. In jedem Land lernt er Menschen kennen. Man geht ein Stück Weg gemeinsam, hilft sich und verabschiedet sich wieder, Telefonnummern und Mailadressen bleiben. In Brazzaville kann er nicht lange sein, zu nah dran ist die Stadt an Kinshasa, nur eine Fährverbindung entfernt über den hier flussaufgestauten See. In Kamerun gibt es keine Möglichkeit zum Antrag auf Asyl. Das Büro des UN-Flüchtlingskommissariats

(UNHCR) ist geschlossen. In Benin soll das UNHCR funktionieren, sagen andere, aber der Weg geht durch Nigeria, das heißt strenge Grenzkontrollen. Keine Angst, sagt wiederum einer, wir sind immer noch südlich der Sahara. Du wirst nicht als Ausländer erkannt. Wichtiger als die Papiere ist das Geld. Die »Kooperation«, wie es genannt wird, die Bestechung mit Geld für den Grenzübertritt gelingt. In Benin funktioniert das UNHCR doch nicht. Die Geflüchteten sind allein auf sich gestellt, Mbolela bekommt Zweifel. Man muss die Spielregeln der Reise kennen und die Regeln jedes Aufenthalts. Ein Antrag auf Asyl scheint, wenn er sich das Leben der Geflüchteten hier ansieht, keine gute Idee. Er beschließt, nach Mali zu gehen und landet in der Hauptstadt Bamako im Haus von Serge, ein Treffpunkt fliehender Kongoles:innen, ein Drehkreuz der Reisenden. Durch Serges Telefon kommen die Nachrichten der Verbindungsleute. Sie haben die Namen der Weiterreisenden erhalten und melden, ob diese das Etappenziel erreichen. Sie sammeln Informationen, geben Lebenszeichen, überbringen Todesnachrichten. Manch Aufgebrochener stirbt in der Wüste.

Mbolela bleibt ein Jahr. Er hofft, dass sich der Wind im Kongo dreht. Er dreht sich aber nicht und so beschließt Mbolela, in ein Land zu gehen, in dem er den Kampf für ein freies, friedliches Kongo fortsetzen kann. Aber wohin? Nach Algerien aufbrechen? Asyl in Europa beantragen? Die Reise ist sehr gefährlich. Seit Burkina Faso schon muss er seinen Dialekt verbergen. Ab Mali würde seine Hautfarbe ihn verraten. Er kennt die Gepflogenheiten der nun kommenden Länder nicht. Öffnen sich durch Bestechung Türen? Oder schließen sie sich für immer? Seine Familie ist gegen die Reise. Er aber setzt sich durch. Mit dem Versprechen, niemals in ein Boot auf dem Mittelmeer zu steigen. Die erste Station ist Gao im Nordosten Malis, 1400 Kilometer entfernt. Der vollbesetzte Bus fährt zwei Tage und zwei Nächte, es gibt keine Probleme. Vor Gao fährt eine Fähre über den Fluss Niger. Auf der anderen Seite wartet die Polizei. Niemand steigt wieder ein in den Bus. Bis auf die Händler. Zu Fuß erreichen die Vierergruppen im Dunkel die Stadt, die Verbindungsperson bringt sie unter. Nachts klopft die Polizei an die Tür und nimmt die Frauen der Gruppe mit. Mbolela begreift. Die »Verbindung« bezahlt das Stillhalten der Polizei mit dem Ausliefern der Frauen seiner Reisegruppe. Morgens, als sie wiederkommen, wagt es niemand, ihnen in die Augen zu sehen. Die zweite Station ist Tinzaouaten an der Grenze zu Algerien, 800 Kilometer Nordost. Tagelang auf der Ladefläche des Pick-up durch die Wüste, selten auf der Überlandstraße, diese ist zu gefährlich. Die Fahrer haben Waffen dabei und halten an, um zu beten, wenn sie die Fährte verlieren. Getrunken wird Wasser aus Schläuchen, aufgeheizt, ungenießbar, und nach 200 Kilometern werden sie anderen Fahrern übergeben und wie die Sardinen in der Dose auf zwei Pick-ups aneinandergepresst. Die Reisenden haben inzwischen aufgehört, miteinander zu reden. Die beiden Fahrer streiten sich beim Umstieg um die Frauen in ihren Reisegruppen. Mbolela wird sich bewusst: Ohne aufzumucken sehen wir den Fahrern bei ihrem Disput um unsere Reisegefährtinnen zu. Nachts gibt es eine Straßensperre. Mitten in der Wüste, warum? Sie müssen Geld zahlen und die Nacht dort verbringen. Die Frauen werden fortgeführt. Der Fahrer ist Komplize der Erpressung. Er verbringt die Nacht woanders und keiner wagt es, morgens zu fragen, wo dieses Woanders war.

Als sie die algerische Grenze überqueren, werden sie von einem Militärjeep verfolgt und vom Fahrer überstürzt angewiesen, das Auto zu verlassen. Sie rennen in die Dünen und verstecken sich, bleiben lange dort liegen. Zu Fuß geht es weiter, drei Stunden. Einige können nicht mehr und bleiben zurück. In der Stadt gibt es Ghettos, so genannt, nach Ländern aufgeteilt, Kongo, Liberia, Nigeria, Kamerun. 30 Leute schlafen auf zehn Quadratmetern. Die »Chairmen«, die die Ghettos leiten, waren mal auf der Reise oder sind es noch, machen Zwischenstation, um Geld zu »verdienen«, um selber weiterreisen zu können. Die Regeln lauten: Geld bezahlen und keine nigerianische Frau in der eigenen Gruppe mitnehmen. Der Hintergrund: das große Netzwerk an Prostitution mit vor allem den Frauen aus Nigeria. Die Kunden: algerische Polizisten. Chairmen, die den Polizisten die »gewünschten«

Frauen bringen, können auf Visa oder Pässe hoffen. Überdies werden viele nigerianische Frauen von jeweils einem Mann bewacht, der sie zum »Business machen« nach Europa bringt. Der Abschnitt nach Tamrasset, einer Stadt im Süden Algeriens, ist – für Mbolela – der schlimmste. Nachts verlassen sie die Stadt zu Fuß, Pick-ups warten in der Wüste. Wieder ein Konvoi, wieder wie die Sardinen zusammengedrängt, Hunger und Durst und eine Panne und dann der Überfall. Ausziehen müssen sie sich, sogar der Anus jeder Person wird untersucht, alles Geld, alle Telefone und alles Sonstige, was einen Wert haben könnte, wird innerhalb von 15 Minuten geraubt. Auf der Weiterfahrt sagt niemand etwas, einige weinen. War das Zufall? Steckten die Fahrer dahinter? Am nächsten Tag um 20 Uhr setzen die Fahrer sie in der Wüste aus und zeigen auf einen Strommast in der Ferne: Da müsst ihr hin. Vier Stunden laufen sie und erreichen keinen Ort und keinen Unterschlupf. Es ist nachts, es ist kalt. Einige brechen zusammen. Mbolela erinnert die Gruppe an die warnenden Worte des Chairman in Tinzaouaten: ausruhen und abwarten. Nicht alle Kräfte im Marsch verlieren. Gesagt, getan. Stunden später werden sie von den Leuten des Chairman von Tamrasset gefunden und mit einem weiteren Marsch in den Ort geführt. Tamrasset ist die Wegkreuzung aller Reisenden aus Libyen, Mali und dem Niger. Mbolela trifft viele Mitreisende wieder, man tauscht sich aus, man hält fest: Sowohl die Route über Mali als auch die über den Niger sind ein Albtraum.

In Tamrasset gibt es keine Ghettos. Mbolela schläft auf offener Straße, arbeitet auf Feldern und Baustellen, wird kaum bezahlt, manchmal gar nicht, die Drohung, die Polizei zu rufen, reicht aus, um ihn nicht aufmucken zu lassen. Es gibt Razzien und Verfolgungsjagden durch die Polizei, man trifft sich zum Austausch auf dem Place Tchad, der für die Jeeps der Bewaffneten nicht zugänglich ist. Wen sie kriegen, packen sie in einen Bus und setzen ihn oder sie in der Wüste aus, in der Nähe von Tinzaouaten. Mbolela reist weiter nach Algier, die Hauptstadt von Algerien. Drei Tage Bus, viele Absperrungen, viel Schmiergeld. Das Codewort für die Bestechung bei Abreise morgens um vier Uhr gegenüber der Polizei ist: »Moi, j'ai le café«, das Ghetto der Migrant:innen in der Hauptstadt Algeriens ist niederschmetternd. Es ist Unterholz von Wäldern. Der Kontrast zu den modernen Häusern Algeriens könnte nicht größer sein. Geld hilft den Papierlosen nicht. Papierlos sein heißt rechtlos sein, die »Sans Papiers« dürfen kein Zimmer mieten, werden in Krankenhäusern nicht behandelt und von der Bevölkerung rassistisch verachtet, selbst von den Kindern. Es gibt Abschiebungen in die Wüste, Gefängnisaufenthalte mit Folter, sexuelle Gewalt und sexuelle Ausbeutung. Nach zwei Monaten schläft Mbolela das erste Mal wieder in einem Haus, bei kongolesischen Studierenden, dort aber kann er nicht bleiben. Ein Mitreisender sagt: Es ist besser in Marokko. Komm, wir fahren! Mbolela bricht mit ihm auf. Der Fahrer der ersten Etappe ist ein guter. Er lässt keinen der Reisenden im Stich. Die Reise ist wegen des Ramadan schwierig. Der Fahrer der nächsten Etappe erpresst Geld und wirft sie in der Nähe der Grenze raus. Zu Fuß sind es zwölf Kilometer. Drei Hunderudel greifen an, es ist nachts, man sieht die Dornen, die Steine und die Löcher im Boden nicht. Es gibt Banditen und die Polizei, es gibt Schüsse in der Luft. Sie werfen sich hin, sie kriechen weiter, sie kommen an in einem Wald, wo sie erwartet werden, das Auto rast los. Eine Nacht nur in Oujda, 20 Leute in einem Zimmer, bei ihm ein junger Kongolese, seit fünf Jahren auf dem Weg. Der Chairman erpresst soviel Geld für die Fahrt, dass Mbolela den jungen traumatisierten Alain nicht mehr mitfinanzieren kann, dieser muss bleiben. Die Gruppe Kongolesen neben ihm in jener Nacht ertrinkt später im Meer. Angekommen in Rabat, weiß Mbolela noch nicht, dass er drei Jahre wird bleiben müssen.

Die Migrant:innen hier verlassen die Häuser nicht, es ist zu gefährlich. Arbeiten dürfen sie nicht, Zugang zum Gesundheitssystem haben sie auch nicht. Die Begründung: Dann würden noch mehr »Afrikaner« kommen. Mbolela erinnert daran: Marokko liegt auch in Afrika. Man »wohnt« zu zehnt, zu fünfzehnt in einem Zimmer. Die Vermieter erpressen sexuelle Dienstleistungen, die Frauen müssen sich prostituieren, alle Frauen haben Kinder bei sich. Mbolela wird Ansprechperson für viele. Oktavie erzählt ihm Dinge, so schreibt er, die ein afrikanisches Mädchen unter normalen Umständen keinem Mann erzählen würde. Sie muss mit fünf Männern das Zimmer teilen, wird jede Nacht von ihnen bedrängt. Zwölf Kongoles:innen sieht er sterben, weil sie nicht ins Krankenhaus können. Maman Marie Mfunyi ist eine von ihnen. Das Geld für die Behandlung war da. Man gründet Kirchen in den Verstecken als moralisches Schutzgeländer und als Schlichtungsstelle. Und Mbolela gründet, zusammen mit anderen, die Vereinigung der kongolesischen Geflüchteten und Asylbewerber:innen in Marokko (ARCOM). Eine Kirche dient als Versammlungsort. Die ARCOM organisiert Proteste vor dem UNHCR, Hilfe für die Abgeschobenen der Razzien in der Wüste – auch eine Mitbewohnerin von Mbolela mit ihrem zwei Wochen alten Kind ist betroffen –, Pressearbeit, um internationale Öffentlichkeit herzustellen, auch, als die marokkanische Polizei die Migrant:innen im Wald der spanischen Enklave Melilla überfällt, es gibt viele Verletzte, zwölf Tote. Nach Sitzblockaden werden Mbolela und seine Gefährt:innen durchgelassen zum UNHCR, aber der kann ihnen auch nicht helfen. Sie gründen eine Schule, holen die Kinder aus den Verstecken, organisieren ein Musikfestival, das Geflüchtete und Studierende zusammenbringt, besetzen nach der erfolglosen Belagerung des UNHCR eine Kirche, nachdem die Frauen der Organisation drohen, ihn auffliegen zu lassen, wenn er – als Präsident – nichts weiter unternimmt. Mbolela erwähnt zwei Mitstreiterinnen besonders, Astrid und Albertine, die unermüdlich nach Informationen über von Abschiebungen Betroffenen recherchieren und die immer noch Trost übrighaben, als Mbolela und viele der Aktiven unter dem Schock der katastrophalen Ereignisse und Zustände ausgebrannt sind. Astrid heißt mit Nachnamen Mukendi. Sie erzählt 2005 auf einer Weiterbildung des UNHCR für Akteur:innen der Zivilgesellschaft ihre Geschichte:

»Ich verließ mein Heimatland, die Demokratische Republik Kongo, im September des Jahres 2000. Seit ich unterwegs bin, wurde ich Zeugin von unzähligen Gewalttaten gegen Frauen.

Auch ich selber wurde Opfer von Gewalt. Heute bin ich in der Unterstützung und Ausbildung von nach Marokko migrierten Frauen und Kindern aktiv. (…)

In den meisten Fällen treten Frauen und Kinder aus dem Kongo ihre Flucht zu Fuß an. Sie durchqueren ganze Landstriche, überwinden Flüsse und große Ströme und gelangen oft nur schwer an trinkbares Wasser und Nahrung. Ihre einzige Hoffnung ist der Schutz Gottes. Viele Frauen werden auf ihrer Reise Opfer von Vergewaltigungen. Sie sind dazu gezwungen, sich zu prostituieren und damit einem hohen Ansteckungsrisiko ausgesetzt. Ihre Kinder werden durch die Strapazen der Reise ebenfalls leicht krank. Die Schwächsten von ihnen sterben. Ein großes Problem ist die fehlende Gesundheitsversorgung. Oft kommt es zu ungewollten Schwangerschaften. Die Abtreibungen finden unter unmenschlichen Bedingungen statt und nicht selten kommen Frauen dabei ums Leben.

Ich selbst bin aus meinem Land geflüchtet, nachdem ich neun Jahre im Gefängnis gesessen habe. Ich war wegen der öffentlichen Funktionen meines Mannes eingesperrt worden. Über die Dinge, die ich im Gefängnis erlebt habe, möchte ich hier nicht sprechen. Sie kehren an jedem Tag meines Lebens zurück, gleich einem unendlichen Albtraum. Nach meiner Freilassung konnte ich mich von Kinshasa nach Brazzaville retten, doch ich wusste nicht einmal, wo meine Eltern und meine Familie, meine Brüder und Schwestern verblieben waren. Als ich auf meiner Flucht Kamerun erreichte, erfuhr ich von einem Kongolesen, den ich traf, dass mein Ehemann erschossen worden war. Ich durchquerte auf meiner Reise viele Länder – ich kam durch Kongo-Brazzaville, Kamerun, den Tschad, Libyen, Algerien und schließlich nach Marokko. Mit der Fahrt durch die Sahara verbinde ich schreckliche Erinnerungen. Doch ich war gezwungen, die Wüste zu durchqueren, auf meiner Suche nach einem Ort, an dem ich beschützt und respektiert sein würde. Ich wollte ein ganz neues Leben beginnen; und natürlich wollte ich auch meine Lieben wiederfinden.

Auf meiner Reise sah ich Menschen, die in der Hitze der Sonne verdursteten. Ich selber habe heute noch Wunden auf meiner Haut, die von der Sonne herrühren. Wir marschierten oft in einer sengenden Hitze von bis zu 50 Grad. Nicht selten verirrten wir uns in der Wüste. Den Frauen wurden schreckliche Dinge angetan, viele wurden vergewaltigt.

Nach vier Jahren kam ich im Dezember 2004 endlich in Marokko an. Hier traf ich andere Kongoles:innen. Gemeinsam beschlossen wir, uns zu organisieren und für unsere Rechte zu kämpfen. (…)

Die Abscheulichkeiten, die wir auf unserer Route erleben mussten, verschärften sich hier in Marokko weiter. (…)

Für Geflüchtete und Migrierende ist es fast unmöglich, sich in Marokko zu integrieren. Ich bin gelernte Krankenschwester, doch ich kann meinen Beruf nicht ausüben, weil ich keine Papiere habe.

Ich bin davon überzeugt, dass die Erde allen Menschen gehört und dass es keine Grenzen geben sollte. Ich weiß, dass ich das Recht habe, ein Land zu suchen, das mir Asyl geben wird. Mit Gottes Hilfe werde ich auch meine Familie wiederfinden; eines Tages werden wir wieder vereint sein und lachend und essend am selben Tisch sitzen.

Unter uns Geflüchteten und Migrierenden gibt es Akademiker:innen und andere gut ausgebildete Leute, die nicht mehr ein und aus wissen, weil ihnen der Zugang zum Arbeitsmarkt versperrt ist. Für die ›Azzi‹, wie wir abfällig genannt werden, gibt es keine Arbeitsplätze. Neben der unmittelbaren Gewalt, die den Geflüchteten und Migrierenden angetan wird, gibt es ein weiteres Problem, das nicht unter den Tisch gekehrt werden darf: Viele Länder Afrikas weigern sich, Flüchtlinge auf ihrem Territorium anzuerkennen. Von Kamerun bis hinauf nach Algerien, über den Tschad und Libyen gibt es zudem praktisch keinerlei Strukturen des UNHCR. In Kamerun findet man vielleicht eine Niederlassung des Hochkommissariats, diese ist jedoch geschlossen und inaktiv. Viele Geflüchtete befinden sich also in einer äußerst unsicheren Situation. Während sogar Hunde das Recht haben zu leben, wird den Geflüchteten dieses Recht verwehrt. (…)

Wie viele andere auch kann ich nicht in mein Heimatland zurückkehren, da ich dort versteckt leben müsste und ständig in Gefahr stünde, erneut verhaftet zu werden. Wir fordern das UNHCR Marokko und die internationale Gemeinschaft auf, ein Land zu finden, das bereit ist, uns aufzunehmen. Wir haben das Recht zu leben. Ich sage dies stellvertretend für alle Flüchtlingsfrauen, Asylbewerberinnen und Migrantinnen, die hier in Marokko leben. Ich danke euch allen.«

Mbolela erhält Asyl in den Niederlanden – acht Personen nimmt das Land auf –, fängt in Europa ein neues Leben an, arbeitet lange Zeit »ganz unten«. Vorher bricht er das Versprechen an seine Familie und steigt fast in ein Boot, um das Mittelmeer zu überqueren. Ein Streit verhindert das, in der Nacht vor der Abreise. Der Schmuggler lässt die Kongolesen nicht mehr an Bord. Das Schiff verunglückt, alle Reisenden ertrinken.

Ich frage die Aktiven des Netzwerks Afrique-Europe-Interact, die das Buch von Mbolela herausgaben, das Alarm Phone Mittelmeer und das Alarm Phone Sahara mit initiierten und die ein Rasthaus für geflüchtete Frauen in Rabat mitfinanzieren, was aus Astrid Mukendi geworden ist. Die Antwort kommt prompt: Astrid hat Marokko nicht verlassen können, sie ist 2017 gestorben. Sie war sehr verbittert am Schluss, ihr Leben war einfach zu hart.

Tansania

ZWEIUNDZWANZIG | VOGEL UND WASSER

In Deutschland wird es Frühling und es wird geimpft. Immer mehr Menschen in meinem Umfeld berichten vom ersten Pieks, von »nichts gespürt haben« bis zu drei Tagen Fieber, Müdigkeit, Schmerzen. Ich denke, auch ich bin bald dran, doch es kommt anders: Ich erkranke an Covid-19. Zehn Tage Fieber, sieben Tage Gliederschmerzen, fünf Tage starker Husten. Ich verlasse das Zimmer mit den 31 Dielen nicht mehr, meine Mitbewohnerinnen stellen mir Essen vor die Tür. Eine von ihnen stecke ich – vermutlich – an, die anderen bleiben – zum Glück! – gesund.

In Tansania beruft die neue Präsidentin einen Corona-Ausschuss ein und ändert die Politik. Impfstoffe werden bestellt und die Menschen aufgefordert, die Vorsichtsmaßnahmen einzuhalten. Hassan trägt fortan einen Mundschutz bei ihren Terminen und wirbt für das Impfen in einer gegenüber Impfungen kritisch eingestellten Bevölkerung. Die »dritte Welle« trifft Ostafrika schwer, die Delta-Variante breitet sich aus. Das Krankenhaus im tansanischen Moshi ruft im Juli den Notstand aus, im Nachbarland Uganda werden 200 Abgeordnete des Parlaments positiv getestet, ein strenger Lockdown wird verhängt. Am 19. Juli lässt sich der Gesundheitsminister von Sansibar als Erster impfen, und am 28. Juli, live im Fernsehen, Samia Suluhu Hassan. Zu diesem Zeitpunkt sind 1,4 Prozent der afrikanischen Bevölkerung vollständig geimpft. In Europa sind es 57 Prozent, in Deutschland 60. Europa hat sich die Dosen gesichert, Impfen wird die Antwort auf die Pandemie. Der Druck, sich impfen zu lassen, ist in Deutschland groß, Verschwörungstheorien schießen ins Kraut. Impfskepsis und Impfüberzeugung prallen aufeinander. Gestritten wird auch um das Muss und das Maß von Lockdown-Regeln. Ich genese vom Fieber, aber erleide Langzeitfolgen: Eine Erschöpfung, über Monate, mein Leben kommt zum Erliegen. Zwei Mal schaffe ich es nach Gehrde, aber kann die Ausdauer nicht aufbringen, alle Segler zu überprüfen. Ich habe die Kraft nicht, sie schnell und sicher zu greifen. Vielleicht ist C007424, Jabari, zurück, vielleicht aber auch nicht. Sicherlich trägt keiner der Segler mehr Technik aus Siegen, aber das hätte ich gern überprüft.

Die Möglichkeit einer Reise nach Sansibar bleibt ungewiss. Dem Virus zum Trotz bereite ich mich vor. Lese über die Geschichte und Geographie Tansanias und von der sansibarischen Vogelwelt, lerne 100 Wörter Swahili. »Ndege« heißt »Vogel«, »Maji« heißt Wasser, »vuka« »überqueren«, »Teleka wa Ulaya« Mauersegler, wörtlich: Segler aus Europa.

Tansania liegt an der Ostküste Afrikas. Die Nachbarländer im Norden sind Kenia und Uganda, im Süden Sambia, Malawi und Mosambik, im Westen Ruanda, Burundi und Kongo. Die Küste im Osten ist 750 Kilometer lang und an sie rollen die Wellen des Indischen Ozeans. Sansibar liegt mitten drin im Indischen Ozean, 30 bis 40 Kilometer von der Küste und 70 Kilometer von der mit 5,5 Millionen Menschen größten Stadt Tansanias, Daressalam, entfernt. Sansibar besteht aus zwei Haupt- und vielen Nebeninseln. Die größere Hauptinsel heißt Unguja, die kleinere Pemba. Unguja ist 80 Kilometer lang und 35 Kilometer breit, auf ihr leben knapp eine Million Menschen. Pemba ist zwei Drittel so groß wie Unguja und hat die Hälfte der Anzahl an Einwohnenden. Sansibar gehört zu Tansania, als Teilstaat, auch wenn beide Teilstaaten, die sich 1964 zusammentaten, sehr verschieden sind, so verschieden wie ihre Geschichte. Tansania hieß einmal Tanganjika und davor Deutsch-Ostafrika und beinahe Petersland, und davor gab es das Land in diesen Grenzen nicht, sondern es gab Regionen und Einflussbereiche und Königreiche. Auch die Grenze zu Kenia im Norden gab es nicht, die haben sich die Engländer und die Deutschen ausgedacht, als sie sich dieses Gebiet Afrikas am Ende des 19. Jahrhunderts untereinander aufteilten. Die Regionen im Hinterland der tansanischen Küste, durch die der niedersächsische Kolonialrassist und Pastorensohn Carl Peters reiste, um sogenannte »Schutzverträge« mit sogenannten »Häuptlingen« abzuschließen, um das Land an sich zu reißen, hießen Usega, Nguru, Usagara, Ukami, Uluguru-und

Usambaraberge. Von Niedersachsen zu den Usambarabergen sind es 7000 Kilometer Luftlinie. Von Oman nach Sansibar sind es 3500. Oman ist ein Staat im Osten der Arabischen Halbinsel mit fünf Millionen Menschen, und der Sultan von Oman machte 1698 Sansibar zu einer Überseeprovinz seines Sultanats, indem er die Portugiesen vertrieb, die als Kolonialmacht seit 1498 viele Städte der Küste und auch Sansibar unterworfen hatten und militärische Stützpunkte entlang der ostafrikanischen Küste unterhielten. Arabische Händler, die Jahrhunderte vorher mit den Monsunwinden angesegelt kamen, hatten bereits den Islam in die Gegend gebracht und zum Entstehen der Sprache Swahili beigetragen. 1832 verlegte der x-te Nachfolger des Oman-Sultans seine Residenz ganz nach Sansibar und die Brüder, Söhne und Cousins herrschten über die Inseln, inklusive der Küste des Festlands, und machten diese, zusammen mit und in Konkurrenz zu europäischen Sklavenhändlern, zum Zentrum der Versklavung von Menschen aus ganz Ostafrika.

Dann kamen Carl Peters und seine Leute, dann ein deutsches Flottengeschwader, Gouverneure und Kolonialbeamte und ebenso die Engländer, und nur einer der Sultane traute sich, sich gegen diese zu erheben, im Britisch-Sansibarischen Krieg. Es sollte der kürzeste Krieg der Weltgeschichte werden, er dauerte 38 Minuten und begann um 9 Uhr. Übrig vom Sultanat Sansibar blieben die zwei Inseln unter britischem »Protektorat«. Deutsch-Ostafrika wurde Ende des Ersten Weltkriegs Großbritannien zugeschlagen, und es war der britische Kolonialminister, der sich den Namen Tanganyika Territory ausdachte und die Vorschläge New Maryland, Windsorland, Victoria, Kilimandscharo und Tabora verwarf. Tanganjika ist der Name des Sees im Westen des Landes, es ist der zweitgrößte See Afrikas und der zweittiefste See der Erde, 1470 Meter tief, das sind 688 Meter unter dem Meeresspiegel. 1948 gründete der Lehrer Julius Nyerere eine Befreiungsbewegung, und 1961 wurde Tanganjika unabhängig von Großbritannien, 1963 folgte Sansibar. Die Menschen auf Sansibar vertrieben oder ermordeten die arabische Oberschicht und gründeten eine

Volksrepublik, aber schon 1964 vereinigte sich Sansibar *(San)* mit Tanganjika *(Tan)* in Erinnerung an den alten griechischen Namen Azania *(ia)* zur Vereinigten Republik Tan-san-ia. Julius Nyerere war 25 Jahre lang charismatischer Präsident des Landes, der eine afrikanische Variante des Sozialismus einzuführen versuchte. Das Ergebnis waren Bildung und der Ausbau des Gesundheitssystems, Verringerung von Lohnunterschieden und Korruption, ein bis heute stabiles Land ohne ethnisch-religiöse Konflikte. Kein Bürgerkrieg, keine Hochrüstung, keine Hungersnot. Aber auch ein Einparteiensystem trotz Rede- und Gedankenfreiheit, eine missglückte Gemeinschaftsbewirtschaftung von Feldern mitsamt Zwangsumsiedelungen und der schwierige Versuch, unabhängig von ausländischem Kapital und den Importen aus dem Ausland zu werden. Großbritannien hatte noch in den Nachkriegsjahren des Zweiten Weltkriegs verhindert, dass sein »Protektorat« eine eigene Industrie aufbaute. Es wollte die Rohstoffe beziehen und den Absatzmarkt für die eigenen Produkte erhalten.

Heute ist nach dem plötzlichen Tod von John Magufuli seine Stellvertreterin Samia Suluhu Hassan aus Sansibar Präsidentin der 56 Millionen Menschen Tansanias, die 125 Sprachen sprechen, als Hauptsprachen Swahili und Englisch. 1985 mussten sie nach dem Rücktritt Nyereres die Auswirkungen der Strukturreformen des Internationalen Währungsfonds ertragen, genauer gesagt ihre Eltern, denn das Durchschnittsalter in Tansania liegt bei 18 Jahren, in Deutschland bei 45. In Tansania kommen mehrere Kolonialgeschichten zusammen. Sie wirken nach, bis heute, wie in allen Ländern des afrikanischen Kontinents (so wie im europäischen). Willkürliche Grenzziehungen, nicht gewachsene Landesstrukturen, aufoktroyierte politische, sprachliche, wirtschaftliche Systeme. Dass die Deutschen als Kolonialmacht nicht auch noch Ansprüche auf Sansibar geltend machen, sondern hier Großbritannien walten lassen würden, haben die Briten 1890 mit der Abgabe der Insel Helgoland bezahlt. Bezahlt hat Deutschland wiederum vier Millionen Reichsmark an den Sultan von Sansibar dafür, dass neben dem Küstenstreifen des Festlands vor den Inseln auch die zum Sansibar-Archipel zählende Insel Mafia Teil von Deutsch-Ostafrika wird.

Mafia liegt 17 Kilometer vom Festland entfernt, besitzt vorgelagerte Inseln und eine reiche Tierwelt, zu Unguja, 200 Kilometer weiter im Norden, gehören Buchten und Riffe, zu Pemba Hügel, fruchtbares Land, viel Grün. Tansania, fünf Mal so groß wie Deutschland, hat im Norden den Victoriasee und im Süden den Malawisee. Es verfügt über eine Küstenebene mit tropischer Vegetation, eine hoch gelegene Massai-Savanne im Norden und ein Hochplateau im Süden, viele berühmte Nationalparks wie den Serengeti-Park und weist den großen afrikanischen Grabenbruch auf, eine tektonische Bruchzone, aus der Krater und Vulkane ragen. Das höchste Bergmassiv Afrikas steht in Tansanias Nordosten, der Kilimandscharo mit dem Berg Kibo, 5895 Meter hoch.

In Sansibar fliegen der Mauersegler und 336 weitere Vogelarten – in ganz Tansania sogar 1198. In Deutschland gibt es rund 300 verschiedene Arten, 500 in Europa, weltweit sind es 10 350. Die meisten leben in den Tropen. Süd- und Mittelamerika mit den karibischen Inseln sind am beliebtesten, dort leben 3370 verschiedene Vögel. Ich blättere mich durch die Veröffentlichungen der Vogelwelt Sansibars und sehe bekannte Gesichter, die Zugvögel: der Fitis oder der Weißstorch. Der Weißstorch auf Sansibar brütet vielleicht in Mecklenburg. GPS-Sender verraten seit einigen Jahren die Storchenrouten. So zog eine Störchin aus dem Elbetal nach Tansania, ihr Partner an den Nil im Sudan. Sie war 2009 als Nestjunges beringt worden und seitdem, in siebeneinhalb Jahren Storchenleben, 375 000 Kilometer geflogen. In Manungu im Distrikt Kongwa, 75 Kilometer von der Hauptstadt Dodoma entfernt, funkte der Sender der Störchin an einer tansanischen Siedlung das letzte Mal. Dort war sie vergiftet und aufgegessen worden. Das fand der tansanische in Deutschland forschende Ornithologe Ignas Safari-Mnganya heraus, der den letzten GPS-Daten der Störchin gefolgt war. Großes Erstaunen bei der Familie, als er an der Tür anklopfte und nach dem Vogel fragte. Dorfversammlungen wurden einberufen, die Gefahren von Gift im verzehrten Tier und die Wege der Zugvögel thematisiert. Eigentlich forscht der tansanische Ornithologe an Kuckucken in Tansania. Auf Sansibar gibt es sechs Arten von ihnen. Aber nicht die, die in Norddeutschland ruft aus dem Wald. Die gibt es in Tansania-Festland neben 20 anderen Kuckucksarten wie dem Gackel-, dem Einsiedler-, dem Smaragd- oder dem Dickschnabelkuckuck. Der tansanische Ornithologe erforscht den Grill- und den Weißbrauenkuckuck, die dieselbe ökologische Nische bewohnen, aber sich ganz anders in der Brut verhalten. Das Grillkuckucksweibchen ist bunt geschmückt – in der Vogelwelt muss-darf sich oft nur das Männchen hübsch machen –, und das Weibchen verteidigt mit Gesang ein großes Revier. Es paart sich mit mehreren Männchen und überlässt ihnen die Aufzucht der Brut. Die Weißbrauenkuckucke hingegen sind monogam und ziehen den Nachwuchs gemeinsam auf. Der Ornithologe notiert, dass sie auch zu Zeiten der Fütterung manchmal gemütlich in Büschen herumsitzen. Das Grillkuckucksmännchen sitzt jedoch – alleinerziehend wie es ist – gemütlich höchstens während der Brut, zu Fütterungszeiten dann jedoch nie.

Unter den Sansibari gibt es sechs verschiedene Segler: Baobab-, Fledermaus-, Haus-, Horus-, Palmen- und Weißbürzelsegler. Der Baobabsegler ist kleiner als der Mauersegler und bräunlicher. Baobab ist ein anderer Name für Affenbrotbaum. Am mächtigen Stamm des eigenwilligen Baumes baut der Baobabsegler sein Nest. Auch der Fledermaussegler brütet dort gern. Er ist noch kleiner, mit auffallend kurzem Schwanz. Der Haussegler ist ein häufiger Segler, ruffreudig, Triller, schnell vorgetragen, im Fluge kompakt. Die englische Bezeichnung ist »kleiner Segler«, zwölf gedrungene Zentimeter. Ähnlich ist diesem der Horussegler, schwirrend fliegend, nicht elegant. Weißer Bürzel, heller Fleck an der Kehle. Der Palmensegler fliegt hektisch und niedriger, er brütet an senkrechten Wedeln von Palmen, klebt die Eier mit Speichel fest an das Nest. Er ist schlank und langflügelig, farblich unscheinbar. Der höher fliegende Weißbürzelsegler hat Sichelflügel, sehr ausgeprägt, und den tief gegabelten Schwanz, fliegend geschlossen, langspitz. Neben den eher unscheinbaren Seglern gibt es auf Sansibar bunte Vogelfamilien, die in Nordeuropa nicht vorkommen: die Nektarvögel und die Weber, die Spinte, die Racken und die Baum-Eisvögel. Elf Nektarvogelarten zähle ich, der kleine gebogene Schnabel, das bunte Gewand. 15 Weberarten, gelbschwarz, rotschwarz, weißschwarz, der auffallende Nesterbau. Die Spinte sind grün, blau und gelb: Weißkehlspint, Blauwangen-, Madagaskar- und Schwalbenschwanzspint. Dazu der Bienenfresser, der ein Zugvogel ist und in Deutschland vorkommt, in Merseburg, am Niederrhein und am Kaiserstuhl, 1000 brütende Paare. Racken sehen aus wie leuchtbunte Krähen: großer Kopf, lange Flügel, der Schnabel ist nach unten gebogen. Und die Eisvögel sind klein, schillernd bunt. Der Graufischer fällt da heraus: Er hat Schecken, schwarzweiß, und tiefschwarz sind Schnabel und Augenstreif. 24 Greifvogelarten fallen überdies auf, neben 15 verschiedenen Reihern und anderen großen Vögeln: Bindenfregattvogel, Maskentölpel, Afrika-Schlangenhalsvogel.

Es gibt Vögel mit Interesse weckenden Namen: Gelbbauchfeinsänger und Rotbrustglanzköpfchen, Grünkappeneremomela und Schwarzmantelschneeballwürger. Der Schwarzmantelschneeballwürger kann pfeifen, klicken und raspeln in seinem Gesang und sich bemerkenswert aufplustern, kugelrund. Der Grünkappeneremomela ist klein und lebendig, weißlich-olivgrün-gelb, in Schwärmen unterwegs und aufgeregt, brrritttt, brrritttt, brrritttt ist sein Ruf. Das Rotbrustglanzköpfchen mit langem, gebogenem Schnabel ruft ausdauernd, monoton, und der Gelbbauchfeinsänger ist verwandt mit den Gelbkehl-, Schwarzkehl-, Gelbbrust-, Schwarzkopf-, Braunkopf-, Kurzschwanz- und Weißbauchfeinsängern. Sein Kopf ist grau, die Augen auffallend rot. Rot ist auch der Schnabel vom Madenhacker oder knallgelb. Der Madenhacker lebt auf dem Rücken von Säugetieren und sucht ihr Fell nach Parasiten ab. Madenhacker warnen die Tiere vor Räubern und heißen deswegen auf Swahili »Wächter des Nashorns«, »Askari wa Kifaru«. Der rotschnabelige Madenhacker hat rote Augen mit einem leuchtend gelben Ring drum herum, der gelbschnabelige hat diesen nicht. Der winzige Natalzweigfischer wiederum trägt Gelbtöne an seinem Bauch. Seine Wangen sind violett, und das Gesicht ist orange, seine Krone schmaldunkelblau. Lange sitzt er regungslos da, bevor er die Beute erjagt.

Lange sitze ich regungslos da und blättere mich durch eine farbprächtige Vogelwelt. Wissend, dass ich nur einen Bruchteil von ihr sehen werde, wenn überhaupt, und – apropos sehen – mich fragend: Kann man im Land deutschkoloniale Spuren sehen?

Der Kilimandscharo hieß tatsächlich einmal Kaiser-Wilhelm-Spitze, so wie die Orte Kasanga, Uvinza, Tukuyu, Liuli und Lushoto sich mit den Namen Bismarckburg, Neu-Gottorp, Neu-Langenburg, Sphinxhafen und Wilhelmstal abgeben mussten. 30 Jahre lang mussten die Menschen auch deutsche Gouverneure in ihren Gebieten ertragen, sieben an der Zahl, Hermann, Julius, Friedrich, Eduard, Gustav, Georg und Heinrich, und vier Jahre nach dem Auftauchen von Carl Peters wehrte sich die Bevölkerung zum ersten Mal, als die Flagge seines Vereins, der Deutsch-Ostafrikanischen Gesellschaft, neben der des Sultans gehisst wurde. Peters' Gesellschaft brach unter dem Aufstand schnell zusammen, die Reichsregierung in Berlin übernahm, damit war die Kolonie Deutsch-Ostafrika gegründet: Zwei Millionen Mark aus Berlin, ein Hermann, 61 deutsche Offiziere und Unteroffiziere, 1000 afrikanische Söldner, 400 Zulu aus Mosambik, 600 Sudanesen der angloägyptischen Armee. Eine Seeblockade, Maschinengewehre, in Brand gesteckte Dörfer, verwüstete Felder. Mehrere tausend Tote unter der Bevölkerung, einige Tote unter den Deutschen. Zur Belohnung für den Reichskommissar Hermann Wissmann gab es von Wilhelm ein »von« im Namen und von da an den erblichen Adelsstand. Fünfzehn Jahre später, da war Hermann schon längst wieder weg, folgte der größte Kolonialkrieg des afrikanischen Kontinents, der Maji-Maji-Aufstand gegen die deutsche Besatzung. Nach Hermann war Eduard vor Ort gewesen und nach Eduard Gustav, und unter Gustav wurden die Brutalitäten der Besatzung zu viel. Es gab schon die Hüttensteuer, die als Geld oder Arbeitsleistung erbracht werden musste. Geld gab es aber nur auf Plantagen und Farmen zu verdienen, sehr wenig bei sehr viel Arbeit und sehr viel Gewalt. Gewalt gab es auch von den Söldnern, die die Steuer eintrieben. Es gab Zwangsarbeit auf kommunalen Feldern, damit die Kolonie Deutsch-Ostafrika endlich Gewinn abwerfen würde, und jeder musste dort arbeiten, die eigenen Felder litten. Gustav verbot überdies das Jagen, besteuerte Bier, entwaffnete die Bevölkerung, erhöhte drastisch die Hüttensteuer, die nur noch als Geld erbracht werden durfte, führte Zwangsarbeit für Wegebau ein und ließ zu, dass die europäischen Plantagenbesitzer sich für ihre Exportprodukte immer mehr Land aneigneten. Julius Nyerere bezeichnete den Maji-Maji-Aufstand später als Wegbereiter einer nationalen Vereinigung Tansanias, denn die Angehörigen 20 verschiedener Gruppen kämpften in Guerillataktik zusammen gegen die deutsche Besatzung.

*

Die Post-Covid-Erschöpfung* wird zur Long-Covid-Erschöpfung, sie hält an. Niemand kann erklären, warum. Es ist ein Ausflug ins hohe Alter, ohne Rückfahrttermin. Bei einem Gang, zwei Kilometer zu Fuß, brauche ich drei Pausen, ein kurzes Gespräch erschöpft die Kraft für den Tag. Ich ziehe in den Schrebergarten, sehe dem Gras beim Wachsen zu und den Rosen beim Blühen, den badenden Rotkehlchen, den ersten Flugversuchen der Zaunkönigjungen, den jagenden Falken, den ziehenden Kranichen. Frühsommer, Sommer, Spätsommer, Herbst. Ein halbes Jahr geht ins Land. Das schönere halbe Jahr, ich habe Glück. Im Herbst lasse ich mich impfen, im Herbst beschließe ich zu reisen. In das Land von Jabari. Genesen und geimpft stecke ich niemanden an. Und müde sein, langsam, kann ich auch dort.

DREIUNDZWANZIG | SANSIBAR, STONETOWN

Vor der Abfahrt vergrößere ich die Karte des Doktoranden. Ich will den Ausschnitt des östlichsten, äußersten Randes der Zugroutenschleife von Jabari genauer unter die Lupe nehmen. Dieser Ausschnitt ist mein Reiseziel. Der Doktorand hat des Seglers Strecke durch gerade Linien markiert, unterbrochen von schwarzen Kreuzen. Die Linien verbinden die Kreuze. Sie bilden den Flug natürlich nicht genau ab, kein Segler fliegt im Zickzack schnurgeradehimmelslinear. Auch die Kreuze sind keine exakten Koordinaten. Es sind die mit Algorithmen berechneten Geodaten, die auf den Lichtverhältnissen jedes Breitengrades basieren. Es gibt ein Kreuz auf der Insel Unguja, der Hauptinsel, die in der Umgangssprache Sansibar heißt, eins auf der Nachbarinsel, die auch Sansibar ist, aber in der Umgangssprache Pemba heißt, zwanzig Kreuze um die Inseln herum und drei bis vier Kreuze auf dem Festland von Tansania, gegenüber, 40 Kilometer entfernt. Auch die Kreuze um die Inseln herum offenbaren das Ungefähre der Karte: Segler fliegen nicht tagelang übers Meer, dort sind keine Insekten zu holen. Sie fliegen auch mal über dem Meer, wenn ausschwärmende Insekten auf das Wasser getrieben werden oder eine Böenfront die Segler über das Wasser treibt. Oder beim Ziehen, wenn es gilt, Wegstrecke auch über Wasser zu bewältigen. Aber sonst fliegen Segler über Land. Ich betrachte die Karte und deute das Kreuzewirrwarr und das linealgerade Einzelstrich-Fluglinien-Durcheinander als allgegenwärtiges Herumfliegen vieler flugspielender, Srieh-rufender, am äußersten Ende ihrer Zugroutenschleife angekommener Mauersegler. Doch es ist anders. Das aber weiß ich zu diesem Zeitpunkt noch nicht.

Mein Flug nach Sansibar dauert acht Stunden und kostet das Klima 1635 Kilogramm CO_2 und mich 250 Euro plus »ausgleichenden« Klimabeitrag von 41 Euro. Das sind 135 Kilogramm über dem klimaverträglichen Jahresbudget eines Menschen, fünf Wochen weniger Reisezeit als mit dem Frachtschiff und

3000 bis 4000 Euro weniger Frachtschifffahrtsreisekosten. Dreieinhalb Stunden braucht das Flugzeug bis zur Sahara und zweieinhalb Stunden, um sie zu überfliegen, die sich von oben als unwirtliche braune Ebene mit steinigen Abbruchkanten zeigt, darin ein Nil-Rinnsal, das sich im aufgestauten Nassersee zu einer großen spiegelnden Fläche im staubtrockenen Braun erweitert. Auf dem spärlich beleuchteten Rollfeld des Flughafens von Sansibar überrascht beim Aussteigen die luftfeuchte Hitze, die sich auch in der Nacht näher an 30 Grad hält als an 25. Alle Corona-Formulare, die vorab digital ausgefüllt werden mussten, werden im nächtlichen Ansturm der Reisenden weggelächelt oder weggewunken, »Sansibar hat kein Corona« ist der Satz, den ich in den kommenden Wochen am meisten höre, neben dem Satz »Tansania hat kein Corona« und den Worten, die auch nun, am ersten Abend meines Aufenthalts, bereits häufig ausgesprochen werden: Hakuna matata, keine Probleme, pole pole, langsam langsam und Karibu oder Karibuni, herzlich Willkommen.

Stonetown ist die westliche Spitze der Hauptstadt Sansibar Stadt, ein Inselzipfel, der ins Meer hineinragt, einen Hafen hat, einen Stadtstrand, eine Promenade, enge Gassen und historische Gebäude mit berühmten massiven, verzierten Holztüren, die von den arabischen und indischen Einflüssen zeugen. »Einflüsse« klingt niedergeschrieben verharmlosend, gemeint ist die jahrhundertelange arabische Machtdominanz der omanischen Sultane, der arabischen und indischen Händler neben der der europäischen Kolonialisten – Portugiesen, Deutschen und Engländer –, und der arabischen und europäischen Sklavenhändler, für die Sansibar ein ertragreicher Umschlagplatz, und für Millionen versklavter Schwarzer Menschen eine Katastrophe war. Die Sklaverei wurde 1897 offiziell abgeschafft, aber die Idee der Überlegenheit oder Unterlegenheit einer Menschengruppe gegenüber einer anderen bestand weiterhin fort. Viele der 50 000 arabischen und 20 000 südasiatischen Menschen auf den Inseln hielten sich noch in den Jahren des politischen Umbruchs nach der Unabhängigkeit von Großbritannien Anfang der 60er-Jahre den 230 000 Afrikaner:innen gegenüber für überlegen. Nur ein Zehntel der Plätze in weiterführenden Schulen war von langheimisch* afrikanischen Kindern besetzt, und der Großteil des Grundbesitzes war fest in arabischer Hand. Die sansibarische Revolution 1964 wird als das Aufbegehren lokaler afrikanischer Revolutionäre gegen die arabisch-asiatische Herrschaftsklasse gesehen, die es mit der Unabhängigkeit von England 1963 verstanden hatte, die eigene Macht durch die ersten vermeintlich freien Wahlen zu festigen. Einer der Hauptakteure der Revolution war John Okello aus Uganda. Er arbeitete seit 1959 als Maurer in Pemba und war in der Sansibar-Pemba-Maler-Gewerkschaft aktiv. 1963 siedelte er nach Unguja über und stürmte als panafrikanischer Nationalist und militanter Christ mit 800 Leichtbewaffneten die Polizeistationen von Sansibar Stadt. Sein politisches Handeln währte nur kurz und endete in einer Verbannung von den Inseln. Eine kurze Zeitspanne, genug, um mit seinen Aufständischen Tausende arabische Menschen zu töten oder zu vergewaltigen. Der erste Präsident von Sansibar, Abeid Karume, handelte mit Julius Nyerere die Vereinigung von Tanganjika und Sansibar zur Republik Tansania aus, was den Einfluss der linksradikalen Umma-Partei minderte und bisweilen als Verhinderung eines Anschlusses an den kommunistischen Ostblock verstanden wird, auch wenn sich die erste Regierung für explizit sozialistische Ziele einsetzte, Grundbesitz umverteilte und das Gesundheits-, Sozialfürsorge- und Bildungssystem revolutionierte.

Stonetown hat heute viel Tourismus, viele Hotels, und alte Kolonialbauten, wie die omanische Festung auf portugiesischem Kirchengrund, das omanische House of Wonders, mit den damaligen Wundern, fließendes Wasser und Elektrizität verfügbar zu haben oder die über und über verzierte alte Apotheke eines wohlhabenden Inders, die zuerst als Wohltätigkeitshospital diente. 20 000 Menschen leben in den

* Der Begriff »langheimisch« wird von der Journalistin und Sachbuchautorin Charlotte Wiedemann verwendet, um das Einheimisch-Sein der nachfolgenden Generationen von zugewanderten Menschen ebenso anzuerkennen wie das Einheimisch-Sein der bereits seit längerer Zeit ansässigen Menschen eines Landes.

Korallensteinhäusern der engen Gassen des Stonetown-Dreiecks und 400 000 jenseits der längsten Dreieckseite, die früher ein Fluss war und heute die Creekroad ist, die inzwischen Mkapa Road heißt, aber von niemandem so genannt wird. Auf ihr knattern im Linksverkehr Autos, Motorräder und Roller, *Bajajis* – überdachte Mofas mit einem Zweiersitz hinten – sowie Kleinbusse und Kleinlaster an einem der größten Märkte der Stadt vorbei, dem *Darajani Market*. Eine Markthalle, viele kleine Stände außen herum, viele Holzbuden, auf Planen oder Tüchern auf dem Boden ausgelegte Ware und sich ihren Weg durch die Menschenmenge bahnende Händler, die ihre Angebote in der Hand haltend anpreisen. In den angrenzenden Gassen und Straßen stehen Wand an Wand kleine Läden, die spezialisiert sind auf die Ware, die sie auf engstem Raum zusammengestellt haben: Hemden, Eimer oder Schuhe, Küchengeräte, Gürtel oder Stoffe.

Die Menschenmenge, die sich durch die Gassen schiebt, wird beschienen von der hoch stehenden Äquatorialsonne und begleitet von den Rufen der Muezzins, fünf Mal am Tag. 40 Stadtteile sind es insgesamt, die zu Sansibar Stadt gehören und Namen tragen wie Kilimahewa, luftiger Hügel, Mwembeshauri, Mangobaum des Rates, Rahaleo, Glück heute oder Amani, Frieden, nach dem Stadion, das 1970 von China finanziert wurde und den zweiten Vornamen des ersten Präsidenten von Sansibar, Abeid Amani Karume, trägt. Im Stadtteil Michenzani, östlich von der Creekroad gelegen, fahren nicht nur die offenen Kleinbusse nach Süden und Osten der Insel ab, hier stehen auch reihenweise Plattenbauten der DDR aus sozialistischen Zusammenhaltzeiten. Ihre Wohnungen wurden früher von den Menschen gemieden, sind heute aber hochgeschätzt. Der Stadtstrand von Stonetown, an der Dreiecksspitze gelegen, ist nicht groß, aber offensichtlich beliebt. In seinem Rücken stehen Luxushotels, deren Pools oder Restauranttische nur mit einer Glaswand vom Sandstrand getrennt sind, aber der Strand selber gehört den Menschen von Stonetown, die abends, vor allem am Wochenende, im Sand sitzen und sich unterhalten, flanieren, joggen, schwimmen oder Fußball spielen oder mit einem Autoreifen als Absprunghilfe akrobatische Sprünge vollführen. Und das, während in einer beeindruckenden Vielfalt von Farbschattierungen die Sonne im Indischen Ozean untergeht, gegen halb sieben. Wie immer um diese Zeit, an jedem Abend im Jahr. Im Mai um 18.14 Uhr, im Januar um 18.47 Uhr, den Rest des Jahres dazwischen. Zwölf Stunden Sonne täglich im Schnitt, 685 km entfernt vom Äquator, kein Himmelsbogen, den sie durchmisst. Ein sich schnurstracks Erheben aus dem Ostküstenmeer am Morgen, ein gerades Erklettern der Himmelswand am Vormittag, ein sich am Mittag über die Himmelswandspitze Schwingen, ein Herunterrutschen auf kürzestem Weg am Nachmittag, hinab ins Westküstenmeer, da taucht sie ein, schon ist die Dunkelheit da. Ihr folgt der Mond, der sich, ist er voll, weiß und rund, aus dem Wasser erhebt oder, ist Neumond gerade vorbei, als schmales Bötchen von unsichtbarer Hand aus der Tiefe des Wassers gezogen wird, kurz auf den Wellen aufliegt und zu schweben beginnt für die Himmelsfahrt. Nördlich von Stonetowns Stadtstrand grenzt ein öffentlicher Park an das Wasser, in dem viele Menschen die Snacks der dort am Spätnachmittag aufgebauten Straßenküchen probieren und junge Männer mit gesprintetem Anlauf, von einer Menschenmenge umjubelt, in halsbrecherischen Drehungen und Saltos von der Kaimauer ins Wasser hineinspringen. Die Promenade, die sich anschließt, endet am Hafen, an dem Fähren und Containerschiffe liegen, während südlicher am Strand die Kulisse der untergehenden Sonne von kleineren Schiffen bestimmt wird: den traditionellen Dau-Booten, die ihre schweren Segel gehisst haben, den Fischerbooten, die aus- oder einfahren und viel Material mit sich führen – gelbe Kanister, Angeln und Netze –, oder den Ausflugsbooten mit dem obligatorischen Sonnenschutzgestell, die tagsüber emsig Tourist:innen zur Sandbank am Horizont fahren, aber nun an gespannten Seilen festgezurrt ruhen, über die die Menschen beim Spaziergang mit großen Schritten steigen.

An diesen Stadtstrand komme ich am ersten Spätnachmittag meines Aufenthalts, unsicher ob der Spielregeln des

Miteinanders an diesem Stück öffentlichen Lebens in einem mir unbekannten Land, als *weiße* reisende Frau mit Reisegefährtin, zwei *weiße* reisende Frauen unter Schwarzen. »Mein Körper ist nicht jung und nicht alt«, ich werde mit »Mama« angesprochen, eine Ehrbezeichnung für eine Frau mittleren Alters. »Nicht männlich, nicht inter, nicht trans, nicht hetero und nicht schwanger«, ich sehe in neun Wochen Reise keine einzige schwangere Frau in der Öffentlichkeit (der Öffentlichkeit, in der ich unterwegs bin und sein kann) und keine sansibarische Person, die sich geschlechts-uneindeutig kleidet. Im Reiseführer werde ich aufgefordert, meinen Körper ausreichend zu bedecken, da Sansibar muslimisch sei, und meine Homosexualität nicht zu zeigen, erst recht nicht zu leben, da diese, von Staatsgewalt bedroht, sieben Jahre Gefängnis bedeute. Vor Männern, die zärtlich miteinander sind, hat das patriarchale Machtgefüge noch größere Angst: Diese sperrt sie 25 Jahre lang ein. In Tansania Festland gilt der alte englische Kolonialparagraph, 14 Jahre Gefängnis für Sexualität unter Männern. Sansibar hat 2004 noch einmal verschärft. »Nicht Schwarz und nicht of Color«, nicht zu verbergen, eindeutig. Ich werde als *Mzungo, Weiße,* als Reiche, als Privilegierte erkannt. Werde angesprochen und lasse mich in Gespräche verwickeln, kurze oder längere, die Stimmung ist freundlich.

Ich sehe die langen Gewänder der Frauen, die Kopftücher, die eng anliegen. Das Schwimmengehen einiger Langgewandträgerinnen in voller Montur, einfach ins warme, türkise Wasser hinein. Sehe einige Frauen ohne Kopftuch schwimmen und zahlreiche Männer und Kinder in T-Shirts und Boxershorts. Sehe viele männliche Mitmenschen Sport treiben: Muskeln zeigend, Liegestütz machend, dem Ball nachjagend oder am Boden turnend. Handstandüberschlag, Salto eins, Salto zwei, Wasserlandung, Applaus. Sehe eine ältere Frau, die Beine ausgestreckt, sitzend im Sand, ein Tuch locker um den Kopf gelegt, lächelnd versunken die Sonne im Meer betrachten. Und sehe beim ersten Blick in den sansibarischen Stadtstrandhimmel tatsächlich Segler um das Dach des Hotels am Strandrücken fliegen. Segler! Am ersten Abend. Etwa Mauersegler? Ich kehre dem Sonnenspektakel den Rücken zu und lege meinen Kopf in den Nacken, keine Frage, das sind Segler. Aber komische. Sie fliegen anders. Hektisch, als wären sie kopflos. Tief übers Dach hinweg und einzeln. Nicht als Gruppe. Selten nur jagen sich zwei. Und da. Fliegen welche über dem Meer. Auch hektisch im Flug in geringer Höhe, aber ruhiger, fast segelnd, weit oben. Sie haben einen weißen Fleck auf dem unteren Rücken, nur bei kurvigem Tiefflug zu sehen, und einen kurzen, gerundeten Schwanz. Die Hotelumschwirrer sind grau und haben längere, schmale Flügel. Überhaupt, es ist Anfang November. Jabari ist seiner Vorvorjahresroute nach noch im Kongo. Die Mauersegler sind noch gar nicht da. Oder doch?

Das Zimmer, das wir gebucht haben, hat gutes Internet (es sei denn, der Strom fällt aus). Auch die mobilen Daten im Land funktionieren gut. Fast alle Menschen, die ich treffe, haben ein Handy, viele ein internetfähiges Smartphone. In dieses Zimmer ziehe ich mich nun zurück und studiere die Eigenarten der heimischen Segler. Ich wusste, dass es hier einige gibt, aber nicht, wie schwierig die Unterscheidung ist, wenn sie hoch oben fliegen und schnell. Der Horussegler fliegt in 20 bis 30 Metern Höhe. Über dem Palmensegler und unter dem Weißbürzelsegler. Wie hoch fliegt der Mauersegler, wenn er nicht brütet? Ich weiß es nicht. Ich lese, betrachte Fotos, sehe mir Videos von fliegenden Seglern an, notiere die Unterschiede und das Gemeinsame. Runder Schwanz: Baobab- und Haussegler. Gabelschwanz: Mauersegler, Palmen- und Weißbürzelsegler, aber im Flug oft geschlossen und spitz. Sichelflügel: Mauer- und Weißbürzelsegler. Kehle weiß: alle bis auf den Palmensegler. Die folgenden Tage sitzen wir beim Sonnenuntergang am Stadtstrand und schauen mit oder ohne Fernglas nach oben. Werden angesprochen, gefragt, was wir da tun. Ernten Kopfschütteln und Kichern, reichen das Fernglas vielen Interessierten. Vier Studentinnen lernen wir kennen, Kauthar, Salma, Maryam und Sabrina. Kopftücher, lange Gewänder, riesige Sonnenbrillen. Ihr Fach ist Tourismus, nicht Biologie.

Sie kommen zum Sonnenuntergang in die Nähe des hohen Hotels, mit oder ohne Geschwister, die sie beaufsichtigen müssen, mit oder ohne Schwimmsachen, mit oder ohne einen Schwarm neugieriger Jungs, so wie sie 18, 19 oder 20 Jahre alt. Kauthar zeichnet mir als Geschenk drei »wichtige sansibarische Vogelarten«: die Krähe, Kunguru, die Eule, Bundi, und die Taube, Njiwa. Die Segler tauchen erst kurz vor Tageslichtende auf und verschwinden so plötzlich wie sie gekommen sind nach dem Versinken der Sonne im Meer. Es sind Palmensegler, die um das Hoteldach herum zickzackeln – aber wo sind die Palmen? –, und es sind Haussegler, die über dem Strand fliegen und über dem Wasser, strandnah. Sind noch andere Segler darunter? Der Türwächter des Hotels trägt einen Anzug und sieht uns fragend an. Ich sage, ja genau, es geht um die Vögel, die das Dach des Hotels umfliegen. Nein, ich möchte kein Zimmer buchen. Moment, wenn das so ist, dann vielleicht doch. Er winkt einen anderen Angestellten heran, Jussuf, der sieht im Computer nach. Die Hoteldachsuite ist nicht frei, aber ein Zimmer im obersten Stock, schon betreten wir den Balkon.

Die Weite des Meeres, das Gewusel des Stadtstrands und das Sirren der Segler, die vorbeifliegen in hoher Geschwindigkeit. Keinen Ton geben sie von sich, kein Srieh ist dabei. Es sind schweigend fliegende Palmensegler und einzelne Haussegler darunter, einer oder zwei, kein Mauersegler. Ich schreibe dem schwäbischen Ornithologen, wo ich bin und warum ich noch nicht in Liberia war. Frage ihn, ob sich der Mauersegler in seiner Nicht-Brutzeit sehr anders verhalte und wenn ja, wie. Total anders, ist Wulf Gatters Antwort. Er vollführe keine Flugspiele, jage nicht in Gruppen über die Dächer wie in der Brutzeit, sei aber auch außerhalb der Brutzeit häufig in Gruppen unterwegs, jage keinen anderen einzelnen Segler flugsynchron in der Luft. Er umfliege nicht zwangsläufig hohe Gebäude, sei überall anzutreffen, am ehesten bei Gewittern oder wenn Termiten ausschwärmen. Er sei aber eher stumm und rufe nicht im Flug. Bei gutem Wetter fliege er mittags unsichtbar hoch. Bei und vor Regenfronten sei er am besten zu sehen. Suchen? Das bringe nichts. Mauersegler können täglich ein paar hundert Kilometer fliegen, sie haben ja kein Revier. Ich müsse draußen sein, früh am Morgen und am Abend und vor allem vor Gewittern. Er verabschiedet sich und wünscht mir das abwechslungsreiche Wetter, das man für die Beobachtung von Mauerseglern außerhalb der Brutzeit brauche. Abwechslungsreich? Ich schwitze im Zimmer bei immerzu über 30 sonnigen, luftfeuchten Grad. Die Solidarität der tansanischen und der deutschen in Tansania forschenden Ornitholog:innen ist groß, Antworten auf meine fragenden Mails erfolgen prompt, niemand wundert sich über meine Suche. Bestimmte Vogelarten auftreiben zu wollen ist ornithologischer Alltag, das ist man voneinander gewohnt. Schnell lande ich beim Tansanischen Bird Atlas und seinem Initiator Neil Baker. Der Atlas dokumentiert online alle Vogelbeobachtungen in Tansania seit 1980. Ihm entnehme ich, dass Mauersegler in all den Jahren auf Unguja sechs Mal in den Monaten Oktober, Januar und Februar dokumentiert worden sind und ein Mal im Monat Januar auf Pemba. Auf dem Festland sieht es in meinem Reiseausschnitt etwas besser aus: 13-mal in der Region Saadani gegenüber der Insel Unguja und 12-mal etwas nördlicher, in der Nähe vom Ushongo Beach. Neil Baker schickt mir eine Tabelle mit allen 1852 Beobachtungen von Mauerseglern in Tansania. Er ruft auch umgehend an. Come to the Highlands, sagt er, du verschwendest deine Zeit auf den Inseln. Da sind kaum Mauersegler. *They are chasing the wind.* Mauersegler jagen Insekten in den Winden vorm Regen, sie folgen den Regenfronten. Und sie sind schnell. Sie können große Strecken in sehr kurzer Zeit zurücklegen, sie sind heute hier und morgen fort, here today and gone tomorrow. Bei stürmischem Wetter gibt es riesige Schwärme in den südlichen Highlands. Aber Stürme und Mauersegler vorauszusagen ist unmöglich. Deine Lokatoren-Karte ist interessant. *Apus apus* ist in Tansania noch nicht lange dokumentiert. Ein Kollege hat ihn das erste Mal in den 90ern gesichtet. Wir waren damals zusammen unterwegs. Ich konnte Forbes-Watson nicht ausschließen. Wir waren auf einem Boot und hatten keine gute Sicht. Du kannst auch nach Arusha fahren. Nördlich vom Kilimandscharo regnet es gerade. Also schnell! Nicht mit Fähre und Bus, du musst fliegen! Ich bringe dich in Kontakt mit Ornithologen vor Ort. Melde dich. Alles Weitere klären wir dann. Er legt auf. Ich bin aufgekratzt und verwirrt. Forbes-Watson ausschließen? Und: Will ich große Schwärme von Mauerseglern sehen, die den »Wind jagen«? Ja, klar will ich das. Eigentlich. Aber ich bin wegen der östlichsten Kurve der Zugroutenschleife von Jabari hier und reise wegen Corona nicht kreuz und quer durch das Land, so mein Vorsatz, so spannend das auch wäre. Und wer ist Forbes-Watson? Eine weitere Seglerart, lese ich, die ein Mensch selbigen Namens erstmalig beschrieben hatte. Ein englischer Ornithologe, der als Wildhüter in Kenia arbeitete und der Welt die Kenntnis über die Brutbiologie des Goldbrust-Nektarvogels brachte. Sowie über die Existenz des Gelbfuß-Honiganzeigers und des Nimba-Fliegenschnäppers. Auch er trieb sich also für die Vogelbeobachtung in den liberianischen Nimbabergen herum sowie auf den Komoren und in Sokotra. So heißt der Segler auf Deutsch, Sokotrasegler, weil er vor allem in Somalia und auf Sokotra vorkommt, einer Inselgruppe, die zum Jemen gehört. Auf Swahili heißt der Segler nicht nach Sokotra, er heißt Teleka Somali. Der Vogel zieht bis nach Mosambik und besucht dabei auch Tansania. Tansanias Festland hat viel mehr Seglerarten als Sansibar, und der Sokotrasegler sieht, wie der Fahlsegler, dem Mauersegler zum Verwechseln ähnlich. Aber es gibt ihn nicht auf Sansibar, schreibe ich Neil, der das postwendend bestätigt. Ich muss Forbes-Watson nicht ausschließen können, Erleichterung.

Das Zimmer, das wir gebucht haben, liegt in einem alten Haus an der Kenyatta Road, die die vielen Gassen von Stonetown in einer Einbahnstraße umkurvt – für zweispurigen Verkehr wäre die Straße zu eng. Sie führt am Park mit den Straßenküchen vorbei, am alten Fort und am Hafen und trifft erst nördlich von diesem wieder auf eine der großen Hauptstraßen, die – viel befahren – aus der Stadt herausführen. Das Haus gehört einem Onkel von Abdul, der die Zimmer in der oberen Etage vor sich hin renoviert, während unten bereits Reisende wohnen. Abdul ist ein schlaksiger Mittzwanziger mit langsamen Bewegungen und langsamen, bedachten Reden, der sich an meinem Fernglas und meinem Vogelinteresse erfreut, mich damit aufzieht und mich »Mama« nennt. Bei einem Essen erzählt er, dass seine Mutter auf der Nachbarinsel Pemba lebt, seine Eltern bei der Revolution dahin geflohen waren und sein Großvater, der aus dem Jemen kam, zu spät wegging, da er seinen Laden nicht aufgeben wollte. Erst später begreife ich, was dieses »zu spät ging« bedeutet. Beim Recherchieren im Netz sehe ich die Fotos der vielen Toten.

Betritt man das Haus vom Innenhof her, steht man, nachdem die Schuhe abgestreift sind, in einem großen, luftigen, hellen Raum mit vielen holzeingerahmten Moskitoschutz-Fenstern. Von der hohen Decke wirbeln Ventilatoren die zäh-heiße Luft auseinander, und gegenüber der Küche hängt das Bild einer sehr alten Frau an der Wand, handgemalt, Bi Kidude, hochbetagt. Ihr Alter war unbekannt, als sie 2013 verstarb, die berühmteste Taraab-Sängerin Sansibars. Geboren noch vor dem Ersten Weltkrieg und mutig früh aufgetreten in einer Gesellschaft, in der sich Frauen nur voll verschleiert in der Öffentlichkeit zeigten, und das mit der Swahili-Version der arabischen Musiktradition Taraab: Trommel, Geige, Flöte und Kanun, eine Art Zither, dazu ihr tiefer Gesang. Inspiriert war sie von Siti binti Saad, der ersten Taraab-Sängerin Sansibars und der ersten Frau Ostafrikas, die ihre Musik auf einem Album festhielt, 1928. Saad sang furchtlos über politische Themen wie Klassen- und Frauenunterdrückung, und dafür ist sie bis heute bekannt. Die Zeitung des Verbands Tansanischer Journalistinnen (TAMWA) heißt »Die Stimme von Siti«. Bi Kidude griff Saads Lieder auf und auch die Idee, gesellschaftliche Tabus einfach zu singen. Obwohl und weil sie kein Kopftuch trug, rauchte und trank, mehrmals heiratete und sich für Frauenrechte und Aufklärung von jungen Frauen einsetzte, war sie beliebt und wurde zugleich verachtet, wurde sie im Ausland empfangen, im Inland auch kritisiert. Eine so alte Frau möge sich wie eine ehrwürdige »Bibi« (Dame) benehmen und in die Moschee gehen anstatt auf die Bühne. Kidudes Antwort lautete: Warum sollte ich das tun? Taraab ist mein Leben.

Geht man aus dem Innenhofgang durch das Tor auf die kleine Hauptstraße hinaus und läuft ein Stück Weg, erreicht man eine Bäckerei und das ehemalige Gebäude des kaiserlichen deutschen Postamts. Ein Foto, angebracht an der schweren Holzschnitzereientür, zeigt zwei *weiße* Männer und neun Schwarze, alle in weißer Kleidung, auf eben den Treppenstufen stehend, vor denen ich nun stehe, neben einem Briefkasten mit dem bekannten schwarzen Posthornzeichen. Das Hinweisschild erklärt, dass der Helgoland-Sansibar-Vertrag 1890 dazu führte, dass dieses Postamt aufgegeben wurde. Geht man die Straße Richtung Stadtstrand hinauf, passiert man das ehemalige kaiserliche deutsche Konsulat, in dem heute ein Teil der Stadtverwaltung sitzt. Hier hat einmal der Bremer Gerhard Rohlfs als diplomatisch ungeschickter Generalkonsul residiert. Er war der jüngste Sohn einer angesehenen Bremer Arztfamilie, der alle Schulen und Ausbildungen abgebrochen hatte und als 15-Jähriger von seiner Mutter im letzten Moment von dem Schiff heruntergezogen wurde, auf dem er als Matrose anheuern wollte. Er schloss sich früh der französischen Fremdenlegion an und überquerte als erster Europäer die Sahara. Im Fahrwasser der Kolonialbestrebungen des Kaiserreichs verwandelte er sich vom Abenteurer zum hoch angesehenen Forschungsreisenden. Deutschlands »Schutzbriefe« für Gebiete auf dem Festland Tansanias und für das kleine Sultanat Witu im Norden Kenias fielen in Rohlfs Amtszeit und brachten den Sultan, Bargasch ibn Said, gegen ihn auf. Rohlfs Job auf Sansibar währte nicht lange. Die Haupteinkaufsstraße des großen Stadtteils Bremen-Vegesack, wo Gerhard aufgewachsen war, trägt bis heute seinen Namen, und in einem Park steht ein Denkmal für ihn. »Afrika-Forscher« wird er auf der Plakette des Geburtshauses anerkennend genannt, sein Beitrag zum Überfall auf ferne Regionen verschwiegen.

Hat man die vielen kleinen und großen Souvenirläden und Juweliergeschäfte, Tourismusagenturen und Restaurants hinter sich gelassen, kann man bei einem kleinen Museum rechts in die Gassen einbiegen, für die Stonetown auch berühmt ist. Das Museum an dieser Ecke ist für den Tourismus da, denn den

Mann, dem es gewidmet ist, würde die heutige sansibarische Regierung für 25 Jahre hinter Gitter sperren. Farrokh, erster Sohn des indischstämmigen britischen Botschaftsangestellten Bomi Bulsara und seiner Frau Jer. Farrokh verbringt die ersten acht Jahre seines Lebens in Sansibar, bevor er im damaligen Bombay zur Schule geht und den Spitznamen Freddie erhält. 1963 kehrt er mit seinen Eltern zurück, um gleich darauf vor der Wut und der Gewalt der Revolutionäre nach London zu fliehen. Er studiert Kunst und fängt an, in Bands zu singen, deren Namen Ibex und Wreckage lauten, dann Sour Milk Sea und schließlich Queen. Mit Queen wird er von Freddie Bulsara zu Freddie Mercury und weltberühmt.

Mustafa meint, die Menschen von Stonetown wissen gar nicht, dass Freddie Mercury »anders« war. Dies werde unter den Tisch gekehrt. Wir treffen Mustafa vor einer der vielen Tourismusagenturen von Stonetown. Auch wir wollen, wie es sich für Touristinnen gehört, eine der berühmten Gewürzplantagen besuchen. Die waren die materielle Grundlage der Herrschaft der Sultane – durch die Arbeit tausender versklavter Menschen, neben dem Handel mit versklavten Menschen – und der wichtigste Exportzweig Sansibars. Am bedeutendsten die Nelken, dann Pfeffer und Ingwer, Kurkuma, Vanille und Zimt. Später, inmitten von Grün unter einer brennenden Sonne, staune ich wieder darüber, dass die Gewürze, die in Teilen Europas mit Weihnachtszeit-Winter assoziiert werden, hier und andernorts und ausschließlich bei antiwinterlichen tropischen Temperaturen wachsen. Mustafa fährt uns mit dem Auto dahin, und längst haben wir uns als 25-7-Jahre-Gefängnis-Gruppe erkannt, aber werden dies in keinem unserer Gespräche offen aussprechen, der Preis für falsches Vertrauen ist für ihn zu hoch. Mustafas Traum ist es, Steward zu werden, und er war es auch schon mal. Für eine kleine tansanische Fluggesellschaft hat er Inlandflüge begleitet. Er erzählt, wie die Fluggesellschaft das Maximalgewicht überschritt und wie sie es auf einem Flug nach Pemba übertrieben hatte: Die kleine Maschine kam nicht hoch und kippte nach links und nach rechts. Ich saß auf dem Klappsitz, 31 Menschen mit Angst in den Gesichtern mir gegenüber und ich lächelte, unermüdlich, immerzu, das war ja mein Job, ich beruhigte alle. Das seien gewöhnliche Turbulenzen, die wären gleich vorbei. Ich habe Ruhe ausgestrahlt, Kotztüten verteilt und versucht, Panik zu verhindern. Wir schafften es endlich nach oben und zum Glück auch nach unten, und ich stand beim Abschiednehmen noch lächelnd am Ausgang. Erst dann rannte ich auf die Toilette, schloss mich ein und heulte die Anspannung raus. Good job, oder?, er lächelt uns schief im Rückspiegelausschnitt an. Gekündigt haben sie mir aus heiterem Himmel. Ich sei nicht »männlich« genug in meinem Ausdruck. Was ist denn das für ein Grund? Warum lassen sie einen nicht sein, wie man sein möchte? Er zuckt mit den Schultern. Ich werde mich wieder und wieder bewerben, bis sie mich nehmen, bis dahin studiere ich IT. Ihr müsst wissen, es ist nicht immer einfach, hier zu leben. Wir haben auch Probleme mit der Infrastruktur. Vor ein paar Jahren hatten wir acht Monate lang keinen Strom. Es war so heiß und wir konnten nicht kühlen. Kein Ventilator lief, kein Kühlschrank, nichts. Wir haben auf dem Dach geschlafen, um die Hitze zu überstehen. Wenn mir alles zu viel wird, fahre ich an einen Strand und laufe am Wasser entlang. Am Stadtstrand? Nein, der ist mir zu voll. Einsam muss er schon sein. Mustafa bremst den Wagen vor der Plantage ab, sagt, viel Spaß, wir sehen uns später.

Die Gassen, die beim Freddie-Mercury-Museum beginnen, sind eng und verwinkelt. Kein Auto passt hier durch, aber, wenn nicht zu viele zu Fuß gehen, ein Fahrrad, ein Handkarren, ein Mofa. Die Häuser sind dreistöckig und höher, in die Jahre gekommen oder renoviert. Einige sind halb verfallen und stehen leer. Das Weltkulturerbe Stonetown hat 2600 renovierungsnötige Gebäude, und im Jahr 2020 stürzten sogar Teile des ehemaligen Sultanspalasts, das House of Wonders, von jetzt auf gleich ein. Die Gassen sind angenehm schattige Schluchten, in denen man an kunstvoll geschnitzten Türen vorbeikommt und unter Fenstern läuft, die ein Halbrund aus buntem Glas abschließt.

Die Fensterläden bestehen aus Holzlamellen in verwaschenem Blau oder abblätterndem Grün, und wenn es Balkone gibt, sind diese mit Schmiedearbeiten oder mit Holzschnitzereien verziert. Auffallend die Stromkabel, die als Bündel an den Wänden entlang oder über Kopfhöhe quer über die Gassen führen und manchmal eine Überwachungskamera in ihrem Gewirr tragen. Zwischen den Häusern liegen Moscheen, in denen man Teppiche und abgestellte Schuhe sieht, kniende oder sitzende Männer. Muezzins singen fünf Mal am Tag gleichzeitig ihre Botschaft in das geschäftige Treiben der Gassen hinein. Im Erdgeschoss der Häuser reihen sich Läden aneinander neben einigen Galerien mit farbbunten Bildern, die Männer malen, die ihre Staffeleien darin oder davor aufgebaut haben. Vor den Eingängen und Frontwänden verlaufen erhöhte Gehsteige, *Barazas* genannt, auf denen die Menschen sitzen und reden, dösen oder diskutieren, auf Kundschaft warten, zum Einkaufen einladen, etwas besprechen oder das Brettspiel *Bao* spielen: 32 Mulden, im Format vier mal acht, und 64 Nussfrüchte, die unter komplexen Regeln gesetzt oder herausgenommen werden. Verkäufer mit Handware – Gewürze, Nüsse, gekochte Eier – oder mit Handkarren – Bananen, gebratene Maiskolben, geschälte Mango- oder Jackfruchtstücke – stehen in Gassenabzweigungen. Erdnussverkäufer laufen herum und schlagen eine Handvoll kleiner Fliesen aneinander. Man hört sie immer schon von Weitem.

Durch die Gassen flanieren die Tourist:innen in Shorts oder weiten Hosen und Sonnenhüten. Die Einheimischen in langen Kleidern, langen Röcken und einem Kopftuch, eng angelegt oder locker gebunden, in weißen Gewändern oder Hose und Hemd oder einem Sport-T-Shirt, Fußballtrikots als Oberbekleidung sind sehr beliebt. Viele Männer tragen ein rundes Käppi auf dem Kopf. Die Massai, eine Volksgruppe in Tansania, die als Händler Sonnenbrillen, Sandalen und Schmuck in den touristischen Orten der Insel anbieten, tragen ein rotes Gewand bis zum Knie, ein rotes Tuch um den Kopf, Schuhe aus Autoreifen und eine Machete oder einen Stock am Gürtel. Viele haben runde Brandzeichen unter den Augen, ein Zugehörigkeitszeichen, als Kind schon erhalten, wie einer von ihnen erklärt. Er nennt sich Simba Massai, ein Name, den sich die *Mzungos,* die *Weißen,* gut merken können, ein Händlername für das Wiedererkennen. Er erzählt, dass er aus der Nähe von Arusha käme, dort seine Mutter und seine Herde habe, aber den Großteil des Jahres hier in der Tourismusbranche arbeite. Als Händler oder als Servicekraft. Andere Jobs zu kriegen sei schwierig, wir kennen uns nicht so aus mit Computern, sagt er, und als Sicherheitspersonal in einem der großen Urlaubshotels an der Ostküste zu arbeiten, bringe viele durchgemachte Nächte, aber nur 50 Euro im Monat ein. Dabei würde man nachts derbe von den Mücken zerstochen. Im April und im Mai kehre er heim, da sei hier keine Saison, da ist Regenzeit.

Auf meinem weiteren Weg komme ich an Garküchen vorbei, an Wechselstuben, Kopier- und Trödelläden, einem hinduistischen Tempel, Nähereien, Holzwerkstätten und einem Museum für die sansibarische Prinzessin Sayyida Salme. Sie war 1866 heimlich – und schwanger – mit einem deutschen Handelsvertreter von der Insel geflohen, um als Emily Ruete, zum Christentum konvertiert, in Hamburg zu leben. Dieser Weggang war ein Affront für ihren Bruder, den Sultan von Sansibar. Eine vom Glauben abgefallene Muslima war ein Skandal und sie galt im islamischen Recht als so gut wie gestorben. Auf den Fotos in den zwei kleinen Ausstellungsräumen schaut mir eine selbstbewusste Frau in den verschiedenen Abschnitten ihres Lebens entgegen, als Prinzessin in Sansibar, als Mutter in Hamburg, als Witwe in Dresden, als Großmutter im Kreis der Familie in Jena. Ihre Geschichte beflügelte die Phantasie des Klatsches und Tratsches ihrer Zeit, und Emily Ruete beschloss, diese nicht den Zeitschriften wie »Illustrierte Zeitung« oder dem Familienblatt »Daheim« zu überlassen, sondern der »erstaunlichen« Unwissenheit der Deutschen über afrikanisch-arabisches Leben selber etwas entgegenzusetzen. Sie veröffentlichte 1886 das Buch »Memoiren einer arabischen Prinzessin«, das ein Bestseller wurde. Es ist die erste Autobiographie einer arabischen Frau und die erste Veröffentlichung einer Sansibarin überhaupt. Bis heute gibt es kaum schreibende Frauen auf Sansibar. Auch auf dem Festland von

Tansania nur wenige. Große Verlage, Literaturförderungen und Vorbilder fehlen. Auch wenn ein Sansibari den Literaturnobelpreis bekam, Abdulrazak Gurnah, zur Überraschung vieler, auch seiner selbst. Gurnah aber lebt, geflohen vor der Revolution, seit 1968 in Großbritannien und schreibt auf Englisch. Die »Liste afrikanischer Schriftsteller« im Internetlexikon führt 15 Namen für Tansania an, im Verhältnis Männer und Frauen: 13 zu zwei. Die Anthologien »Daughters of Africa« und »New Daughters of Africa« versammeln Texte von über 200 schreibenden Frauen aus afrikanischen Ländern oder, in der Mehrheit, von im Ausland lebenden Afrikanerinnen. Tansanierinnen kommen darin nicht vor. Die »Memoiren einer arabischen Prinzessin« lese ich nicht, aber die »Briefe nach der Heimat«. Wie blickt Sayyida Salme auf Hamburg und auf die Lebensweisen, die sie in Deutschland vor 150 Jahren erlebt?

Emily Ruete, 23-jährig, friert schon nach der Ankunft in Europa, in Marseille, im Juni, und erst recht in Hamburg, dabei ist es Hochsommer, Juli und August. Sie wundert sich über die vielen hellfarbigen und blonden Menschen, die alle gleich für sie aussehen, sie kann sie nicht auseinanderhalten. Sie wundert sich auch über die großen Schritte und die Eile, die fast alle auf der Straße zu haben scheinen. Sie denkt, Deutschland sei »eine vergnügte Nation«, da alle im Kontakt ständig lächeln würden. Bis sie belehrt wird, dass dies eine gebräuchliche Form von Höflichkeit sei und nicht etwa Ausdruck des Innern oder der Wirklichkeit. Man müsse sich also, schreibt sie erstaunt, eine natürliche Maske aus Gesichtsmuskeln anlegen. Sie spricht vom »praktischen Norden«, in dem alles systematisch zugehe und ordentlich sei. Sie erzählt von dem Haus an der Alster, das ihr viel zu eng und viel zu voll ist. Zu viele Möbel, zu viele Küchengeräte, zu viele verschlossene Türen. Dazu noch die »dicken Ripsgardinen«, die, wie sie schreibt »den Anblick der lieben Sonne zu verhüllen drohen, obwohl ohnehin ihr Erscheinen schon knapp bemessen ist«. Sie wundert sich über das viele laute Reden und das viele Trinken beim Essen, den Mangel an Farbe in den Kleidern der Erwachsenen und sogar der Kinder – warum man diese in Weiß wie Gespenster hülle? – und über die Unwissenheit der deutschen Gesellschaft über Afrika und Arabien. Ständig würde sie angeglotzt werden, und eine Frau habe in ihre Haare gefasst, obwohl sie sie erst das zweite Mal sah. Es gäbe die wunderlichsten Ideen über »die arabische Lebensart« und Erziehung, »offenbar hält man uns hier, milde gesagt, einfach für ein unkultiviertes Volk, dem jede Lebensart abgeht«. Der Winter sei eine traurige Zeit. Sechs Monate müsse man drinnen verbringen und viel zu wenig frische Luft atmen. So lernt sie die Melancholie kennen, ein Gefühl, das sie vorher nicht kannte. Schnee sei erstaunlich, ebenso der Fluss, über den man fahren könne, ohne nass zu werden. Die vielen Kleidungsstücke hingegen, die man brauche, um nicht zu frieren, seien eine einzige Zumutung. Zum Deutsch-Französischen Krieg 1870/1871 bemerkt sie, dass die Jugend früh zum Krieg erzogen würde, die Feindseligkeit zwischen den Ländern befremdlich sei und das Erfinden von »furchtbarsten Massenmord-Instrumenten« noch mehr. Der Aufschrei der Humanität erfolge immer dann, wenn es auf die Sklaverei zu sprechen käme, aber nicht, wenn auf den Krieg. Dabei würden die Sklaven, die sie gehabt habe, die Freiheit der Armut, die es in Hamburg gebe, nicht mit der Freiheit von ihrem Sklaventum eintauschen wollen, so »herzzerreißend« sei das, was sie an Lebensbedingungen hier mitunter sehe.

Als Emily Ruetes Mann nach drei Jahren beim Absprung von der pferdegezogenen Straßenbahn stürzt, unter die Bahn gerät und stirbt, bleibt sie alleine mit drei Kindern zurück. Aus der Melancholie wird eine Depression, aus der sie nur langsam wieder herausfindet. Als Frau darf sie überdies nicht auf das Erbe zugreifen, sie braucht einen männlichen Vormund. Dieser aber entpuppt sich als schlechter Verwalter. Aus Geldsorgen verlässt sie das teure Hamburg und zieht nach Darmstadt, dann nach Dresden, dann nach Rudolstadt und schließlich nach Berlin. Dort lässt es sich – anders als in den anderen Städten – für sie leben. Sie gesteht, sie habe den Kleingeist einer deutschen Kleinstadt unterschätzt. Überall wird ihr die Frage gestellt: Wo stammen Sie her? Sie kann sie bald nicht mehr hören. Sie findet es »doch zu unfreundlich«, so viel Misstrauen gegenüber

»Nichtvollblutdeutschen« zu erfahren. Sie fragt sich, warum man »Nichtdeutsche als zweifelhafte Menschen ansehe, wo doch gar kein Grund vorliegt, gegen sie misstrauisch zu sein«. Jahre später beschreibt sie die Gesellschaft als schablonenhaft. Jeder Mensch sei nur eine »Nummer unter Millionen«. Jeder müsse so und so viel lernen, um als leistungsfähig zu gelten, »gleichviel ob er es mag oder kann«. Von 100 Einwohnern seien 95 »Streber«, aber man müsse ebenso tun, wenn man nicht zeitlebens »Zeitungsträger, Straßenkehrer oder Steinklopfer« bleiben wolle. Jeder stehe unter dem Gesetz und werde scharf bewacht. Jede Nation gleiche einer großen Anstalt, und ihre Bürger würden die Zöglinge bilden. Natürlich ohne es auch nur zu ahnen.

Kauthar, eine der vier Tourismus-Studentinnen, sagt, sie würde gerne nach Europa gehen und Medizin studieren, um den Menschen zu helfen. Hier klappe das nicht und die Bildung »in Afrika« sei schlecht. Die Bildung in ganz Afrika?, frage ich. Sie zuckt mit den Schultern. Salma sagt, ich studiere gerne Tourismus, ich möchte als Touristenführerin arbeiten. Der Tourismus ist sehr wichtig für die Insel. Vielleicht werde ich später noch Rechtsanwältin und helfe allen Menschen bei schwierigen Fällen. Die beiden jungen Frauen sitzen an einem Cafétisch unter einem Bungo-Baum und zuppeln nervös am Stoff ihrer langen Gewänder. Zu offiziell meine unbeholfene Einladung zu einem Gespräch. Ich wollte wissen, wie sie auf ihre Heimat Sansibar schauen. Sie mag Stonetown am liebsten, sagt Kauthar, *Shangani,* wie sie es nennt. Es gibt hier so viele Sehenswürdigkeiten. Sansibar Stadt hat hier ihren Ursprung, hier fing alles an. Sie erzählt von den Händlern und Fischern, die aus vielen Teilen der Welt gekommen seien, weil Sansibar so schön sei, die schönste Insel an Afrikas Küste. Und von den Sultanen aus Oman, die gekommen seien, um »den Menschen der Insel zu helfen«. Sie hätten die Portugiesen vertrieben, die seien »egoistisch« gewesen. Hätten ihre Gebäude zerstört, das war gut, denn die Portugiesen waren Christen, aber die Sansibari schon immer Muslime. Schon immer?, Salma widerspricht.

Die beiden fallen ins Swahili, es geht hin und her, es wirkt so, als würden sie eine Diskussion aus dem Studium aufgreifen: Wann fängt das »Eigene« wo an? Wie viele Jahrhunderte geht man zurück? Ab wann sagt man: Das ist unsere Tradition. Und das davor eben nicht. Wir haben den Bungo-Baum und mit ihm die gestelzte Gesprächssituation verlassen und gehen am Strand entlang. Salma sagt, vor dem Islam hat es etwas anderes gegeben. Das ist auch unsere Tradition. Kauthar sagt, nein, ist es nicht. Das war die Zeit ohne Kultur. Salma sagt, das kannst du so nicht sagen! Der Spaziergang kommt ins Stocken, sie diskutieren im Stehen. Um uns herum joggt ein älterer, sehniger Mann seine Runden im Sand. Das tat er schon vor Stunden, er trainiert wohl auf einen Marathon, lächelt uns im Vorbeilaufen ironisch zu. Wie dem auch sei, sagt Kauthar und wendet sich mir wieder zu, seit dem Jahr 2000 sind wir Weltkulturerbe. Weil so viele hierhergekommen sind. Schon immer. Weil viele verschiedene Menschen hier waren und schauen wollten, was Sansibar ist.

Wir verlassen Stonetown und machen Ausflüge. Besuchen die West- und die Ostküste, die Ebbe und Flut haben und bei Ebbe eine gewellte Sandfläche unter glühender Sonne freigeben, Wassermulden und Schlick. In ihnen und an der Wasserkante sehe ich Vögel, die ich als Watvögel von der Nordsee her kenne: Sandregenpfeifer, Sanderling, Grünschenkel, Kiebitzregenpfeifer und Steinwälzer. Vielleicht war einer von ihnen schon in Norddeutschland? Der Reiherläufer war es sicherlich nicht. Er ist markant schwarz und weiß und schreitet vor allem in der beginnenden Dämmerung das Flachwasser ab. Er brütet am Roten Meer und am Persischen Golf, in Somalia, im Iran, in Abu-Dhabi, im Oman. Ich würde doch bestimmt den *Crab Plover* suchen, den Reiherläufer, sagt Nell, die ich in einem Restaurant treffe, weil ich die sansibarische Ornithologenwelt kennenlernen möchte. *Crab Plover* seien sehr selten und ihre Erforschung in den Brutgebieten wegen der politischen Umstände schwierig. Ne, sage ich, ich suche den *Eurasian Swift*, den Mauersegler. Den *Crab Plover* musste ich nicht suchen, der war einfach da. Oh, sagt sie und sieht mich groß an. Den *Eurasian Swift* auf Sansibar? Das weiß ich auch nicht. Hast du schon in die »Tansanische Birding Facebook Gruppe« gefragt? Nell ist wider Erwarten keine Sansibari, sondern eine zugezogene Engländerin. Sie stellt Material zur Vogel- und Naturkunde her und verbreitet sie, damit die Kinder schon mit dem Bewusstsein aufwüchsen, in welcher schützenswerten Natur sie leben. *You have to love it,* sagt sie, *to understand the value.* Eine analoge »Birding Community« gäbe es hier nicht. Aber ich könne Habib im *Masingini Forest* kontaktieren, der kenne sich aus. Ich erzähle ihr auch von Andrew, mit dem ich für eine gemeinsame Tour hin und her chatte und sie nickt. Warum sie hier lebe, frage ich, und ihre Antwort kommt prompt. Du kannst hier immer draußen sein. Du bist umgeben von der Natur. Das hier ist ein Ort zu leben, ein Ort, um verbunden zu sein. Der Mond, die Gezeiten, die Tierwelt. Die westliche Welt ist nicht die wirkliche, die echte Welt. Einmal noch bin ich zurückgegangen nach England. Nach einigen Monaten dachte ich: Was willst du denn hier, Nell? Zwischen dem ganzen Asphalt, dem Beton, dem Verkehr. Nach der Schule hatte ich Meeresbiologie studiert. Weißt du, es ist viel besser, an einem Ort zu leben, wo du Delphine täglich sehen und bewundern kannst, anstatt sie wissenschaftlich zu studieren. Meine Eltern waren »Birder«. Die Ornithologie ist mir in die Wiege gelegt worden. Die Meeresbiologie war meine Rebellion. Naja, nicht sehr radikal, nicht wahr? Hier, weit weg, konnte ich mich den Vögeln elternfrei wieder nähern. Viele Birder sehen die Vögel und machen ein Häkchen auf ihrer Liste, sie sammeln Vögel. Für mich geht es darum, den Vogel zu betrachten, ihn kennenzulernen, sein Verhalten, seine Ästhetik, mich mit ihm zu verbinden. Das ist für mich wahre Ornithologie. Und Vögel, das ist das Tolle, sind für alle zugänglich, und sie sind wundervoll.

Nach dem Treffen mit Nell besuchen wir Bim und Mohammed. Ein sansibarisches Paar mittleren Alters, das den *Zala Parc* betreibt und Schulklassen empfängt, um ihnen die Natur nahezubringen, die sie umgibt. Der *Zala Parc* besteht aus einigen Terrarien neben einem verfallenden Haus und einem großen geschützten Wald. Das Waldstück grenzt an einen Meeresarm mit vielen Mangroveninseln. Bim und Mohammed wohnen in dem Dorf, das am Waldrand liegt. Sie hätten nichts dagegen, mehr internationalen Besuch zu empfangen*, erzählen sie, aber sie hätten keine Mittel für Marketing oder was es dafür noch brauche. Ich nicke und blicke mich um. Alles wirkt auf mich etwas improvisiert, spontan ermöglicht. Auch der Ablauf des Tages. Nichts ist durchgeplant oder vollzieht sich wie bei anderen touristischen Ausflügen der Insel nach Muster A oder B. Der für Unguja berühmte *Jozani Forest* ist nicht weit vom *Zala Parc* entfernt. Er ist fest im Tourismus verankert und wird gut besucht.

Das Dorf von Bim und Mohammed ist eingebettet in tropisches Grün und besteht aus einigen Stein- und vielen Palmblatthäusern auf rotem Erdgrund. Bim führt mich zu einem der Terrarien, aber die Schlange darin will ich doch nicht näher betrachten, das rund eingefasste Steinzuhause hat keine Dachabdeckung. Margarete aus Polen ist auch bei dem Besuch dabei, sie interessiert sich für die Heilpflanzen des Waldes. Und wir möchten die Vögel sehen, die zum Übernachten in der Dämmerung in die Mangroven fliegen. Wir laufen auf einem Trampelpfad durch das üppige Grün, passieren ein auf Stelzen gebautes Palmblatthaus, in dem Gäste gerne übernachten dürfen, und ich sehe von seiner Veranda aus ein buckliges Tier mit Fell durch das Unterholz davoneilen. Nie gesehen. Was das wohl war? Überhaupt, wir sind umgeben von Tiergeräuschen. Wer hier übernachtet, braucht im Hinblick auf die tropische Tier- vor allem Insektenvielfalt starke Nerven. Auf dem weiteren Weg halten wir an Bäumen und Sträuchern an, die Mohammed und Bim uns vorstellen, und später kommen uns zwei Frauen entgegen, eine sehr alte und eine jüngere, die eine Schaumstoffmatte trägt. Es wird stehengeblieben, nach dem Befinden gefragt, freundliche Worte werden gewechselt. Die beiden Frauen gehen weiter und ich blicke ihnen nach. Die jüngere ist unter dem Schaumstoff verschwunden, die ältere trägt ein ausgeblichenes buntes Blumenkleid mit gelbem Gürtel, ein rotes um den Kopf geschlungenes Tuch und zwei Holzstöcke in den Händen zum Abstützen. Sie läuft auf baren Füßen durch den Wald. Mohammed stemmt die Hände in die Hüften, das ist die Hebamme unserer Region, sagt er, sie ist sehr alt und hochgeachtet. Wir erreichen den Meeresarm und steigen nach einigem Hin und Her umständlich in zwei hölzerne Kanus. Es ist spät geworden und die Sonne steht bereits tief. Ihr fahren wir nun auf dem spiegelnden Wasser entgegen. Hinter mir sitzt Bim, die nicht schwimmen kann, vor mir meine Reisegefährtin mit einem der beiden Paddel. Über einer Mangroveninsel fliegen Segler. Ich packe das Fernglas aus und folge ihrem schnellen Flug. Doch die Bewegungen des Flugbeobachtens bringen das wackelige Wassergefährt fast zum Kentern. Bim packt mich am Arm. Ich stecke das Fernglas schnell wieder ein. Unser Ziel heute sind nicht die Segler. Es sind die Mangroven, in denen viele Vögel übernachten. Wir werden von der Röte der tief stehenden Sonne angeleuchtet. Die beiden Paddel tauchen gleichmäßig im Wasser ein, schieben das Kanu mit uns darin kraftvoll an. Der Meeresarm ist wie ein See, ruhig und weit. Am Horizont ragen Silhouetten von Palmen aus scheinbar undurchdringbarem Grün, es ist sehr still. Das Eintauchen der Paddel im Wasser, das Plätschern des Wassers am Kanu, und manchmal sagt jemand etwas, zeigt auf einen markanten Baum am Ufer, auf einen vorbeifliegenden Vogel. In der Ferne die Ansammlung der Inseln und hier, in der Meeresarmmitte, die gleichmäßige Fortbewegung.

Als die Sonne fast das Wasser berührt, erreichen wir das Ufer der ersten Mangroven, lassen die Paddel ruhen und warten. Die Sonne sinkt. Die Mangrovengewächse haben freiliegende Wurzeln, die ins Wasser ragen, als trügen sie zu kurze Hosen. Wurzeln, die Ebbe und Flut gewohnt sind und problemlos im Salzwasser gründen und wachsen können. Da. Vögel. Plötzlich sind sehr viele Vögel über uns. Sie kommen von überall her und fliegen mit hohen Rufen in die Mangroven hinein. Es sind hunderte Madagaskarspinte. Ein grüner Kopf, ein grüner Körper, Rot am Hals und an der Kehle. Die Flügel sind ausgebreitet, haben die dreiecksähnliche Form wie bei fliegenden Staren, aber größer. Dazu die markanten Rufe. Immer mehr

Vögel kommen hinzu wie aus dem Nichts. Erscheinen, kurven, rufen und verschwinden im Grün. Die Vögel haben die Szenerie übernommen, gerade noch waren es das Wasser und das Licht, jetzt sind es der Himmel, die Mangroven, die Vögel. Als wären wir in einer anderen Welt, an einem anderen Ort, einem Vogelort. Mohammed auf dem zweiten Kanu macht ein Zeichen und paddelt hinein in die Inseln, in das schmale Wasser zwischen ihnen. Das Rufen der Spinte, das abnehmende Licht, die gleitenden Kanus. Und mit einem Mal erfüllt ein Rauschen die Luft. Sehr große Schwärme von gelben kleinen Vögeln fliegen neben uns auf, über uns hinweg, wechseln die Schlaforte, die sie schon gefunden hatten oder gerade anfliegen wollten. Die Luft rauscht hier, dann rauscht sie da, hunderte luftbewegende Flügel. Ein Schwarm über uns wendet die Richtung, eine Welle geht durch ihn durch, er teilt sich auf in zwei Schwärme und vereint sich wieder. Niemals stoßen zwei Vögel, obwohl sie so eng beisammen fliegen, aneinander. Uns entfahren Laute des Staunens, unwillkürlich. Gelbvogelwolken rauschen über uns, rufende Gründreiecksflugvögel darüber. Dann öffnet sich der schmale Wasserweg wieder, wir fahren in die Weite des Meeresarms und in die tiefer werdende Dämmerung hinein, entfernen uns von den Vogelschlafplätzen. Reiher, dunkle und weiße, kommen als Gäste im letzten Licht zu den Inseln geflogen, in kleinen Gruppen, nicht weit entfernt, nicht sehr hoch, immer wieder fliegen welche an uns vorbei. Die Umrisse der Inseln, die wir zurücklassen, sind vor dem Hintergrund eines gerade noch hellen Himmels deutlich zu sehen. Die Anlegestelle, von der aus wir losfuhren, weit entfernt, versinkt in der beginnenden Nacht. Wir reden nicht, Paddel stoßen ins Nass, die Dunkelheit nimmt uns auf.

Die Tage gehen ins Land, kein Regen in Sicht. Auch keine Mauersegler. Die Palmen- und die Haussegler umfliegen das Dach des hohen Hotels, die Hitze ist drückend und allgegenwärtig. Ab 28 Grad, im Zimmer, mit Hilfe der Klimaanlage, verschwindet die Watte im Kopf. Ob Long Covid schuld ist an der Langsamkeit? Oder die Tropen? Ich entscheide mich für die Tropen, das schiebt die Gedanken an Krankheit fort. Als der Regen kommt, endlich, sind wir in den Gassen unterwegs. Nur ein schmaler Spalt Himmel über uns. Der sich öffnet mit einem Mal, über einer brach liegenden Fläche mit Schutt. Hier hat mal ein Haus gestanden, wurde abgerissen oder ist eingestürzt. Auf einem der Steinschutthaufen sitzt ein Junge mit Käppi und blickt die Gassen hinauf und hinunter, als erwarte er wen. Über ihm türmen sich Wolken auf, dunkle Wolken, nicht helle, das ist neu. Jetzt aber schnell. Im Laufschritt suchen wir das Hotel, das einen Aussichtspunkt hat, eine Dachterrasse, ein Luxushotel, egal. Wo war es noch mal? Links herum, rechts, geradeaus. An einer Ecke beim Fort. Ach ja, hier. Uns wird der Weg nach oben gewiesen, schon stehen wir über den Dächern. Am Terrassenende speisen Menschen an festlich gedeckten Tischen, wir stehen an der Umkleide für den Pool. Eine graue Wolkenwand in der Ferne, perfekt. Ein Blitz am Horizont über den DDR-Bauten, ein Kirchturm, viele Minarette, viele Mobilfunktürme. Auf der anderen Seite die baustellenverhangene Wand des *Houses of Wonders,* das alte Fort, das Meer, einige Boote, ein Tankschiff, eine Insel im Meer mit weißem Strand. Um die Terrasse herum viele Dachterrassen und Dächer mit Antennen und schwarzen Wasserbehältern, Wellblech in vielen Farben, wehende Gardinen.

Die Wolkenwand kommt näher, sie kommt vom Meer. Die Muezzins beginnen zu rufen aus allen möglichen Richtungen. Was wir trinken möchten, fragt ein weiß Bekleideter. Trinken? Ach so, ja, eine Cola, vielen Dank. Wir suchen konzentriert den Himmel ab – warum liegt das Fernglas zu Hause? – und sehen dann eine Gruppe von Seglern, aber welcher? Sie scheinen mit den Böen zu fliegen, schnellen nach unten, werden vom Wind wieder hochgehoben, mal auf dieser, mal auf jener Hausseite. Verlieren wir sie aus dem Blick, sind sie fort, so schnell ist ihr Flug. Am Horizont sind Blitze, ein paar Tropfen Regen. Und Palmensegler, die aus dem Fort aufsteigen, und auch zwei, die sind anders, die fliegen ruhig und hoch, segeln auf dem Wind und kommen näher. Gleich können wir sie besser sehen, gleich. Sichelflügel? Ja. Gegabelter Schwanz?

Auch. Langspitz im Flug? Nein. Ob es höhengezähmte Palmensegler sind? Nein, sie sehen sehr mauerseglig aus. Meine Reisegefährtin hat den Kopf in den Nacken gelegt, blickt in den Himmel und flüstert, ich glaube, das ist gleich der Augenblick, für den wir die weite Reise antraten. Gleich sehen wir die Mauersegler. Präg ihn dir ein, diesen Moment! Ich halte die Luft an, die Segler am Himmel fliegen weiter auf uns zu, ich nicke. Aber was ist das? Ein mit Plastikplanen behangenes Baugerüst schiebt sich vor uns, zwei Arbeiter in blauen Kitteln setzen es ab und grüßen uns freundlich. Sie wundern sich über die beiden Frauen neben den zwei Flaschen Cola, von denen noch kein Schluck getrunken wurde. Dass die Frauen sie so ungläubig anschauen, nicht grüßen und hektisch um das Gerüst herumeilen. Konzentriert in den Himmel schauen, was gibt es denn dort zu sehen? Dann mit den Achseln zucken und fluchen. Zurückkommen, dann doch grüßen, die Cola trinken, abwechselnd den Kopf schütteln und leise lachen. Was sie nur haben? Die Arbeiter heben das schwere Gerüst erneut an und tragen es weiter. Eine Wolkenwand schiebt sich an Stonetown vorbei. Die Blitze entfernen sich, sind dann nicht mehr zu sehen. Durch den Himmel ziehen weiße Wolken, aufgetürmt, in blitzblankem, leuchthellem Blau.

Vierundzwanzig | Pemba, Makangale

Die Insel Pemba liegt 40 Kilometer nordöstlich von Unguja im Meer und 60 Kilometer vom tansanischen Festland entfernt. Die Festlandhafenstadt, die der Insel gegenüberliegt, heißt Tanga. Sie ist die letzte größere Stadt im Nordosten Tansanias vor der Landesgrenze zu Kenia. Das Meer um Pemba herum ist tief. Die Fähre aus Stonetown verlässt ihren Westküstenhafen für die sechs- bis achtstündige Fahrt sehr früh am Morgen, schippert gemütlich die Inselküste hinauf und beginnt, nachdem sie die Inselspitze hinter sich gelassen hat, windausgesetzt im freien Meer, über tiefem Seegraben, bedenklich zu schaukeln. Die Fähre ist voller Menschen. Auch der Kai war voller Menschen. Einen Platz für die Fahrt zu ergattern war harte Arbeit für alle. Es bedeutete, lange vor Sonnenaufgang aufzustehen und lange in Warteschlangen am Hafen anzustehen. Wer mehr Geld bezahlt, darf drinnen sitzen und wird von abgekühlter Luft umgeben und von Wandbildschirmen und Digitalgeräten der Mitfahrenden beschallt.

Jeder Meter Boden der Fähre ist nach Abfahrt belegt, auch von uns, niemand trägt eine Maske, außer uns, und alle auf der Fähre sind Schwarz, außer uns. Alle Frauen tragen ein Tuch auf dem Kopf, außer uns. Gefühlt starren uns alle beim Einstieg an. Außer uns? Vielleicht starren auch wir. Im Reiseführer und in Gesprächen mit anderen Reisenden hieß es, Pemba sei kritisch gegenüber Tourismus. Der bringe eine dekadente westliche Welt, Drogen und Prostitution. Eine Handvoll Luxus-Resorts auf der Insel empfängt Reisende. Solche, die mit dem Flugzeug ankommen und für den Rest der Ferien in der Urlaubsanlage verschwinden. Kleinere Unterkünfte gibt es kaum. Backpacker sind unerwünscht. Umtriebig und trinkfest, wie sie gelten, nicht so leicht ferienanlageneinhegbar. Viele Menschen auf Pemba lehnen die Auswüchse von Tourismus, die sie als Saisonarbeitende auf Unguja gesehen haben, als ihrer Kultur fremd, ab. Die lokale Unterkunft aus dem Netz lud dennoch herzlich ein und Abdul sagte, fahrt da hin, Pemba ist entspannt und längst nicht mehr so tourismuskritisch wie früher. Dazu das Kreuz auf der Doktorandenkarte, die Entscheidung fiel.

Die Wandbildschirme der Fähre beschallen uns Reisende mit der Litanei von verhüllten, betenden Männern in Mekka. Eine Kindheitserinnerung taucht in mir auf: Der sonntäglich lautstarke Gottesdienst aus dem Radio, wenn wir die Kirche nicht analog besuchten. Auch die sich auf der Fähre anschließende Predigt aus Mekka ähnelt dem Predigtsingsang meiner frühen evangelischen Sonntagswelt. Ich mutmaße und – 20 Minuten später – schlussfolgere: Es gibt ihn. Den religionsübergreifenden Ernstheiligkeitstonfall zweier monotheistischer Weltreligionen. Als die Inselnordspitze in Sicht kommt, ist die Eindringlichkeit des Bildschirmpredigers am intensivsten, der Schlummer der auf dem Boden Nickerchen haltenden Menschen am tiefsten, und die Papiere ihrer Picknickpakete am leersten. Die Mitreisenden haben, so scheint es, vergessen, dass wir, vormals fremd, auch noch da sind, und die nicht schlafenden Kinder stellen mit ihrem Schreien den engagierten Bildschirmprediger in alle Dringlichkeitsschatten. Die Fähre passiert die Inselspitze und das Bildschirmprogramm wechselt. Der Anblick des pittoresken, weißen Küstenstrands am Horizont wird von Schwertklingen-Getöse, Feuersturm-Geschrei und Meeresungeheuer-Fauchen eines japanischen Action-Films untermalt. Der Film läuft im Originalton im Hintergrund, während der Erzähler auf Swahili zusammenfasst, was passiert und bei besonders brutalen Szenen laut »juuuuhu« oder »huiiii« ausruft.

Der Seegang wird nach einer Stunde wieder ruhiger. Die Menschen werden unruhiger. Die Ankunft naht. Mohamed holt uns von der Fähre ab. Die Fahrt im Auto von der Südwestküstenhafenstadt *Mkoani* bis an die Inselspitze *Kigomasha* dauert vier bis fünf Stunden. Es gibt kaum Verkehr, aber viele Verkehrskontrollen – weiße Uniformen, strenge Gesichter. Pemba ist hügelig und sehr grün. Kleine Holzhäuser stehen entlang der sich auf- und abwindenden Straße auf rotem Erdgrund zwischen grünüppigen Bananenstauden, und Palmen sind überall zu sehen. Manches Mal öffnet sich die dichte tropische Vegetation zu landwirtschaftlichen Feldern, auf denen in langen Reihen Maniok, Süßkartoffeln und Erdnüsse wachsen, daneben Nelkenbäume und grasende Höckerkühe. Die Höckerkühe sind hellbraun oder schwarz, haben deutlich hervorstehende Hüftknochen und einen Höcker auf dem Rücken und neben sich einen mittelgroßen weißen Vogel sitzen, einen Kuhreiher, der ab und an die Parasiten aus ihrem Fell herauspickt. Die Asphaltstraße endet am Zugang zur Halbinsel *Kigomasha,* die wie ein Finger ins nordwestliche Küstenmeer hineinragt. Die Piste führt durch das geschützte Waldreservat *Ngezi Forest.* Man fährt durch hohes, schattiges Grün wie durch einen Tunnel, und ein Affe rennt vor dem Wagen schnell noch über den Weg. Hinter dem Wald passiert die Straße Dörfer, die den zusammenfassenden Namen Makangale tragen.

Das Auto schaukelt an kleinen Holzhäusern vorbei, auf deren Palmwedeldächern die Wäsche trocknet, an Lehm- und Steinhäusern mit Wellblechdächern, rostige, silberne oder in Blau, an angefangenen Hausfundamenten und Moscheen mit dem obligatorischen Turm und den Flaggen Omans und Sansibars. Der Wagen kommt an Läden vorbei – Plastikbehälter mit Süßigkeiten auf dem Tresen, gefüllte Wandregale und Getreidesäcke auf dem Boden –, fährt an Holzauslagen am Straßenrand vorbei, auf denen Tomaten und Paprikas liegen, an Erdnussfeldern und Palmen, zwei Schulen, zwei Hallenkirchen und unzähligen Hühnern und Küken, die beim Näherkommen des Wagens wild auseinanderstieben. Am Ende der Piste biegt das Auto in ein grünes Gelände ein, das drei Steinhütten für Tourist:innen hat, einen überdachten Restaurantplatz im sonst zugewachsenen Freien, einen Mobilfunkturm und einen brummenden Elektro-Trafo. Der kurze Weg zum Strand ist ein Trampelpfad neben einer langgezogenen Resort-Mauer, auf der Glasscherben das Überklettern verhindern sollen. Der Strand selber gehört den Fischern und ihren Booten, der Fußball spielenden männlichen Jugend, dem Resort, das in Sichtweite ein Unterwasserhotelzimmer betreibt, und den anderen Resorts, die zum Süden hin wie Ufos an den Strandbuchten gelandet und kaum besucht sind. Vor allem aber gehört er der Hitze der Tropentage, den unzähligen Strandkrebsen, die ein Labyrinth aus Gängen in den Sand gebuddelt haben, dem Türkis des Wassers des Indischen Ozeans und abends dem Vielfarbenlicht einer im Meer untergehenden Sonne. Der Kontakt zu den Bewohner:innen ist schwierig, selbst der Kontakt zum Personal der Unterkunft ist nicht leicht, die 100 Wörter Swahili sind viel wert. Die Unsicherheit der fehlenden gemeinsamen Sprache birgt die Möglichkeit schneller Irritation. Jugendliche am Meer äffen einen nach oder kichern hinter dem Rücken, Kinder im Dorf rennen lautstark *Hello* und *Jambo* rufend zusammen und fragen nach Stiften, Süßigkeiten und Dollar. Erwachsene suchen den Kontakt erst einmal nicht. Das fehlende Englisch, das fehlende Swahili. Wir fragen uns, sind wir willkommen? Stören wir? Es gäbe viele Gründe dafür, keine Frage. Reisen wir wieder ab?

Die Vegetation der Unterkunft und den Weg zum Strand bewohnen Geckos, Tausendfüßler, Grillen und andere Insekten, Grüne Mambas, auffallend große Fledermäuse und *Bush Babies,* Galagos, nachtaktive Feuchtnasenaffen mit großen Augen und großen Ohren. Die Grünen Mambas sind sehr giftig, aber nicht angriffslustig, die *Bush Babies* in der Dunkelheit unüberhörbar, aber selten zu sehen und die Fledermäuse in der Dämmerung nicht leicht zu bestimmen. Könnten es die für Pemba berühmten Flughunde sein? Die Nacht ist voller Sterne und voller Geräusche. Am Tag fliegt der afrikanische Paradiesschnäpper seinen Weg über das Gelände, der türkis-blau-violette, metallisch schimmernde Pemba Veilchenbrust-Nektarvogel ebenso, viele Madagaskarspinte und einige Braunkopf-Zwergfischer. Kuckucke rufen versteckt aus höheren Bäumen heraus. Einer wird Regenvogel genannt, da er vor allem vor dem Regen rufe. Ein Braunkopf-Zwergfischer hat seinen Schlaf-Ast neben der Hütte. Er kommt jeden Abend zum Schlafen vorbei und verbringt auf diesem einen, immerzu selben Ast seine Nacht. Der afrikanische Paradiesschnäpper zeigt im Flug seine Brust, metallisch blau, und seinen Schweif, fuchsrot. Der Schweif ist zwei Mal so lang wie sein Körper.

Auf Swahili heißt der Paradiesschnäpper *Chechele.* Er wird von den Menschen nicht angerührt, da ein Sprichwort besagt: Mehr wert als sein Fleisch ist sein Schweif.

Die Nordwestspitze Pembas ist die ärmste Gegend der beiden Inseln von Sansibar. Das Dorf, das uns umgibt, hat wenig Wasser und nur manchmal Strom. Strom gibt es auf Pemba verlässlich seit 2010. Ein Unterseekabel wurde in 875 Metern Tiefe nach Tanga verlegt. Das Wasser des Dorfes wird in gelben Kanistern herbeigeschafft. Auf Holzkarren, die von Ochsen gezogen werden, oder seitlich am Gepäckträger von Fahrrädern befestigt, auf den Fußstützen von Mofas abgestellt oder auf der Ladefläche von kleinen Lieferwagen. Man sieht Jugendliche und Erwachsene, die Wasserkanister transportieren, man sieht die gelben Plastikgefäße zum Befüllen an öffentlichen Wasserhähnen im Dorf nebeneinanderstehen. Fällt der Strom aus, fällt in der Unterkunft das fließende Wasser aus, es wird aus einem schwarzen Tonnenbehälter elektrisch in die Hütten gepumpt. Wir behelfen uns mit den Kanistern, in ihnen schwimmen Kleinstlebewesen durch Kontraktionen ihres ganzen Körpers. Ich lese im Netzlexikon, dass drei Viertel der Haushalte der Region ihr Trinkwasser abkochen würden und etwa dreißig Prozent Filter benutze. Die Alphabetisierungsrate der Gegend sei niedrig. 2012 lag sie bei 54 Prozent. Englisch sei kaum verbreitet. Ein Klassenzimmer in der Grundschule, so die Angaben des Artikels weiter, teilen sich 99 Schüler:innen, unterrichtet wird in zwei Schichten, am Vor- und am Nachmittag. 47 Schüler:innen teilen sich ein Klassenzimmer an weiterführenden Schulen. Nur wenige Mädchen besuchen die höhere Schule. Die traditionellen Geschlechterrollen sind sehr ausgeprägt. Neun von zehn Menschen leben von der Landwirtschaft, vom Anbau von Gewürznelken, Erdnüssen und Gemüse. Viele halten Nutztiere, Geflügel, Ziegen und Rinder. Andere gehen fischen oder pflanzen Seetang an, betreiben eine Teestube, eine Snack-Bar, einen Laden.

Die drei Steinhütten für die Gäste sind zum Ende der Woche hin belegt, Mohamed stellt zusätzlich ein Zelt auf. Ein kenianisches Paar zieht ein, Miriam und Jomo. Miriam trägt ein langes Kleid mit Ärmeln bis über die Ellenbogen. Das trage ich normalerweise nicht, sagt sie, aber man gab mir zu verstehen, dass meine Shorts und mein Top hier nicht hingehören. Sie zuckt mit den Schultern. Ihre Haare sind kurz geschnitten und blond gefärbt. Miriam und Jomo sind Anfang 30 und leben in der Hauptstadt Kenias, Nairobi. Sie sind mit der Fähre von Tanga gekommen, für ein verlängertes Wochenende. Warum sie gerade auf Pemba Urlaub machen, frage ich, und Miriam kommt ins Schwärmen. Die Menschen hier seien so »menschlich«, so »unverdorben«, so »brüderlich« miteinander. Diese Welt hier sei arm. Das habe die Menschen noch nicht korrumpiert. Nicht so wie bei uns in Kenia, fügt sie hinzu, das Leben hier ist viel »natürlicher« und »friedlich«, findest du nicht? Ich runzele die Stirn, hinter der meine Vorurteile Yoga machen. Ist das Romantisierung von Armut, made in Tansanias Nachbarland? Höchste Zeit, meinen dürftigen Deutsch-Tellerrand-Beschränktheits-Blick-auf-Ostafrika zu erweitern. Jomo unterbricht uns, bevor mir eine Antwort eingefallen ist. Seht mal, sagt er, eine Grüne Mamba. Er winkt uns an einen Baum heran, auf dem auf Augenhöhe auf einem Ast eine giftgrüne Schlange seelenruhig eine Eidechse verspeist.

Der Leuchtturm an der Spitze der Halbinsel ist aus Eisen gefertigt und über 100 Jahre alt. Der Ort wirkt trostlos, aber das ändert Ali Juma, der Leuchtturmwärter, ein freundlicher Mensch, Mitte 40. Wir folgen ihm eine enge Treppe auf die Plattform hinauf, die den Blick auf den Inselfinger in alle Richtungen freigibt. Grün in vielen Farbtönen, dazwischen einzelne Dächer, darüber der Himmel mit zusammengeballten Wolken, und, um alles herum, das traumblaue sansibarische Meer. Im Norden das Ende der Spitze der Insel, seichte Brandung und eine Schar Möwen, die auf einer Sandbank eng beieinandersitzen. Ali Juma beginnt. Er hält einen Vortrag über den eigenwilligen Turm auf Englisch, und dann, Wort für Wort auswendig gelernt, auf Spanisch, Französisch und Deutsch. Er weiß nicht genau, was die Worte besagen, die er herunterbetet, und gerade die technischen Details wirken aus seinem deutschunkundigen Mund kurios: Laternenkuppel, Reflektorspiegel, Mineralölbrenner. Sein Auftritt sitzt und seine Augen blitzen vor Freude über die unsrige.

Am Eingang des *Ngezi Forest* plaudern drei Männer in grüner Arbeitsuniform unter einem hölzernen Unterstand und warten auf waldbesuchsfreudige Kundschaft. Die schönste Quittung der Reise wird hier kunstvoll beschrieben und ausgestellt, dann beginnt der Vortrag unter einem Dach. Drei Stühle und eine Stellwand mit von Plastikfolie überzogenen Bildern und Beschreibungen des Hier-zu-Sehenden. Der Ranger und Naturführer Mihayo Ususu Kihemela erklärt in einem Singsang, der verrät, dass er dies schon oft getan hat, die Daten des Ortes und seine Sehenswürdigkeiten: Dies ist Pembas ursprünglicher Wald, 1476 Hektar groß, das sind 14,76 Quadratkilometer, 1950 zum Reservat erklärt. Der andere Wald, er macht eine abschneidende Handbewegung, musste dem Nelkenanbau weichen. Sie können eine kurze oder eine lange Wanderung machen. Mit etwas Glück sehen Sie dabei die endemischen, nur hier auf Pemba vorkommenden Tierarten, den Pemba Flughund, auf Swahili *Popo wa Pemba,* den Affen *Green Monkey,* Südliche Grünmeerkatze, auf Swahili *Tumbili,* den Pemba Brillenvogel, *Manja* genannt, den Pemba *Sunbird,* Veilchenbrust-Nektarvogel, *Chozi Mwalimu,* und die Pemba Grüntaube, *Ninga.* Auch den endemischen Schmetterling Goldstreifenförster können Sie antreffen, aber für die Pemba Zwergeule, *Kihodi,* müssen Sie eine Nachtwanderung buchen. Wir nicken.

Dann geht es los. Ein Gang durch schattiges Gründickicht, genauer gesagt durch Traubendorn, Topffruchtbaum-, Bittereschen- und Maulbeergewächse, wie dem *Milicia* Baum, *Mvule* auf Swahili, auf Englisch *African Teak,* sehr hoher Wuchs, sehr hartes Holz, erklärt Mihayo sowie unter Lederhülsen-, Upasbäumen und Goldfruchtpalmen entlang, in denen Affen klettern, Grillen brüllend zirpen und Weißbrauenkuckucke gemütlich herumsitzen. Ich frage Mihayo nach den Mauerseglern, zeige ihm Bilder aus dem Buch *Birds of Eastern Africa* und er nickt. Er habe da eine Idee, das wäre aber eine andere

Wanderung, ob ich auch morgen könne, ja klar. Ruckartig wirft er den Kopf herum, eine Bewegung in den Bäumen. Sehen Sie mal! Ach, du ahnst es nicht, schauen Sie schnell! Schnell! Die Pemba Grüntaube! Da! Da oben! Die ist endemisch! Er zeigt mit dem ausgestreckten Arm in die Bäume, redet aufgeregt weiter, dafür zahlen andere hunderte Dollar! Dass sie sie sehen. Oh, jetzt müssen Sie mehr bezahlen. Die Guide-Gebühr erhöht sich gerade. Das ist selten, dass wir sie sehen! Sehen Sie sie? Mein runder Fernglasausschnitt schiebt sich durch die Blätterkrone eines Baumes. Die Blätter bewegen sich, ein Ast schaukelt. Da ist sie. Eine Taube. Eine graublaue, oben grünlichgelbe Taube. Gelb befiederte Beine. Gelbweiße Federzeichnungen am hinteren Bauch. Weißroter Schnabel. Die Augen sehr blau.

Am nächsten Tag bringt uns das *Boda-Boda*, das Motorrad-Taxi – man nimmt auf dem Rücksitz Platz – zum Treffpunkt *Makangale Pond,* zu den Teichen des Dorfes. Der jugendliche Fahrer hat einen nach innen gewachsenen Fuß und ein verschmitztes Lächeln. Auf meinen Wunsch hin fährt er langsam, die Hühner und Küken stieben trotzdem auseinander. Die Menschen schauen und grüßen, Frauen sitzen auf plastikmüllübersäten oder akkurat gefegten Erdböden zwischen spielenden Kindern vor ihren Häusern. Aus einem Backhaus neben der Moschee, das als Treffpunkt dient, schallen Grüße älterer Männer herüber. Die Kinder lassen Reifen und Bälle liegen und laufen *jambo, jambo, hello, hello* rufend hinter uns her. Es gibt kaum Verkehr an diesem äußersten Ende der Insel, selten mal ein Auto, sonst ein paar Fahrräder und die Mofas und 125er-Motorräder der männlichen Jugend, die diese als Taxis anbieten – auch in Unguja, ein *Boda-Boda* steht immer irgendwo parat. Auf der Fahrt zum Teich stürmen uns zwei Jungen mit einem Ochsenkarren voller Wasserkanister entgegen. Sie haben das Tier zum Rennen getriezt und versuchen jetzt johlend, es noch zu lenken. Vergeblich. Der Motorradfahrer weicht scharf aus, fast stürzen wir auf den sandigen Weg.

Mihayo steht wartend am Kautschukbaumwald, wieder wird eine der schönen Quittungen ausgefüllt, dann geht es los, zu Fuß durch die Monotonie der angeritzten Nutzbaumstämme zu unserem Ziel. Ich spiele ihm den Gesang eines gestern gehörten Vogels vor, ein Mangroven-Kingfisher, sagt er, immer in Küstennähe, knallroter Schnabel, weißer Bauch, türkis-blau-schwarze Flügel. Wir erreichen eine Landschaft, die mich, Savannen-Unerfahrene, an das Klischee einer Savanne erinnert. Eine lockere Graslandschaft mit einzelnen hohen Bäumen, an einigen Stellen unbewachsene, erdangehäufte Hügelreihen, über die wir nun stapfen. Der Boden ist sand-erdig, hier und da einige Sträucher, einige borstige Kräuter, dickhalmiges Gras. Diese Landschaft umgibt die Weiher, deren Wasser tief gefallen sind und die ihre schlammigen Böden um eine pfützenhafte oder ausgedehntere seichte Teichmitte freigeben. Die Gegend ist weitläufig, das Dorf aber in der Ferne zu hören, Trommelmusik und Gesang. Eine Hochzeit, sagt Mihayo, heute ist Freitag. Ich nicke. Feiertag, Feiertagsnachmittag. Es ist sehr heiß. Eigentlich zu heiß, um unter der direkten Sonne zu sein. Wolken ziehen, ziehen sich zu, lösen sich wieder auf, ab und an gibt es Regen. Der aber kühlt die Luft nicht ab, im Gegenteil, er heizt sie auf, ein Draußen-Sauna-Aufguss-Regen. Die sonnenschutzlange Kleidung klebt mir am Körper, das Fernglas klebt in meiner Hand, und ich verfluche die geschlossenen Schuhe, Schlangen hin oder her, den bekloppten Sonnenhut, den viel zu vielen Outdoor-Plastik-Stoff auf meiner Haut.

Wir stapfen Mihayo, der T-Shirt und Schlappen trägt, hinterher. Er zeigt uns die Madagaskarspinte, ich zeige ihm den Sandregenpfeifer, er zeigt uns den Grünschenkel, meine Reisegefährtin zeigt uns zwei Austernfischer, er zeigt uns Graufischer, Kronentoko, Hagedasch und Zimtracke. *Pemba Sunbirds* hüpfen durch die Kronen von Palmen, und beständig ruft der Weißbrauenkuckuck aus den Wipfeln von Bäumen heraus, wir bekommen ihn nicht zu Gesicht. Dann laufen wir in den schlammigen Boden des ersten Tümpels hinein, schwarze Erde, braunschwarzes Wasser. Ferngläser an den Augen. Der Regen wird stärker. Die Landschaft dampft, ich dampfe. Da. Ein Segler über dem Wasser. Zwei. Welche Segler? Das könnten

Mauersegler sein. Das Herz bleibt mir kurz stehen. Ich folge ihrem Flug, sie sind schnell, sie sind fort. Wir laufen zurück an den Anfang des Tümpels, wo sie waren. Nichts. Laufen weiter. Sie sind nicht mehr da. Waren sie das?, fragt Mihayo. Ich weiß es nicht genau, sage ich. Meine Reisegefährtin sagt, ich glaube nicht. Er zuckt mit den Schultern, kommt! Wir streifen durch das hohe Gras um die Tümpel herum, wieder denke ich Savanne, kurz erschrecke ich, als ein großes Tier im Augenwinkel erscheint, eine Kuh, kein Löwe, lachen muss ich über mich. Wir erreichen einen anderen Tümpel, eine weiße Wolke hängt wie angeklebt scharf umrissen über dem Wasser. Unter ihr schreiten Zugvögel futtersuchend durchs Nass. Wir stehen auf trocken gefallenem Seeboden, kleine Muscheln unter unseren Füßen. Wieder die Ferngläser und wieder Segler. Sie fliegen tief wie Schwalben und andere etwas darüber. Ich erkenne Palmensegler und Segler, die aussehen wie Mauersegler. Zwei sind es, die auch fliegen wie Mauersegler. Die die Flughöhe haben wie Mauersegler, so wie ich sie kenne aus den Europabrutzeiten. Nur rufen tun sie nicht. Sind sie das?, flüstert Mihayo. Ich nicke zögerlich, ungläubig, andächtig. Bist du sicher?, flüstert Mihayo. Ich lasse das Fernglas sinken, suche den Himmel mit bloßem Auge ab, sage, so sicher, wie meine Erfahrung von heute es weiß, ist das sicher? Ich sehe ihn an, Mihayo lächelt über das ganze Gesicht. Er hält sich die Linsen erneut vor die Augen und folgt dem Flug der unscheinbar rußschwarzen Vögel, die einen weiten Weg gemacht haben, um hier zu sein. Wahnsinn, sagt er, was die für eine Strecke machen, und das jedes Jahr! Meine Reisegefährtin und ich wechseln uns mit dem Fernglas ab, sagen jeweils nach kurzen Pausen des Schauens, ja, tatsächlich, zwei Mauersegler, unglaublich. Sie lässt das Fernglas sinken, lacht und sieht sich um, sagt kopfschüttelnd, hier also, genau hierhin seid ihr geflogen! Und ich lächele und sage, ja, nach Pemba also, zu den Tümpeln der Dörfer einer ostafrikanischen Nordwest-Inselspitze. Ich hebe das Fernglas wieder an, folge dem eleganten Flug, an Jabari denkend, an fünfzehntausend Kilometer Vogelzug, an den Dachboden einer Kirche und an das Schlagen des Herzens des Vogels den ganzen Weg über lang.

Der *Boda-Boda*-Fahrer mit dem verschmitzten Lächeln holt uns am folgenden Tag wieder ab. Es hat geregnet. Die Wege haben große Wasserlöcher, die Hauptstraße nicht. Wir biegen ab. Die kleinen Häuser abseits der Hauptpiste sind durch Pfade miteinander verbunden und von Bananenpalmen eingerahmt. Vor einem Haus fragt der Fahrer nach dem Weg. Eine Frau, die Wäsche in zwei Eimern einweicht, richtet sich auf und zeigt mit dem Arm in die andere Richtung, wir wenden. Mihayo erwartet uns am Eingang des Grundstücks. Sein Haus hat Gelände drumherum, etwas Gras, keine Bäume, kein anderes Grün. Es hat, im Gegensatz zu vielen anderen im Dorf, Zementboden, auf den wir uns nun im ersten Raum gleich hinter dem Eingang auf eine dünne Matte setzen. Sie ist das einzige Möbelstück. Es gibt ein Fenster, das zu zwei Dritteln zugehangen ist mit Karton als Sonnenschutz. Andere Häuserfenster des Dorfes sind mit Papier, Plastik oder Fachwerklehmtechnik verklebt. Der Raum ist etwas kühler als draußen. Wir sitzen im Schneidersitz, ich klappe das Notizbuch auf, Mihayo lehnt an der Wand.

Er sagt, mein vollständiger Name ist Mihayo Ususu Kihemela. Wir duzen uns, nicht wahr? Einfach Mihayo, er streckt uns seine Hand entgegen. Meine Eltern kamen vom Festland, das 27 Regionen hat. Sie kamen aus der Gegend Mwanza am Victoria See an der Grenze zu Kenia. Ich bin 1974 auf Pemba geboren. Dieses Stück Land, auf dem mein Haus steht, ist das Land meines Vaters. Warum Pemba?, frage ich. Mihayo lächelt. Manchmal ändern wir unser Leben. Manchmal ziehen wir, wie die Vögel, die zwischen Afrika und Europa pendeln, nicht wahr? Plötzlich ist der Tag des Aufbruchs da. Mein Vater hatte kein gutes Leben. Er war nur ein Farmer. Er hat geschaut, wie er am besten überleben kann. Die Araber haben auf Pemba Plantagen angelegt. Er kam hierher, um Nelken zu pflücken und um Tintenfische zu fangen. Weißt du, ich habe zehn Kühe, ich kann zur Not immer eine Kuh verkaufen, und ich habe Arbeit. Mein Vater aber kam als Sklave nach Pemba. Es waren die kolonialen Zeiten. Alle Farmen gehörten damals den Arabern. Auf denen wurden Nelken gepflückt. Dann kam die Revolution, und die Nelkenproduktion ging in die

Hände der Bantu People über. Mein Vater konnte von da an für sich selber anbauen. Wer waren die Bantu People?, frage ich. Er zuckt mit den Schultern, sie kamen von überall her aus Ostafrika. Vom Festland, von Kenia, von den Komoren. Und vor Urzeiten vom Niger Fluss und vom Kongobecken. Mihayo steht auf und holt ein Buch, *World History Book.* Er setzt sich, blättert, sucht die Seite, die von den Bantu erzählt, liest die Abschnitte vor und zeigt uns Karten, die die Wanderbewegung der Bantu darstellen, 500 Jahre v. Chr., Wanderung nach Osten. Bantu sind keine ethnische Gruppe, liest er vor, aber sie teilen eine Sprachfamilie, über 500 Sprachen und Dialekte, heute von 200 Millionen Menschen gesprochen. Bist du Bantu?, frage ich. Wir sind alle Bantu, sagt er, wegen unserer Sprache. Neben Swahili spreche ich noch Sukuma, die Sprache der Gegend, aus der meine Eltern kommen. Hatten deine Eltern noch mehr Kinder? Nein, ich bin der einzige Sohn. Meine Mutter hatte sechs Kinder aus erster Ehe, von denen vier gestorben sind. Diese Ehe wurde getrennt. Aus der Beziehung mit meinem Vater bin ich das einzige Kind. Eine Halbschwester lebt hier im Dorf, eine lebt auf dem Festland, die besuche ich manchmal. So habe ich das Land von meinem Vater geerbt, das Haus gebaut, es ist abbezahlt, zehn Kühe gekauft, und so ist die Zeit ins Land gegangen, er lacht.

Ich sage, erinnerst du dich an früher, was du gerne gespielt hast und so? Ja klar, Fußball, was sonst? Aber das spiele ich jetzt nicht mehr. Ich mache genug Sport mit meinem Job im *Forest,* da laufe ich jeden Tag die Touren. Ich habe übrigens auch einen Sohn, er lächelt wieder. Und, frage ich, ist seine Kindheit sehr anders als deine? Er nickt, die Zeiten haben sich geändert. Damals war das Leben einfach. Jetzt ist es sehr hart. Die Preise für Lebensmittel waren niedrig. Jetzt sind sie sehr hoch. Warum ist das so?, frage ich. Mihayo zieht die Schultern hoch, warum? Was soll ich sagen? Der Lauf der Zeit? Die Veränderung der Natur? Die Regierung? Okay, ich sage, der Lauf der Zeit. 1980 hat die Schule deine Bücher gezahlt und deine Stifte, heute musst du sie selber kaufen. Früher war das Krankenhaus frei, jetzt musst du es bezahlen. Ja klar, man könnte meinen, das sei die Politik, aber ich will dir mal was sagen. Er sieht ernst aus plötzlich und spricht leiser. Kein Arbeiter spricht über Politik, du kannst nicht politisch sein als Arbeiter, es ist schwierig, an der Politik zu partizipieren, das gibt große Probleme. Seit meiner Kindheit haben sich noch andere Dinge geändert. Nicht nur die Politik, auch die Globalisierung und das Klima. Wir hatten seit einem Jahr keinen ausreichenden Regen. Eigentlich haben wir jedes Jahr zur Regenzeit viel Niederschlag, nun aber schon lange nicht mehr. Für die Landwirtschaft ist das katastrophal. Alle hier leben von der Landwirtschaft. Alle bauen ein paar Produkte an, Erdnüsse, etwas Gemüse, fertig. Kein Regen, keine Ernte. Die Zeiten sind wirklich schwer. Auch Covid-19 macht Probleme. Ich arbeite im Tourismussektor, kein Investor kommt mehr für ein Hotel, keine Reisenden. Kein Tourismus, keine Arbeit. Aber ich habe Glück, mein Job ist sicher, noch.

Ich habe mir damals Geld geliehen, um in Unguja zu studieren. Das hat sich gelohnt. Ich habe alles Mögliche studiert und alles gerne, Personalmanagement, Jura, Meeresbiologie, ich bin wissbegierig, ich will lernen, dann kann ich in dem Bereich auch arbeiten. Unguja mochte ich nicht so gern. Zwischen Unguja und Pemba liegen Welten. Unguja ist eine große Stadt geworden, viel mehr Leute als hier. Mehr Infrastruktur, eine andere Umgebung, auch mehr Aktivität, mehr Geschäftstüchtigkeit. Alles muss man in Unguja kaufen. Hier kannst du in den Wald gehen und dir Feuerholz schlagen. Hier ist das Leben einfacher. In Unguja kannst du Business machen, klar. Auf Pemba ein Geschäft zu eröffnen ist schwierig. Es gibt hier kaum Läden. Es sind zu wenige Menschen da, die etwas kaufen können. Für mich ist das Landleben besser. In der Stadt weiß man nie, ob das eigene Gehalt ausreicht. Hier aber weiß ich, dass es das tut. 20 Jahre bin ich jetzt im *Forest,* stell dir das vor, so eine lange Zeit, aber ich bin sehr gerne Ranger. Es ist ein Job, in dem du viele Menschen triffst mit vielen unterschiedlichen Kenntnissen. Manche haben Botanik studiert, andere lehren sogar Ornithologie. Ich kann im Rahmen meiner Arbeit weiter studieren, weiter lernen, das finde ich das Beste, Bildung kennt keine Grenzen. Ich würde gerne noch mehr lernen, um noch professioneller zu werden. Das andere Gute ist, ich habe ein regelmäßiges Einkommen. Dieses Haus habe ich von meinem Lohn gebaut. Ja, ich möchte es noch verbessern. Ich hätte gerne Strom im Haus und einen Fernseher, das hat noch nicht geklappt. Weißt du, in Afrika kann das Leben sehr gut sein. Aber die Gehälter sind niedrig. 150 Dollar im Monat sind nicht viel, wenn du Kinder in der Schule hast, Essen und medizinische Behandlungen selber bezahlen musst. Er schweigt und schaut nachdenklich auf das Muster der Matte.

Dann zeigt er mit der Hand Richtung Piste, auf der wir gekommen sind. Da drüben, gar nicht so weit, liegt der Strom. Eines Tages lege ich ihn ins Haus. Um Sport zu gucken, Fußballspiele und die Nachrichten aus anderen Ländern. Es ist sehr wichtig, aus anderen Teilen der Welt etwas mitzubekommen, das macht den Kopf auf und hält das Denken wach. Im Dorf gibt es einen Fernseher, mein Kind geht manchmal zum Schauen dahin. Wasser habe ich schon direkt im Haus, das war mir wichtig. Du weißt, dass der Dorfteil, in dem du untergekommen bist, Probleme mit dem Wasser hat? Dort sind einige Hotels, die verbrauchen viel davon. Im Süden von *Kigomasha* gibt es noch eine Gegend ohne Wasser. Da sind keine Hotels. Das Problem ist fehlender Druck in der Leitung. Meine Meinung zu Tourismus? Die Ängste im Dorf sind weiterhin da. Dass Tourismus die Kultur verändert. Haben die Hotels das Dorf verändert? Ich weiß es nicht. Ich denke, die Hotels sind gut. Sie bringen Arbeit. Fortschritt. Die *Boda-Boda*-Fahrer haben gut zu tun, sie bringen die Bauarbeiter aus der Stadt hierher. In Unguja gibt es zu viele Probleme mit dem Tourismus. Drogen, Prostitution. Hier auf Pemba nicht. Es gibt nur fünf Hotels in der Gegend, das ist nicht viel. Ich nicke und sage, ich möchte dein Dorf im Buch beschreiben, wie würdest du das tun? Was würdest du sagen, was ist das für ein Dorf, in dem du lebst? Er nickt nachdenklich, so, hm. Eigentlich ist mein Dorf ein Slum. Viele Menschen sind sehr arm. Es gibt keine Jobs, keine Aktivität. Kein Regen, kein Maniok. Wir ernten Seegras hier. Es sind 27 oder 28 Tage zwischen Anpflanzen und Ernten, dann Trocknen und Verkaufen und von dem Geld Essen kaufen. Das ist kein gutes Leben. Aber mein Dorf ist ein gutes Dorf, es ist warm und gastfreundlich. Er lächelt. Ich frage, was sind die größten Sorgen der Menschen hier? Er überlegt. Es gibt keine Jobs, hier sind alle Farmer oder Fischer. Alles Kultivieren hängt am Regen, der Regen hängt am Klima, das Klima an der Globalisierung. Es gibt keine Bildung für andere Aufgabenfelder, für Business zum Beispiel, Mihayo zuckt mit den Schultern. Ich frage, was sind deine Wünsche für die Zukunft? Er denkt nach, gibt sich dann einen Ruck. Manchmal würde ich gerne mein Leben ändern. Alles ganz anders machen. Ich bin hier geboren, bin hier angestellt, verdiene hier Geld, habe geheiratet. Wie wäre es, einmal alles komplett auf den Kopf zu stellen? Weggehen und ein Business eröffnen. Irgendwas. Handel von einem anderen Land zu einem anderen. Noch unterstütze ich meinen Sohn finanziell, er studiert, aber danach. Geld müsste ich auftreiben, mein Job bringt nicht genug Kapital. Ein paar Jahre aussetzen wäre nicht das Problem, ein Antrag, Begründung Business, fünf Jahre frei. Ich sage, ich weiß nicht, ob ich das könnte, alles radikal anders? Ich auch nicht, sagt Mihayo, aber es reizt mich irgendwie. Und wenn du hier bliebest, was wären die Wünsche dann?, frage ich. Ein guter Guide zu sein. Geld fürs Studieren zu haben, um ein sehr professioneller Naturführer zu sein. Okay, sage ich, hast du noch eine Nachricht an die Menschen, die das Buch lesen werden? Ja. Besucht Pemba! Pemba ist eine kleine Insel. Kommt, um euch an der Schönheit unserer Natur zu erfreuen.

Mihayo winkt uns, die wir auf dem Motorrad davonfahren, hinterher. Nachdenklich sitze ich auf dem Rücksitz, *hello hello, jambo, jambo,* nachdenklich komme ich bei der Unterkunft an, schreibe trotz Mücken vor der Steinhütte noch lange Mihayos Gedanken auf. Die Tage vergehen. Eine Schlange springt von einer Palme knapp an mir vorbei ins Gras. Ein behaarter Arm von welchem Tier auch immer greift beim Abendessen an meiner Schulter vorbei Richtung Teller. Ein Mädchen in Schuluniform sagt beim Gang durchs Dorf zu mir, *give me a kiss, man.*

Das Pärchen in der Steinhütte nebenan wird beklaut, Geld und Papiere, sie können nicht abreisen. Strom und Wasser fallen aus und kommen nicht wieder. Der Kontakt zu den Menschen, die die Unterkunft betreiben, bleibt schwierig. Zeit zu gehen, für uns, unsere Entscheidung. Unsere Papiere, unsere Mittel lassen das zu, unsere Privilegien.

Zwei *weiße* Frauen sitzen auf zwei Motorrädern hinten drauf und werden Richtung Stadt gefahren. Die Reifen hinterlassen Spuren im Sand. Ein Rucksack ist jeweils auf dem Sitz mit befestigt. Sie werden sich ein Zimmer nehmen, auf dem Weg, irgendwo. Sie werden eine Fähre nehmen und später, irgendwann, ein Flugzeug, und davonfliegen wie ein Vogel, von den Tümpeln der Dörfer der Inselspitze in eine ferne, andere Welt.

FÜNFUNDZWANZIG | BAGAMOYO, KAOLE

Bagamoyo ist eine kleine Stadt an der Ostküste Tansanias, ein verschlafener Fischerort am Meer gegenüber den Inseln von Sansibar. Einstöckige bunte Häuser säumen die verkehrsarmen Straßen und hier und da stehen die mehrstöckigen Balustradenhäuser der ehemaligen reichen Händler und verfallene Kolonialbauten aus der Zeit der deutschen Besatzung. An manchen Wohnhäusern gibt es ähnlich prunkvolle Türen wie auf Sansibar, massiv, geschnitzt, verwitternd. Bei meinem Gang durch den Ort ist der Asphalt der Straßen aufgeheizt und der Sand auf dem Weg runter zum Fischmarkt am Meer glühend heiß unter den Schuhen. Es ist kein Markttag, die Verkaufsbuden stehen träge unter der brennenden Sonne, Fischabfallgeruch liegt in der Luft. Dahinter erstreckt sich die Welt von Ebbe und Flut, ein prächtiger Strand, Sand und Weite. Auf diesen Strand tragen die Wellen in ihrer Regelmäßigkeit Plastikflaschen (Plastiktüten sind seit 2019 in Tansania verboten) und anderen Müll heran, der nun, ausgeblichen von Sonne und Salz, den einstmals höchsten Spülsaumrand markiert. Die traditionellen, hölzernen Fischer- und Dhau-Boote liegen in Sichtweite und werden hier von Hand gebaut: Über den Bootsbauplatz ist in drei Metern Höhe eine Plastikplane gespannt, darunter liegen zusammengezimmerte Bretter, die bald Schiffsplanken sein werden. Von diesem Stück Strand aus brechen die Boote für den Fischfang auf, von vielen Händen über den Ebbeschlick aufs Wasser gezogen. Die kleinen Boote mit seitlichen hölzernen Abstützarmen für nur eine Person und die größeren mit, später auf offener See, beeindruckend vielen Segeln. Eins dieser Segelboote nähert sich nach getaner Arbeit dem Strand und wird von einer Menschenmenge vor den Fischmarktständen erwartet, die den schon sichtnahen frischen Fang nach Ankunft ersteigern werden.

Die prächtigen Türen der Häuser, die Balustraden und die Kolonialbauten erzählen von der Geschichte. Auch in

Bagamoyo siedelten sich seit dem 8. Jahrhundert Perser aus Schiras und seit dem 18. Jahrhundert indische und arabische Händler an. Sie handelten mit Fisch, Salz und Kautschuk, mit Kopra aus der Kokosnuss für die Seifenherstellung, mit Textilien, Kupfer, Schießpulver, Elfenbein und mit Menschen. Oder mit der Ausrüstung von Karawanen für die Jagd auf Menschen. Arabische und später auch europäische Händler, die sonst vor allem an der Westküste Afrikas ihr Unwesen trieben, beauftragten Handlanger, in Dörfer im Landesinneren einzufallen, Menschen mit Waffengewalt vom Dorfplatz zu reißen und sie zu zwingen, mitzukommen auf Fußmärsche in langen Trecks bis zur letzten Station vor dem Meer, Bagamoyo. Der Ort wird Endpunkt ungezählter Karawanen, die Strecken zurücklegen vom Victoriasee an der heutigen Westgrenze Tansanias, 1000 Kilometer entfernt oder von noch weiter, aus Regionen des Kongobeckens. Die Menschen, die den Marsch überleben, werden auf Schiffe gezwungen und nach Sansibar gebracht, auf die dortigen Plantagen der Sultane oder über Sansibar in die Arabische Welt, in andere Teile Asiens und auf Inseln des Indischen Ozeans.

Sansibar ist vom 17. bis zum 19. Jahrhundert, neben den Inseln Lamu und Pate in Kenia, Hauptumschlagplatz für den Menschenhandel in Ostafrika. Noch im Jahr 1889, als der Handel mit Menschen in Ostafrika schon 14 Jahre offiziell verboten war, werden in Bagamoyo 1305 ankommende Trecks gezählt, in denen 41 144 Menschen gefangen sind. 1897 wird die Sklaverei im britischen Protektorat Sansibar abgeschafft. Dies zu tun war das moralische Deckmäntelchen kolonialen Machtstrebens europäischer Länder im 19. Jahrhundert, selber an Ausbeutung interessiert, und historische Errungenschaft zugleich. Die Versklavung von Menschen aus Ostafrika hat eine unselig lange Geschichte. Festgehalten ist der 14 Jahre lang währende Aufstand der versklavten Schwarzen, der Zandsch, im 9. Jahrhundert, die die Sümpfe im Süden Iraks trockenlegen mussten. Die jüngsten Daten sind aus dem 20. Jahrhundert: öffentliche Sklavenmärkte in den 30er-Jahren in Saudi-Arabien, das dortige offizielle Verbot in der zweiten

Hälfte des 20. Jahrhunderts, ebenso in Katar, im Jemen, im Oman. Der transatlantische europäische Sklavenhandel entriss Afrika von 1500 bis 1900 Schätzungen zufolge zwölf Millionen Menschen. Der arabische in 13 Jahrhunderten, vom Jahr 650 an, geschätzte elf bis fünfzehn Millionen. In Sansibar und Bagamoyo ist diese Geschichte nicht präsent. Auf dem ehemaligen Sklavenmarkt in Stonetown steht eine Kirche, das Denkmal auf dem Gelände hat eine schwedische Künstlerin erstellt. Die zukünftige Touristenführerin Kauthar erzählt von den omanischen »Befreiern«. Die Einflüsse aus dem Arabischen sind in ihrer Kultur tief eingewurzelt, sie sind schon längst zu afrikanisch-arabischen geworden, eine Verflechtung auf vielen Ebenen, sie sind nicht das Andere, sie sind das Eigene. In Bagamoyo erzählt die Katholische Mission in einem Museum am Ortsrand von der Sklaverei und stellt sich als Befreierin dar. Ausgerechnet. Im Ortskern selber kein Hinweis, keine Notiz.

Im Jahr 1888 tauchen die Deutschen an der Ostküste Tansanias auf und hissen in Bagamoyo und anderen Küstenorten die Flagge der Deutsch-Ostafrikanischen Gesellschaft. Vorausgegangen war dem ein Vertrag mit dem Sultan von Sansibar, Khalifa ibn Said, Bruder von Sayyida Salme. Das Hissen der Flagge führt zum zwei Jahre lang währenden Aufstand der ostafrikanischen Küstenbevölkerung, zum Eingriff von Marinesoldaten, zur Intervention des Kaiserreichs, zur Söldnertruppe Wissmanns, zur Kriegsführung »verbrannte Erde«, zu Tausenden von Toten. Bagamoyo brennt zu großen Teilen ab, der Anführer des Aufstands, Abushiri ibn Salim al-Harthi, wird erhängt, vier Millionen Reichsmark an den Sultan gezahlt und der Küstenstreifen von da an als Kolonialgebiet Deutschlands verwaltet. Bagamoyo wird für eine kurze Zeit Kolonialhauptstadt von Deutsch-Ostafrika und für gut 20 Jahre Amtssitz der deutschen kolonialen Bezirksverwaltung. 1916 ist das vorbei, britische Truppen erobern den Ort.

Das ehemalige Kaiserliche Bezirksamt steht heute verfallend in Bagamoyos Zentrum. Eine zweistöckige Festung mit Türmen und Zinnen, die leer steht und abgesperrt ist. Das bedruckte Banner an der Straße, das die Geschichte des Hauses erklären soll, ist zerrissen, seine verblichenen Überreste wehen im warmheißen Wind. Darunter verkauft ein Straßenhändler auf einem ausgebreiteten Tuch große und kleine Mangos. Die Toten des Aufstands haben keine Namen. Die Toten der Wissmanntruppe schon. Der deutsche Soldatenfriedhof liegt unter Palmen und üppig grünen Bäumen, steinmauereingefasst direkt am Strand, ein wenig südlich vom Fischmarkt gelegen. Es ist Weihnachten, als ich dort bin, der Nachmittag des ersten Feiertags, und der Himmel hat sich zugezogen, perfektes Ausflugswetter. Auf dem Strand tummeln sich Familien und Paare, Jugendliche, Kinder und Gruppen aus Bagamoyo und der 80 Kilometer entfernten größten Stadt Tansanias, Daressalam, zum Feiertagsausflug oder -spaziergang. Ich bin die einzige *weiße* Person auf einem Strand mit tausenden Menschen, ich werde angesehen, ich sehe an. Ich suche einen Friedhof und finde ihn, ein kleiner stiller Platz inmitten des Trubels ausgelassenen feiertäglichen Strandlebens beim Tosen eines heranrollenden Meeres. Die 125er-Motorräder der männlichen Jugend parken den Eingang zu, ich klettere über die Mauer, eine Steinbank lädt im Gelände zum Verweilen ein.

Der 24-jährige Max starb am 19. Mai 1889 beim Angriff auf die in der Stadt verbarrikadierte Bevölkerung, am 26. Juni der 26-jährige Zahlmeister Peter. An Heinrich und Franz, »Oberlazarethgehilfe«, wird erinnert und an die Schwester Antonie, worauf der »Deutsche Frauen-Verein« hinweist. Das war der »Deutsche Frauen-Verein für Krankenpflege in den Kolonien«. 1888 gegründet hatte er 22 Schwestern in die Kolonien entsandt, im Ersten Weltkrieg sogar 66, 16 davon nach Deutsch-Ostafrika. 2019 hat der Verein in Wilhelmshaven als »DRK-Schwesternschaft Übersee« Insolvenz angemeldet. Wie würden die Namen der Toten auf ostafrikanischer Seite lauten? Ich frage Kauthar, ob es typische Namen für die verschiedenen Generationen in Tansania gäbe. Sie sagt nein, es gäbe alle möglichen Namen in jedem Alter. So suche ich im Netz nach Beispielnamen. Fußballerinnen, die für ihr Land spielen, heißen Neema, Najiat, Eva, Mwanahamis, Christer, Julitha,

Amina, Philo, Kadosho, Aisha, Fumukazi und Janeth, Fußballer, die ebendies tun, heißen Aishi, Simon, Shomari, Raphael, Juma, Jonas, Bakari, Hassan, Frank, Mzamiru, Kibu und Said.

Ich verlasse den ruhigen Ort zwischen den Mauern und laufe, vielaugenbetrachtet, durch den Trubel am Strand. Ein junger Mann fragt, ob er mich begleiten dürfe, er sei mit seinem Vater mit ihrem kleinen Boot aus Sansibar angereist, ein Weihnachtsurlaub. Ich stimme gerne zu. Lieber reden als angeschaut werden. Als Sansibari ist er das Plaudern mit Reisenden aus Europa gewohnt. Ob er mich etwas fragen dürfe, lautet seine Ansprache später. Sehr gerne. Warum ich nicht festlich gekleidet sei, es sei doch Weihnachten. Ich bleibe erstaunt stehen und sehe an mir herunter. Irritiert sage ich, aber mein Herz ist doch festlich geschmückt! Er runzelt die Stirn. Ich verstehe, ich habe die Blicke missdeutet, Gender-Trouble. Mein Körper ist nicht schwarz, nicht männlich und nicht hetero, meine Kleidung ist nicht weiblich. Mein Gegenüber trägt Ähnliches wie ich, bei ihm geht das als festlich durch. Ich blicke mich um, die Frauen am Strand tragen sehr viel Stoff mit prächtigen Farben. Bei den Vögeln muss-darf sich das Männchen schmücken. Schnell sage ich, ich bin seit Wochen auf Reisen, ich habe nur praktische Kleidung dabei. Seine Stirn glättet sich wieder und er nickt.

Bei Ankunft in Bagamoyo ist die gebuchte Unterkunft wegen Corona geschlossen. Die schwedisch-botswanische Leitung hatte Tests, die es in Tansania nicht zu kaufen gibt, bei den Angestellten gemacht, so wurden die Erkrankungen offenbar. Wir blicken erstaunt auf die verschlossene Tür: Omikron ist längst da. Wie gedacht, aber nun bewiesen. Die Sonne steht tief, eine Alternative muss her. Ein paar Hütten am Strand, trostlos verlassen, der Tourismus wie vielerorts corona-verwaist. Verschwitzt und angestrengt, das Fernglas im Rucksack und der Rucksack abgestellt am Strandeingangstresen bekommen wir das Gelände gezeigt, ich blicke zum Himmel, sage, sieh mal, sind das zwei Mauersegler? Ob wir die Hütte nun nehmen, fragt die uns herumführende Person ungeduldig und nennt einen Preis. Ich blicke sie an und dann wieder hoch, die Segler, gerade noch hier sind wieder fort, *here today and gone tomorrow.* Wollen wir hier today übernachten? Wir nicken schwach und bereuen schnell. Flöhe, Läuse, Wanzen, Was-auch-Immer zerbeißen uns im Schlaf, wir verlassen die Hütte noch vor Mitternacht. Zwei nicht gesehene Mauersegler, ein tosendes Meer, ein Stapfen durch Sand, tiefschwarze Sternhimmeldunkelheit.

Wir steigen für die Nacht in ein Gästezimmer auf dem Gelände ein und fahren am nächsten Morgen zu einer Unterkunft in ein Dorf, fünf Kilometer entfernt. Stellen die Rucksäcke ab, bekommen Plätze im Schatten angeboten, Getränke serviert. Julie ist die Gastgeberin, Mitte 60, hochgewachsen, resolut. Sie fragt, woher wir kommen und was wir hier tun. Deutschland? Zugvögel? Kolonialgeschichte? Sie setzt sich auf einen Barhocker, legt die Füße auf einen zweiten, zeigt auf unsere Getränke, sagt, zum Wohl, und dann, zu diesen Themen kann ich was erzählen: In meinem Dorf in der Nähe von Dodoma haben die Deutschen die erste katholische Kirche gebaut. Auch das erste Gefängnis von ganz Tansania. Das stelle man sich einmal vor! Sie haben die Erwachsenen gezwungen zu arbeiten und die Kinder, zur Schule zu gehen. Meine Großmutter hat die Bibel auf Latein gelesen, mit einem sehr breiten, afrikanischen Akzent. Sie hat auch den Rosenkranz auf Latein gebetet. Wir Kleinen mussten so lange auf den Knien ausharren, den ganzen Rosenkranz nach jedem Essen! Wenn meine Mutter gesagt hat, willst du nicht mal wieder deine Großmutter besuchen, habe ich immer abgewunken, ach nein, gerade nicht, vielen Dank. Julie hält in der einen Hand eine Zigarette, in der anderen ein Tuch, das sie ununterbrochen um ihren Kopf und auf ihre Beine schlägt. Die vielen Mücken müssen vertrieben werden. Die Mücken kommen aus dem Sumpf unten am Meer, aus den Mangroven. Man sieht das dichte Grün der Uferböschung von hier oben aus gut, dahinter das Wasser, einige Boote, die Weite. Julies Restaurant ist ein großer Holzunterstand oben am Hang, hölzerne Tresen, hölzerne Bänke und Tische, ein großer Kühlschrank mit kalten Getränken, eine Küche mit offenem Feuer als Herd. Eigentlich macht ihre Schwester Vicky* den Laden mitsamt

Zimmervermietung, aber Vicky ist in der Schweiz und Julie, die sonst in Tansanias Hauptstadt, Dodoma, lebt, vertritt sie. Sie sagt, als Erstes habe ich die Mädchen entlassen, was soll ich mit so viel Personal? Maureen ist bei mir, das reicht. Maureen steht am Spülbecken hinter dem Tresen, hebt den Kopf an und lächelt. Sie ist 15 Jahre alt, kurze Haare, schüchterner Blick. Julie sagt, ihr Vater hat jahrelang für mich gearbeitet, sie sind Massai, kennt ihr die Massai? Sie gehen nicht zur Schule. Sie haben Tiere. Sie essen kein Huhn, kein Ei, keinen Fisch. Sie essen nur Rind und Ziege, die Tiere, die sie selber haben. Ihr Vater hätte 40 Kühe als Brautpreis für seine Tochter bekommen, aber er hat gesagt, kommt eine Dürre, regnet es weiter nicht, sterben die Kühe, und dann? Sie soll in die Schule gehen. Deswegen ist sie bei mir. Sie wird eine gute Ausbildung bekommen, aber sie muss arbeiten lernen, das bringe ich ihr bei. Julie drückt die Zigarette aus, geht zum Kühlschrank und holt zwei Flaschen Bier heraus. Für die Deutschen, sagt sie und stellt die Flaschen mit lautem Knall vor uns auf den Tisch. Das haben die Deutschen den Menschen in Tansania auch beigebracht, Bier zu trinken. Wir lächeln schief.

Julie sagt, es gibt einen großen Baobab-Baum in unserem Ort, der heißt bis heute German Baobab. Da haben die Deutschen die aufgehängt, die nicht spuren wollten. Mein Vater und mein Großvater haben trotzdem sehr positiv über die Deutschen gesprochen. Sie wollten sogar, dass ich einen Deutschen heirate. Als ich klein war, gab es in unserem Dorf einen italienischen Priester. Der hat uns Kindern immer ein Kreuz auf die Stirn gemacht und uns italienische Süßigkeiten zugesteckt. Also sind wir oft hinter ihm hergerannt. Wenn ich gesagt habe, später heirate ich mal den Priester, hat mein Großvater gesagt, nein, du heiratest mal einen Deutschen, die haben die Zugstrecke durch das ganze Land gebaut, vom Tanganjikasee bis zum Meer, 1200 km. Mein Großvater dachte, die Deutschen arbeiten hart, sind physisch stabil, und wer stark arbeitet, hat auch eine starke Sexualität. Wer den ganzen Tag rumhängt, ist sicherlich auch sexuell nicht stark. So habe ich geplant, nach Deutschland zu gehen. Aber Deutsch war keine UN-Sprache und Freunde von mir, die in der UN gearbeitet haben, sagten, was willst du denn mit Deutsch? Du musst Französisch lernen! So habe ich über Nacht meine Pläne geändert und bin nach Frankreich gegangen, nach Paris. Dort habe ich studiert. Mit zwölf Jahren waren meine Schwester und ich nach Kenia auf ein Internat gekommen. Italienische Nonnen. Wir sind fünf Schwestern und mein Vater hat uns allen eine gute Ausbildung ermöglicht. Damals gingen Mädchen nicht zur Schule. Für ihn war das Pflicht, Notwendigkeit, selbstverständlich. Zum Glück. Auch, weil es keine Söhne gab. Die kamen erst später. So bin ich viel rumgekommen, habe länger in der Schweiz gelebt als hier, fünf Jahre in Norwegen, habe Kuba, Brasilien und andere Länder besucht. Meine Schwester hat bei der UN in Genf gearbeitet und ich auch. Ich aber immer nur für ein paar Monate, ein paar Jahre. Dann habe ich das Geld genommen und bin los. Meine Schwester hat so gearbeitet wie die Schweizer. Jeden Tag um 7:00 Uhr hoch. 35 Jahre lang. Unglaublich! Ich war cleverer. Bin viel gereist, habe dann wieder gearbeitet und war dann wieder in Tansania oder woanders. In Genf, im Office der UN gab es keinen Rassismus, aber auf der Straße wurdest du natürlich angeguckt. In den achtziger Jahren in der Schweiz war es voll okay. Heute ist es schlimm. Es gibt viel mehr Rassismus und es ist viel härter, »to make a living«.

So, sagt sie, jetzt zu euch. Die Unterkunft in Bagamoyo war wegen Corona zu? So ein Unfug. Tansania hat kein Corona. Euer Zimmer liegt 50 Meter weiter, auch oben am Hang, ins Haus rein, den Gang durch, ganz links. Und wegen der Stiche auf eurer Haut, ich mache euch einen Sud aus Niem und Aloe vera, den trinkt ihr und reibt euch damit ein. Schmeckt bitter. Aber wirkt. Keine Widerrede! Für die Kleidung bekommt ihr kochendes Wasser, alles da rein. Die Viecher müssen ja raus. Sie schickt Maureen Niemblätter pflücken und einen der Arbeiter, der das Gelände pflegt, einen großen Topf holen und Feuer machen.

Später am Tag rühren zwei rotgepunktete Reisende mit Hilfe von Besenstielen ihre Kleidung in kochendem Wasser herum und kippen schreiend einen Sud herunter, der bitterer nicht sein könnte. Noch später sitzen sie auf einem Dach und beobachten Vögel. Haussegler, die in Gruppen um das Haus herumfliegen, klein, kompakt und trillernd, und die, als es dämmert, die unbewohnte, noch nicht fertig gebaute Etage über dem Zimmer aufsuchen. Und weiße Reiher und schwarze Ibisse, die in großen Gruppen zur Übernachtung die Mangroven ansteuern. Sie segeln nah über ihre Köpfe hinweg, majestätisch, lautlos, angestrahlt vom letzten tiefroten Abendsonnenlicht. Nur die Luft ist zu hören, die von den Flügeln bewegte, die leise um die Vögel herum rauscht.

Am nächsten Tag sehe ich vom kleinen Zimmervorsprung aus einen Rosenbauch-Bartvogel, roter Kopf, weißer Bauch, schwarzer Rücken. Der Schnabel ist kräftig und weiß. Oben am Kopf sind rote Tupfer, die aus dem Übergang zum Schwarz der Rückenpartie entstehen. Ich sehe viele Maidschwalben im kunstvollen Flug über mir, geschuppter Bauch, fuchsroter Kopf, der Schwanz tief gegabelt, an den Enden schwarz. Ich sehe den Graubülbül, heller Bauch, am Ende gelb, aufgestellte schwarze Haube, immerzu schimpfend und einen Pirol, knallgelb mit schwarzen Flügeln und dunklem Augenstreif, der Schnabel tieforange. Der Pirol ist ein Zugvogel, der in Eurasien brütet und südlich der Sahara, also auch hier, überwintert. Das letzte Mal sah ich einen Pirol im Wendland. Brütest du im Wendland?, frage ich den Pirol flüsternd. Ne, sagt er, und fliegt auf, ich brüte ganz woanders. Schon ist er fort. Die ersten Pirole erscheinen in Deutschland Ende März, die letzten Anfang bis Mitte Mai. Ende Juli bis Ende August geht es auch schon wieder los nach Süden. Ich sehe an diesem Vormittag auch eine große Echse, einen Waran, der schlängelnd über den Boden pirschend anspaziert kommt und ein regungslos dasitzendes, Vögel beobachtendes Menschenwesen nicht erwartet. Er sieht aus wie ein halbes Krokodil, ich halte den Atem an. Als er mich schließlich bemerkt, prescht er davon. Die Erde zittert unter seinem aufstampfenden Körpergewicht. Der Schreck hat mich für einen Moment geweckt. Es ist so heiß, dass mein Gehirn wie verklebt scheint, dass ich keinen klaren Gedanken fassen kann. Die Luft liegt wie ein nasser Lappen auf der Haut und in den Lungen. Ich fühle mich gedämpft, als hätte ich Beruhigungsmittel genommen. Solange ich nur im Schatten sitzen und aufs Meer schauen darf, ist alles gut. Ich bin dösig, träge, zufrieden. Long Covid oder long tropig? Mir doch egal. Die Welt? Soll doch rennen, wohin sie rennen will. Die Mauersegler? Sollen doch fliegen, wohin sie fliegen wollen. Apropos Fliegen, die setzen sich auf meine Arme und Beine, beständig jage ich sie fort.

Später helfe ich oben im Restaurant Maureen, Blätter von den Niemzweigen zu rupfen, um einen weiteren Sud zu kochen. Es sind die Weihnachtstage und gegenüber von Vickys Gelände liegen ein Schlangenpark und ein Swimmingpool, beliebte Feiertagsausflugsziele. Das Dorf selber ist klein, aber bekannt, es heißt Kaole, fünf Kilometer von Bagamoyo entfernt. Hier befinden sich sehr alte islamische Spuren, Überreste zweier Moscheen und einiger Grabstätten aus dem 13. Jahrhundert. Gebaut von den Eingewanderten aus Schiras, die sich bereits ab dem achten Jahrhundert in der Gegend ansiedelten. Schiras ist eine Millionenstadt im Süden des Irans, auf 1500 Höhenmetern gelegen, mit mildem Klima, prächtigen Moscheen, prächtigen Gärten, einer U-Bahn und einer als offen und liberal geltenden Bevölkerung. Im Mittelalter von den Mongolen bedroht und überfallen, gab es Auswanderungen von Shirazi nach Tansania, vor allem an die Küste und auf die sansibarischen Inseln. Die persischen Ankömmlinge heirateten Sansibari, und deren Nachkommen nennen sich heute noch, tausend Jahre später, Shirazi. Ist das Stolz auf eine ferne Herkunft oder eine Zuschreibung von außen? Der Name ist geläufig. Es war die Afro-Shirazi-Partei, die zusammen mit der linksradikalen Umma Partei 1964 die Volksrepublik Sansibar und Pemba ausrief. Die 1957 gegründete Organisation war angetreten, der Vorherrschaft der arabisch- und indischstämmigen Bevölkerung etwas entgegenzusetzen. Neben der islamischen Geschichte ist auch die des Nachbarlandes Mosambik im Dorf präsent. Die Dorfstraße etwas weiter hinunter liegt ein College-Gelände, auf dem von 1962 bis 1975 Kämpfer:innen für die Unabhängigkeit Mosambiks trainiert wurden. Das Hauptquartier der Befreiungsbewegung FRELIMO (Frente de Libertação de Moçambique, Mosambikanische Befreiungsfront) war in Daressalam, im Dorf Kaole war das Trainingslager. Samora Machel, der erste Präsident der Volksrepublik Mosambiks, hat hier den Aufbau der Bewegung organisiert. Wladimir Putin wusste auch 1973 schon, wie man Kriege führt, in jenem Jahr hat er die Kämpfer:innen vor Ort ausgebildet. Die UdSSR hatte nachher wenig Interesse an der Unterstützung Mosambiks. Die FRELIMO verweigerte die Errichtung ausländischer Militärstützpunkte und schrieb sich die Schaffung einer »nuklearfreien Zone des Friedens« in ihre Statuten. Machel starb bei einem bis heute nicht aufgeklärten Flugzeugabsturz 1986 und bereits Jahre davor der Gründer der FRELIMO, Eduardo Mondlane, 1969 durch eine Briefbombe. Seine Tochter Nyeleti wurde auf dem Gelände in Kaole versteckt und ist heute Jugend- und Sportministerin des Landes.

Im Pool des Feiertagsausflugsziels schwimmen nicht viele Menschen, aber der Imbiss ist gut besucht. Frauen und Paare sitzen mit Kindern vor Softdrinks an Imbisstischen. Auch das Kamel wird bestaunt, das als Attraktion zugegen ist. Manche üben sich im Schießen auf mit Sand gefüllten Plastikflaschen. Auf dem Gelände befindet sich ein angefangener Rohbau, in dem eine große Musikanlage aufgestellt ist. Das ganze Dorf wird von ihr die Festtage lang von morgens bis abends mit Musik beschallt. *Bongo Flava,* sagt Julie achselzuckend, tansanischer Hip-Hop. Die »Stille Nacht« beginnt also erst um Mitternacht und endet bereits um fünf, als die Muezzins der drei Dorfmoscheen lautsprecherscheppernd um die größte aus dem Bett geworfene Gläubigenanzahl wetteifern.

An unserem zweiten Tag lernen wir die anderen Gäste von Julie kennen, vor allem eine ugandische Familie, die in Daressalam lebt und in Kaole Urlaub macht, Brian und Evelyn mit zwei Töchtern, 9 und 13 Jahre alt. Die beiden Töchter überreden meine Reisegefährtin, mit ihnen im Pool das Schwimmen zu üben. Abends liegen sie schlafend auf den

Polstern des Hangrestaurants und hören schon längst nicht mehr, worüber die Erwachsenen sich noch unterhalten. Julie erzählt von ihrem Leben im Ausland. Die Zeit in Norwegen war schön, sagt sie. Aber verrückt ist doch, hier die Hitze, da die Kälte, unter beidem leiden die Menschen. Warum gibt es solche Extreme? Warum nicht eine mittlere Temperatur für alle? Sie rollt die Augen nach oben und schlägt sich das Tuch für die Mückenvertreibung um die Oberarme. Am Anfang hat in Norwegen niemand mit mir gesprochen. Dann habe ich einmal die Woche Pilau gekocht, den Gewürzreis, der sehr stark duftet. Ein Norweger aus der Nachbarschaft hat gefragt, ob diese Düfte von meinem Essen herrührten, und ich habe ihn eingeladen, jeden Freitag. Es kamen dann immer mehr und er hatte stets zwei Flaschen köstlichsten Weins dabei. Julie wirft den Kopf in den Nacken und lacht. Der gute Wein war viel mehr wert als mein einfacher Pilau-Reis. Daraus entstand eine Freundschaft. Er lebte in einem riesigen Haus, alleine. Verrückt, oder? Ich habe zwei Jahre ohne Miete mitgewohnt und Hund und Katze gefüttert, wenn er arbeiten oder auf Reisen war. Einmal habe ich eine große graue Wand knallorange gestrichen, als er weg war, da hat er aber Augen gemacht. Es war Winter … Viele waren bedrückt. Ich nicht. Jeden Morgen früh auf und afrikanische Musik angemacht. Lecker gekocht, viele Gewürze. Jeden Freitag einen Nachbarschaftstreff, großes Essen. Das habe ich in Dodoma auch probiert, aber da hat das nicht geklappt, die Leute wollten das nicht. Julie verstummt. Evelyn und Brian nicken nachdenklich. Ich lehne mich zurück. Schlage ebenso wie Julie ein Tuch auf meine Beine. Der Abend ist sehr warm. Lichter von Fischerbooten schaukeln in der Ferne auf dem stockfinsteren Meer, Geckos schnatzen von der Decke, Grillen zirpen laut.

Dann kommt die Politik zur Sprache. Dass China genau hier in Kaole mit zehn Milliarden US-Dollar den größten Containerhafen Afrikas bauen will. Dass dann kein Kieselstein mehr auf der Straße des Dorfes neben dem anderen bliebe. Magufuli hatte das Projekt platzen lassen. Er fand die Vertragsbedingungen unannehmbar. Was macht Hassan nun? Julie sagt, ich liebe

Magufuli. Ich habe ihn nicht gewählt, aber als er an der Macht war, hat er wirklich etwas bewegt. Mireille Mathieu sagte mal in einem Interview, ihr Präsident sei auf ewig de Gaulle. Da war de Gaulle schon lange tot. So auch bei mir und Magufuli. Er ist mein Präsident. Dass er Corona hatte? Dass er daran vielleicht sogar gestorben sei? Ach, wer weiß. Deswegen in Kenia behandelt wurde? Niemals! Er war viel zu stolz, er hätte nie gewollt, in einem anderen Land behandelt zu werden. Er hatte einen Herzschrittmacher, vielleicht war es ein Herzinfarkt? Sie sagt, Tansania hat eine sozialistische Vergangenheit, deswegen sind wir hinten dran. Kenia ist viel reicher. Sie waren immer schon kapitalistisch. Die Engländer haben gedacht, sie bleiben in Kenia, und so haben sie Kenia aufgebaut. Aber in Tansania? Nichts haben sie hier gemacht. Nach der Unabhängigkeit kamen fast alle Waren aus China. Zehn Jahre lang. Die Medikamente, du konntest die Anweisung darauf nicht lesen, die Nebenwirkungen auch nicht. Das Waschmittel, die Seife, alles. Da hat mein Vater gesagt, nein, das kann nicht sein und uns Schwestern nach Kenia aufs Internat geschickt. Es gab einfach nichts hier. Auch keine Fernseher, das wollte Nyerere nicht. Wir haben erst TV, seit er tot ist. Und ein Auto? Undenkbar, ein Auto zu kaufen. Jetzt ist das anders. Jetzt geht es uns besser. Magufuli hat viel in Bewegung gebracht. Ich bin nach Jahrzehnten zurück nach Afrika gekommen und nichts hatte sich geändert, nichts. Erst Magufuli hat etwas bewirkt. In fünf Monaten seiner Amtszeit hat sich mehr verändert als in den Jahrzehnten davor. Dass er Corona geleugnet hat? Ach, ihr wisst doch, wie die Nachrichten sind. Irgendwas wurde mal gesagt und da wird ein riesiges Ding draus gemacht. So funktionieren Nachrichten halt.

Der Abend wird lang und als die Kinder längst im Bett sind, klingt das mit Corona mit einem Mal etwas anders. Evelyn sagt, viele unserer Bekannten hatten eine Grippe und manche wurden nur schwer wieder gesund. Julie sagt, in diesem Jahr, März, April, Mai ist jede Woche jemand in meinem Umfeld in Dodoma gestorben. Auch viel Prominenz ist gestorben, zehn Minister oder so, sehr viele Tote. Noch nie war ich so oft auf

Beerdigungen, es war beängstigend und wurde fast alltäglich, Sonnenbrille auf, schwarzer Hut, Handtasche unter den Arm und los. Ich war in der Zeit wegen einer OP im Krankenhaus und sah die Ambulanzen kommen, die Corona-Ambulanzen, jeden Tag. Es war sehr unheimlich. Danach habe ich mich selber in Quarantäne begeben. Brian nickt und sagt, als es anfing, hat Magufuli einen einwöchigen totalen Lockdown in Daressalam angeordnet. Das war ein Einschnitt, wir saßen alle zu Hause. Dann hat er gesehen, dass das nicht geht in einem Land wie Tansania. Die Menschen leben von der Hand in den Mund. Wie willst du sie einsperren und sie daran hindern, für sich und die Familie zu sorgen? Wie willst du sie satt bekommen? An Impfstoffe kommt man eh nicht ran. Und die Skepsis gegenüber einer Impfung ist groß. So hat er die Strategie geändert, glaube ich. Gesagt, es gibt kein Corona. Er wollte den Leuten die Angst nehmen und ihren Glauben stärken. Er konnte ja eh nichts tun. Brian zuckt mit den Schultern, hebt eine Hand fragend in die Luft, wir anderen sehen nachdenklich auf den Tisch. Niemand ergreift das Wort. Die Grillen zirpen in der uns umgebenden Nacht, Mücken summen am Ohr, Julie sagt, ich muss ins Bett, und steht auf, gute Nacht.

Die Katholische Mission in Bagamoyo liegt am Ende einer langen Mangobaumallee, die 1870 von befreiten, ehemals versklavten Menschen gepflanzt wurde. Ich frage den Angestellten des katholischen Museums, ob der Kolonialismus bis heute Auswirkungen habe. Naja, sagt er, es gäbe sonst das Land so, in diesen Grenzen, nicht. Das nenne ich Auswirkungen. Und die Deutschen haben damals Häuser gebaut und Infrastruktur geschaffen, die Engländer nicht. Ich nicke langsam, das sind die gleichen Sätze wie von Julie. Die Zugstrecke hat nachhaltig beeindruckt. Es gibt sie heute noch. Unter welchen Arbeitsbedingungen wurde sie gebaut? Und warum? Wird darüber gesprochen? Auf der oberen Etage der Ausstellung ist eine deutsche Kolonialzeitung zu sehen, die »Usambara-Post« vom 25. Januar 1913 in ihrem zwölften Jahrgang. Darin sind die neuesten Nachrichten zu lesen. Dass die Großmächte der Türkei bezüglich der ägäischen Inseln zur Mäßigung raten, dass als neuer Präsident von Frankreich Poincaré gewählt worden sei. Dass im Jahr 1911 97 476 Liter stille Weine, 784 018 Kilogramm Mehl- und Backwaren sowie 62 Pferde eingeführt und 619 310 Kilogramm Kaffee sowie 99 103 Kilogramm Rohbaumwolle ausgeführt worden seien. Die Deutsche Ost-Afrika-Linie gibt in der Zeitung die Abfahrtszeiten der regelmäßigen Postdampfer-Verbindung bekannt, und das Hotel Kanne in Tanga wirbt mit schönen luftigen Zimmern und einer verträglichen Küche. Unter der Rubrik »Wirtschaftliches« wird der Aufsatz rezensiert, wie man die einheimische Bevölkerung zur Plantagenarbeit »erziehe«. Darin sorgt sich der Autor über die Beobachtung, dass das dünn besiedelte Land den Menschen vor Ort Raum und Boden genug biete, sich durch »ziemlich mühelose Eigenwirtschaft« einen Unterhalt, ja sogar Wohlhabenheit zu verschaffen. Die männliche Bevölkerung lebe beschaulich in den Tag hinein und keine Not lehre sie das Beten und Arbeiten. Das ist ja großartig, denke ich (wenn es auch die weibliche Bevölkerung betreffen würde), aber für die ausbeuterischen Kolonialherren ein großes Problem. Die »Steuerschraube« wirke ja, heißt es da weiter, aber nicht genug. Schließlich sei die Zukunft der Kolonie auf die Arbeit der Bevölkerung angewiesen. Verkehr und Infrastruktur zu schaffen für die Erschließung von Absatzmärkten habe nicht ausgereicht. Man meinte, dann würden die Menschen vor Ort ganz von selbst weit über ihrem Eigenbedarf produzieren. Hier der einheimische Rohstoffproduzent, dort der deutsche Kaufmann. Diese Rechnung ginge nicht auf. Man müsse die Bevölkerung also dazu zwingen, resümiert der Autor, da sie das Muss der Not nicht hätten.

In der »Anekdote zur Senkung der Arbeitsmoral« von Heinrich Böll von 1963 fragt der sich am Nachmittag ausruhende Fischer den Touristen, der ihn mehrfach am Tag rausfahren, ihn finanziell aufsteigen und ein erfolgreiches Fischfangunternehmen gründen sehen möchte, warum er das tun solle? Dann, so der Tourist, könne sich der Fischer zur Ruhe setzen und zufrieden am Hafen dösen. Das tue ich doch bereits, antwortet dieser. Damit ist die Geschichte von Böll zu Ende, nicht aber die der Zwangsarbeit in den Kolonien. Der Zwang zur Arbeit dürfe einer »Volksvermehrung« nicht im Wege stehen, wird in der Kolonialzeitung weiter schwadroniert, eine Schulpflicht als Vorbereitung zur »Erziehung zur Arbeit« erwogen, bis das »Arbeitsbedürfnis in Fleisch und Blut übergegangen ist«. Politische Rechte dürfe man der Bevölkerung vor Ort niemals gewähren. Ich wende mich ab, ich habe genug gelesen. Herrschaft braucht also »Menschenmaterial«. Am besten eines, das die Bedürfnisse der Herrschenden bis ins Fleisch und Blut verinnerlicht hat und einen anderen Zustand nicht mehr denken, fühlen oder erträumen kann. Bis ins Fleisch und Blut. Körper sind nicht nur nicht *weiß*, nicht männlich, nicht jung und nicht hetero. Körper sind auch herrschaftsgewohnt und herrschaftseingerichtet.

Ich trete auf die umlaufende hölzerne Veranda hinaus und bestaune den alten Baobab-Baum, gepflanzt 1868, dessen Stamm immens ist und dessen Blüten groß, weiß und duftend sind. Ich verlasse die Ausstellung, die den Beitrag der Katholischen Mission am Ende der Sklaverei preist, ohne den Anfang der Kolonialisierung mit und wegen der katholischen Mission zu erzählen. Die auch verschweigt, dass der Sultan von Sansibar den Widerstand der Zaramo gegen den Bau der Mission niedergeschlagen hat. Die einheimische Bevölkerungsgruppe wollte nicht, dass eine katholische Mission auf ihrem Gebiet entstehe. Die meisten Zaramo sind heute Muslime. Sie waren vom ostafrikanischen Sklavenhandel betroffen, Nachfahren der Zaramo leben deswegen auch in Südsomalia.

Ich suche die Wallfahrtsgrotte, die Bagamoyo die gleiche Bedeutung wie dem südfranzösischen Pilgerort Lourdes zuspricht. Eine Marienfigur mit viel Stoff in Blau, mit weißem Untergewand und sehr weiß-*weißem* Gesicht, das ratlos und gelangweilt aussieht.

Julie sitzt an einem Tisch, auf dem Gemüse liegt, das sie in kleine Stücke schneidet und auf Holzspieße schiebt. Die Mittagshitze prallt auf das Dach. Sie sagt, komm mal her, ich habe noch was zu erzählen. In meiner Kindheit habe ich Vögel gesehen, die ich jetzt nicht mehr sehe. Überall sind diese Krähen. Die Leute fangen an, über den Klimawandel zu sprechen. Es hat einfach nicht mehr geregnet, die ganze Zeit nicht. In unserem Ort essen wir manchmal Vögel. Man kann sie gut fangen. Man hängt Fallen in die Bäume, in die sie fliegen, und spießt sie auf wie diese *Mishkaki.* Julie hebt den Spieß in die Höhe, den sie gerade bearbeitet. Ja klar, habe ich die auch gegessen, das ist unsere Tradition. Du musst da mal hinfahren, du magst doch die alten Geschichten. In unserem Ort gibt es viele deutsche Gräber. Da war eine große Schlacht im Ersten Weltkrieg. Und nach dem Zweiten ist ein Deutscher bei uns untergetaucht, ein Nazi, der hat sich versteckt. Er hat eine Frau aus dem Dorf geheiratet, die hatte nur ein Bein, eine Schlange hatte sie gebissen. Er hatte zwei Kinder mit ihr, Elisabeth, und den zweiten Namen habe ich vergessen, kann ich aber erfragen. Sie konnten kein Haus bauen, das wäre zu gefährlich gewesen, sie haben im Busch, der um das Dorf herum war, gelebt. Dann waren sie ihm auf den Fersen und er ist in den Busch gegangen und hat sich erschossen. Die arme Frau. Nur ein Bein, zwei kleine Kinder und keinen Mann mehr. Sein Enkel lebt in Dodoma und züchtet Schäferhunde. Er ist schwarz und so schwarz, dass man niemals glaubt, dass er einen *weiß*-weißen deutschen Großvater hat.

Die Familie hat mich oft gefragt, du bist doch in Europa, kannst du nicht nach unseren Verwandten suchen? Es wäre so gut, unsere Familie in Deutschland aufzutreiben. Ich werde dem Enkel schreiben und fragen, wie sein Großvater hieß, dann könnt ihr mal recherchieren. Sie wischt sich die Hände ab und tippt wild etwas in ihr Handy hinein. Dann legt sie es wieder weg. Und jetzt, sagt sie, erzähle ich dir noch eine alte Geschichte. Der jüngste Bruder meines Großvaters war Hirte, 15 Jahre alt. Er hatte seine Tiere im Gelände und hat sie abends zusammengetrieben und zurück ins Dorf gebracht. Er hatte noch nie *Weiße* gesehen. Auf dem Rückweg kreuzt eine Gruppe deutscher Soldaten seinen Weg, acht an der Zahl, eine Handvoll Askari bei ihnen. Die sind den ganzen Tag geritten und nun hungrig, sehen die Herde meines Großonkels und holen sich mit dem Lasso ein Kalb aus der Herde raus. Mein Onkel ist total konsterniert. Was sind das für Menschen? Was machen die da? Warum holen die sich einfach ein Kalb aus meiner Herde? Er reitet hin und schreit sie an, zieht seinen Stock und schlägt auf den Weißen ein, der das Kalb zu sich herangezogen hat. Sie sagen ihm, dass er aufhören soll, doch er versteht sie nicht. Er ist so empört, dass er weiter auf ihn einschlägt. Schließlich schlagen sie ihn zusammen, bis er ohnmächtig ist. Die Kühe finden den Weg alleine nach Hause, aber wo ist der Junge? Alarmrufe der Frauen, das ganze Dorf zieht los, um ihn zu suchen, es war Regenzeit, er lag verborgen im hohen Gras. Sie finden ihn, tragen ihn nach Hause, pflegen ihn. In den Morgenstunden bricht er auf, niemand bekommt das mit, und folgt den Spuren der Pferde, findet den Lagerort der Deutschen und die Reste seines Kalbs, zückt seinen Stock und prügelt wieder auf die Deutschen ein. Die schlagen ihn erneut zusammen und hauen dann ab, weil sie denken, was machen wir, wenn jetzt das ganze Dorf kommt? Wir sind wenige. Der Junge wacht später am Tag auf, zieht sich die Reste des Kalbskopfes und die Haut über und reitet ins Dorf zurück. So hartnäckig ist meine Familie, das ganze Dorf hat geraunt und sich diese Geschichte jahrzehntelang erzählt, so hartnäckig sind wir.

Die Tage reihen sich aneinander und endlich sieht der Himmel nach Regen aus. Ein Gewitter braut sich in der Ferne über der Stadt Bagamoyo zusammen. Meine Reisegefährtin ist mit den Töchtern der ugandischen Familie im Pool und ich bin mit dem Fernglas auf einem Motorrad, hinten drauf. Zwischen mir und dem Fahrer sitzt Julie, die auch in die Stadt fahren wollte, komm, wir teilen uns ein *Boda-Boda,* hatte sie gesagt. Das Gewitter liegt in der Luft, ich suche den Himmel mit und ohne Fernglas nach Seglern ab. *They are chasing the wind,* hatte Neil gesagt, sie jagen die Winde vor Regenfronten. Draußen sein, hatte Wulf gesagt, vor allem vor Gewittern. Die Straße von Kaole nach Bagamoyo ist steinig, der Fahrer fährt sehr nah am Rand, links das alte FRELIMO-Gelände, rechts die Abbruchkante runter zum Strand, das aufgewühlte Meer, die

Weite. Es ist sehr schwül, die Kleidung klebt an der Haut. Wo fangen die Winde einer Regenfront an und wo der Regen? Ich beschließe, vor dem Ort auszusteigen, tippe dem Fahrer auf die Schulter, er bremst ab. Heute sehe ich meinen Vogel, sage ich beim Absteigen zu Julie, viel Glück, ruft sie mir noch zu, dann brausen beide davon. Ich stapfe durch offenes Gelände mit dornigen Büschen und Gras, starre zum Himmel hinauf, bis mein Nacken schmerzt, sehe sehr viele sehr schöne Bienenfresser, jedoch keine Segler. Dann erreiche ich den Ort, suche seine freien Plätze auf, tauche ein in das beschauliche Straßentreiben mit seinen Menschen, Motorrädern und Bajajis. Hier flitzen Palmen- und Haussegler zusammen mit Schwalben auf Insektenjagd tief über die niedrigen Dächer, perfektes Wetter für sie. Es sind keine Mauersegler dabei. Ich schaue den Flugkünsten lange Zeit zu. Dann mache ich mich auf zu der Dachterrasse eines Cafés, um von dort aus, mit weiter Sicht, weiter Ausschau zu halten. Die Luft steht. Dunkle Wolken türmen sich imposant über dem Meer auf und ziehen jetzt schnell Richtung Ort. Dann fallen einzelne Tropfen. Alle Menschen um mich herum stieben auseinander und halten sich irgendetwas zum Schutz über den Kopf, sie wissen, was jetzt passiert.

Der Himmel öffnet sich und kippt Badewannen voller Wasser über uns aus. Schnell sind die Wege und Straßen überflutet, knöcheltief sinke ich im Wasser ein und versuche noch die kleinen Restinseln festen Bodens entlang zu springen, dann gebe ich es auf. Atemlos erreiche ich das Café, die Besitzerin reicht mir feixend ein Handtuch, ich rubbele meine Haare trocken und fluche. So wird das nichts mit den Mauerseglern. Die Stufen hoch zur Terrasse sind nassglatt, oben prasselt der Regen sehr laut auf das Wellblechdach. Kein anderes Geräusch lässt er zu. Mein nass gewordenes Handy vibriert in der Hosentasche. Ich fingere es heraus. Meine Reisegefährtin schreibt: Stell dir vor, ich habe gerade Mauersegler gesehen! Aus dem Pool heraus. Drei Schwärme! Hier kamen nur Tropfen runter. Und bei dir? Ungläubig lasse ich mich auf einen Stuhl fallen. So geht das also: Am Pool bleiben. Ich warte die nicht enden wollenden Sturzbäche des Wellblechdachgeprassels ab, bis auch die Terrasse im

Wasser versinkt. Mit einem Mal ist der Regen vorbei, ich eile mit einem *Bajaji* zurück. Auf der Dorfstraße läuft mir meine Reisegefährtin entgegen, strahlend. Ich war im Pool, sagt sie, und sehe zum Himmel auf, weil ich wissen will, ob der Regen kommt, ob ich unsere Wäsche reinholen muss. Und denke, ich sehe nicht recht, da! Einfach so! Über uns drei Schwärme Mauersegler hintereinander weg. Die Schwärme gingen ineinander über, es war also eigentlich ein einziger großer Schwarm. Bist du sicher?, frage ich schnell, es könnten die Haussegler von der Etage über uns gewesen sein. Nein, das waren keine Haussegler, auch keine anderen Segler, die Silhouetten, der Flug, das waren eindeutig Mauersegler. Sehr schön sahen sie aus. Wie viele waren es? 50 bis 70 Vögel pro Schwarm. Was? So viele? Ist ja irre, unglaublich! Und war Jabari dabei? Sie lächelt schief, das konnte ich dann doch so genau aus dem Pool heraus nicht sehen. Später sitze ich vor unserem Zimmer und schreibe Neil, dass meine Reisegefährtin findet, ohne zu suchen, und ich suche, ohne zu finden. Er schickt ein lachendes Gesicht, das ist die Freude der Vogelbeobachtung, *that's the joy of birding.* Ich lasse schmunzelnd das Handy sinken, blicke über das Gelände, das im späten Tageslicht liegt, und denke, ein Segler brach auf, vor ein paar Monaten in Mitteleuropa und flog heute im schwülen Wind eines Gewitters einen Hang entlang und über ein Dorf, über ein Dach am Dorfrand, ein Restaurantdach, über Julie und Maureen hinweg, an der Ostküste Afrikas mit Blick auf Mangroven und Meer.

*

Ich komme zurück nach Deutschland, mitten im Winter, es ist Januar. Ich nehme mein Leben wieder auf, langsam, freudvoll, und erleide einen Rückfall in die Erschöpfung. Erstaunt. Ich dachte, ich sei über den Berg. Mehrere Tage muss ich ruhen, dann nehme ich Termine wahr, nur die wichtigsten, zahle die Rechnung prompt: Eine Woche lang stehe ich nicht auf. Im März eine Lesung, zwei Wochen lang liegen, im Mai ein Interview und eine Lesung, fünf Wochen lang liegen und nicht wieder auf die Füße kommen, bis heute nicht, es ist Hochsommer und am Ende dieses Absatzes ist es Herbst. Akzeptieren, dass es nicht geht. Mit dem besten Willen nicht. Mit keinem der Mechanismen, die vorher gingen: Ausdauer, Hauruck, Geduld. Die Long-Covid-Erschöpfung ist handfest und da. Mit aller Macht. Wieder, oder immer noch. Das Virus ist weiter im Körper aktiv, Autoantikörper legen die Rezeptoren lahm, Sauerstoff kommt nicht an in den Zellen, die Blutkörperchen sind verformt. Niemand weiß, was los ist, die Forschung ist noch nicht hinterher. Ich schlafe jede Nacht zwölf Stunden, stehe zerschlagen auf und bekomme es mit der Angst zu tun. Dass das so bleibt. Dass ich so bleibe. Werde ich wieder gesund? Die Long-Covid-Ambulanzen sind überlaufen – so es überhaupt eine gibt –, Wartelisten geschlossen, Ärzt:innen sind ratlos, die Rehas haben lange Wartezeiten oder wissen mit der Krankheit nicht umzugehen. Zwei Telefonate, ein Tagwerk. Zigtausenden geht es wie mir, so heißt es. Vor allem Frauen zwischen 20 und 50, vormals sehr aktiv. Ich bastele mir eine eigene Reha, ziehe erneut in den Schrebergarten. Ein klarer Tagesplan, viele Pausenzeiten, kein Besuch. Keine Mauerseglerkolonie, keine Vogelpirsch. Kurze Spaziergänge, so es geht, und Ruhe. Zwei Stunden am Tag kann ich etwas Anstrengendes tun, dann nur noch eine, dann, im Herbst, keine mehr. Schreiben ist anstrengend, Bewegung ist anstrengend, Sprechen, Chatten, Kommunizieren. Das Manuskript bleibt liegen. Mein Leben bleibt liegen. Ich bleibe liegen. Nicht einmal lesen geht mehr. Die Politik ändert sich. Die Fallzahlen steigen wieder, die Restriktionen fallen. Keine Masken, keine Testpflicht mehr. Die Intensivstationen sind leer, ein großartiger Erfolg. Nun soll die »Durchseuchung« her. Long Covid nimmt man dafür in Kauf. Ich mache eine »Blutwäsche« als Behandlung, ohne Erfolg, ich gehe nicht mehr aus dem Haus.

Dieses Buch schreibe ich liegend auf dem Sofa zu Ende, als Notizen auf dem Handy, 30 Minuten am Tag. Die Diktier- und die Vorlesefunktionen helfen. Nun also ist es eingetreten. Alles erlebe ich anders, weil mein Körper ein anderer ist, er ist krank. Schade, dass das nicht mit allen Körpereigenschaften geht, ein Wechsel, ein Tausch, für alle Menschen, alle paar Jahre, ganz neu. Nichts würde bleiben wie es ist, die Verhältnisse würden sich ändern. Sieben Jahre Mann sein, Cis*-Mann, sieben Jahre hochbetagt und alt, sieben Jahre Trans-Frau, Cis-Frau, hetera, sieben Jahre *weiß,* sieben Schwarz oder *of Color.* Sieben Jahre Kinder in sich tragen, stillen, großziehen, sieben Jahre körperlich schwere Arbeit, sieben Jahre Schreibtischstuhl. Sieben Jahre Mehrgewicht, Behinderung, *able-bodied,* jung sein, fit. Sieben Jahre schönheitsnormnah, sieben Jahre ihr fern. Und dann ein ganz anderer Körper sein. Sieben Jahre Pflanze, Stein, Flechte, Baum. Sieben Jahre Wurm, Schwein, Eisvogel, Tropeninsekt. Sieben Jahre Erde. Und dann sieben Jahre lang ein Segler.

Literatur

Åkesson, Susanne; Bianco, Giuseppe; Hedenström, Anders (2016): Negotiating an ecological barrier: crossing the Sahara in relation to winds by common swifts. In: Philosophical Transactions of The Royal Society B Biological Sciences 371: 20150393. http://dx.doi.org/10.1098/rstb.2015.0393

Åkesson, Susanne; Klaassen, Raymond; Holmgren, Jan; Fox, James W.; Hedenström, Anders (2012): Migration Routes and Strategies in a Highly Aerial Migrant, the Common Swift *Apus apus*, Revealed by Light-Level Geolocators. PLoS ONE 7(7): e41195. doi:10.1371/journal.pone.0041195

Alarm Phone Initiative (2019): From The Sea To The City. 5 Jahre Alarm Phone. https://alarmphone.org/wp-content/uploads/2019/10/AP_5-Years_2019_D.pdf (abgerufen am 24. 10. 2023)

Alarm Phone Initiative (2021): Ein Kampf für jedes einzelne Boot. Zentrale Mittelmeer-Analyse, Juli – Dezember 2020. https://alarmphone.org/de/2021/01/14/ein-kampf-fuer-jedes-einzelne-boot/?post_type_release_type=post (abgerufen am 24. 10. 2023)

Alarm Phone Sahara (2021): Almost 5000 Migrants deported from Algeria to the border of Niger within one month. https://alarmephonesahara.info/en/ (abgerufen am 24. 10. 2023)

Appleton, Graham (2012): Swifts start to share their secrets. In: BTO (British Trust for Ornithology) News, May–June 2012

Beckert, Sven (2014): King Cotton. Eine Geschichte des globalen Kapitalismus. C. H. Beck. München

Beckert, Sven und Schneider, Mindi (2018): Der große Landraub. In: DIE ZEIT N° 37 vom 6. September 2018, Seite 17. Übersetzt aus dem Englischen von M. Heimburger.

Bernau, Olaf (2022): Brennpunkt Westafrika. Die Fluchtursachen und was Europa tun sollte. C.H. Beck. München

Blume, Jutta (2005): Das versteckte Erbe des Kolonialismus. Tropenmedizin. In: der Freitag. Die Wochenzeitung. 2. September 2005. https://www.freitag.de/autoren/der-freitag/das-versteckte-erbe-des-kolonialismus (abgerufen am 24. 10. 2023)

Bozorgmehr, Kayvan; Hintermeier, Maren; Razum, Oliver et al. (2020): SARS-CoV-2 in Aufnahmeeinrichtungen und Gemeinschaftsunterkünften für Geflüchtete: Epidemiologische und normativ-rechtliche Aspekte. 2020, Bremen: Kompetenznetz Public Health COVID-19. Version 1.0 vom 29. 5. 2020. https://mediendienst-integration.de/migration/corona-pandemie.html (abgerufen am 24. 10. 2023)

Busby, Margaret (Hrsg.) (1992): Daughters of Africa. An International Anthology of Words and Writings by Women of African Descent from the Ancient Egyptian to the Present. Jonathan Cape. London

Busby, Margaret (Hrsg.) (2019): New Daughters of Africa. Myriad Editions. Oxford

Büttikofer, Johann (1890): Reisebilder aus Liberia. Resultate geographischer, naturwissenschaftlicher und ethnographischer Untersuchungen während der Jahre 1879–1882 und 1886–1887. Band I: Reise- und Charakterbilder. Band II: Die Bewohner Liberias. Thierwelt. E. J. Brill. Leiden

Castryck, Geert (2020): Seuche, Raum und Kolonisierung. https://www.uni-leipzig.de/newsdetail/artikel/blog-seuche-raum-und-kolonisierung-in-afrika-2020-04-07 (abgerufen am 24. 10. 2023)

Cooper, Helene (2008): The House at Sugar Beach – In search of a lost African childhood. Simon & Schuster. New York Toronto London Sydney

Dokter, Adriaan et al. (2012): Twilight ascents by common swifts, *Apus apus*, at dawn and dusk: acquisition of orientation cues? In: Animal Behaviour, http://dx.doi.org/10.1016/j.anbehav.2012.12.006

ECRE, European Council for Refugees and Exiles (2020): The Impact of the Second Wave of Lockdowns on the Position of People on the Move, Dezember 2020. https://www.ecre.org/the-impact-of-the-second-wave-of-lockdowns-on-the-position-of-people-on-the-move (abgerufen am 24. 10. 2023)

Etzold, Benjamin (2017): Migrations- und Fluchtpfade aus Afrika nach Europa. https://www.bpb.de/gesellschaft/migration/kurzdossiers/250275/migrations-und-fluchtpfade (abgerufen am 24. 10. 2023)

Fischer-Panzlau, Brigitte und Panzlau, Peter (Hrsg.) (2015–2018): ECHT WALLE Magazin | Online-Ausgaben EWM # 1–13. Speicherverlag 2015–2018

Frick, Katja (2017): Trauriges Ende einer langen Reise. In: Hagenower Kreisblatt vom 9. März 2017. https://www.svz.de/lokales/hagenower-kreisblatt/trauriges-ende-einer-langen-reise-id16313516.html (abgerufen am 24. 10. 2023)

Frommhold, Jördis (2022): LongCovid. Die neue Volkskrankheit. C.H. Beck. München

Gatter, Wulf und Dorothea (2002): Liberia. Familienleben im Schatten des Diktators. In: Schriftenreihe der Landesforstverwaltung Baden-Württemberg, Band 80, Forstliche Entwicklungshilfe. Baden-Württemberg, Ministerium für Ernährung und ländlichen Raum.

Gatter, Wulf (1988): Mittwinterzählung paläarktischer Wasservögel in Liberia (Westafrika). In: Verhandlungen der Ornithologischen Gesellschaft in Bayern 24, Seiten 659–687

Gatter, Wulf (1987): Vogelzug in Westafrika: Beobachtungen und Hypothesen zu Zugstrategien und Wanderrouten. Vogelzug in Liberia, Teil II. In: Die Vogelwarte – Zeitschrift für Vogelkunde. Band 34, Seiten 80–92

Gatter, Wulf (1987): Zugverhalten und Überwinterung von paläarktischen Vögeln in Liberia (Westafrika). In: Verhandlungen der Ornithologischen Gesellschaft in Bayern 24, Seiten 479–508

Gaus, Bettina (2011): Der unterschätzte Kontinent. Reise zur Mittelschicht Afrikas. Eichborn. Frankfurt am Main

Golakai, Hawa Jande (2016): Zombieland. In: My Africa, My City. An Afridiaspora Anthology, Seiten 11–13. Winepress. Ibadan, Nigeria

Goymann, Wolfgang; Safari, Ignas; Muck, Christina; Schwabl, Ingrid (2016): Sex roles, parental care and offspring growth in two contrasting coucal species. Royal Society Open Science; 5 October. https://doi.org/10.1098/rsos.160463

Grill, Bartholomäus (2019): Wir Herrenmenschen. Unser rassistisches Erbe: Eine Reise in die deutsche Kolonialgeschichte. Siedler. München.

Hedenström, Anders; Norevik, Gabriel; Warfvinge, Kajsa; Andersson, Arne; Bäckman, Johan; Åkesson, Susanne (2016): Annual 10-Month Aerial Life Phase in the Common Swift *Apus apus*. In: Current Biology 26, 3066–3070. http://dx.doi.org/10.1016/j.cub.2016.09.014

Hoche, Johann Gottfried (1800): Reise durch Osnabrück und Niedermünster in das Saterland, Ostfriesland und Gröningen. Friedrich Wilmanns. Bremen. S. 44

Hoffmann, Bert (2020): Kein Denkmal für die Stechmücke. In: ila 440, November 2020, S. 4–6

Iken, Katja (2021): Wo steckt der Kopf des Mangi Meli? In: SPIEGEL Geschichte https://www.spiegel.de/geschichte/deutscher-kolonialismus-in-afrika-wo-steckt-der-kopf-des-mangi-meli-a-1e5ab093-222a-4453-93d3-597e8aea417c?sara_ref=re-xx-cp-sh (abgerufen am 19. 10. 2023)

International Organization for Migration, IOM (2021): Missing Migrants. Tracking Deaths Along Migratory Routes. https://missingmigrants.iom.int/region/mediterranean?migrant_route%5B%5D=1376 (abgerufen am 9. 4. 2021)

Jacobsen, Lars Bo; Jensen, Niels Odder; Willemoes, Mikkel; Hansen, Lars; Desholm, Mark; Fox, Anthony D.; Tøttrup, Anders.P. und Thorup, Kasper (2017): Annual spatiotemporal migration schedules in three larger insectivorous birds: European nightjar, common swift and common cuckoo. In: Animal Biotelemetry, 2017, Volume 5, Number 1 https://doi.org/10.1186/s40317-017-0119-x

Jakob, Christian und Schlindwein, Simone (2017): Diktatoren als Türsteher Europas. Wie die EU ihre Grenzen nach Afrika verlagert. Chr. Links Verlag. Berlin

Köfler, Barbara und Sauer, Walter: Scheitern in Usambara. Die Meyer-Baumann'sche Expedition in Ostafrika 1888. Erschienen in Wiener Geschichtsblätter 53 (1998/1). https://web.archive.org/web/20080501000350/http://www.sadocc.at/forschung/bushiri.shtml#_ftnref96 (abgerufen 19. 10. 2023)

Laghai, Shafagh (Dokumentarfilm WDR 2019): Grenzen dicht! Europas Schutzwall in Afrika. https://www.youtube.com/watch?v=IxOcQw73s_w (abgerufen am 24. 10. 2023)

Liechti, Felix; Witvliet, Willem; Weber, Roger; Bächler, Erich (2013): First evidence of a 200-day non-stop flight in a bird. In: Nature Communications-|4:2554|DOI: 10.1038/ncomms3554|www.nature.com/naturecommunications

Löns, Hermann (1916): Aus Forst und Flur: Tiernovellen. Verlag Voigtländer. Leipzig

Marfaing, Laurence (2017): Mobilität in Westafrika. Migranten als Akteure der Globalisierung. https://www.bpb.de/gesellschaft/migration/kurzdossiers/250265/migranten-als-akteure-der-globalisierung (abgerufen am 24. 10. 2023)

Mbolela, Emmanuel (2014): Mein Weg vom Kongo nach Europa. Zwischen Widerstand, Flucht und Exil. Verlag Mandelbaum. Wien. Aus dem Französischen von Dieter Michael Behr. Herausgegeben von Afrique-Europe-Interact

Morlang, Thomas (2010): »Grausame Räuber, die wir waren« in: DIE ZEIT Nr. 39/2010

Nicolai, Jürgen (1988): Singvögel. Die beliebtesten Singvögel – kennenlernen und bestimmen leicht gemacht. Gräfe und Unzer. München

Oetker, Friedrich (1855): Helgoland. Schilderungen und Erörterungen. Duncker. Berlin. Auerbach. Stuttgart 1878

Paál, Gábor (2020): Die europäischen Eroberer brachten tödliche Seuchen nach Amerika. Gab es das auch umgekehrt? https://www.swr.de/wissen/1000-antworten/kultur/die-europaeischen-eroberer-brachten-toedliche-seuchen-nach-amerika-gab-es-das-auch-umgekehrt-100.html (abgerufen am 24. 10. 2023)

Plamper, Jan (2019): Das neue Wir. Warum Migration dazugehört. Eine andere Geschichte der Deutschen. Verlag S. Fischer. Frankfurt am Main

Reinard, Wolfgang (Hrsg.) (1982): Hendrik Witbooi: Afrika den Afrikanern! Aufzeichnungen eines Nama-Häuptlings aus der Zeit der deutschen Eroberung Südwestafrikas 1884–1894. Verlag J.H.W. Dietz Nachf. Berlin, Bonn

Ruete, Emily, geb. Prinzessin Salme von Oman und Sansibar (1999): Briefe nach der Heimat. Verlagsgesellschaft Philo. Berlin und Bodenheim bei Mainz

Ruete, Emily, geb. Prinzessin Salme von Oman und Sansibar (1989): Leben im Sultanspalast – Memoiren aus dem 19. Jahrhundert. Verlag Athenäum. Frankfurt am Main. Leicht bearbeiteter Neudruck der Ausgabe »Memoiren einer arabischen Prinzessin« (1886)

Schlindwein, Simone und Wagner, Jan (Dokumentarfilm DW/ARTE 2018): Türsteher Europas – Wie Afrika Flüchtlinge stoppen soll. https://www.youtube.com/watch?v=D4XhRWA9Bjc (abgerufen am 24. 10. 2023)

Schwettmann, Jürgen (2020): Covid-19 and the Informal Economy. Impact and Response Strategies in Sub-Saharan Africa. Friedrich Ebert Stiftung, August 2020. http://library.fes.de/pdf-files/iez/16414.pdf (abgerufen am 24. 10. 2023)

Shafi, Shafi Adam (1997): Die Sklaverei der Gewürze. Marino Verlag. München

Südbeck, Peter; Andretzke, Hartmut; Fischer, Stefan; Gedeon, Kai; Schikore, Tasso; Schröder, Karsten; Sudfeld, Christoph (2005): Methodenstandards zur Erfassung der Brutvögel Deutschlands. Verlag Bund

Thuram, Lilian (2022): Das weiße Denken. Edition Nautilus. Hamburg

Timm, Uwe (1978): Morenga. 14. Auflage 2016. dtv Verlagsgesellschaft. München

UNHCR, The UN Refugee Agency (2020): COVID-19: Vertriebene von sozialen und wirtschaftlichen Auswirkungen der Krise besonders betroffen. Mai 2020. https://www.unhcr.org/dach/de/43385-covid-19-vertriebene-von-sozialen-und-wirtschaftlichen-auswirkungen-der-krise-besonders-betroffen.html (abgerufen am 24. 10. 2023)

Verein für Innere Mission Bremen (Hrsg.) (2012): Die Zeitschrift der Straße – Das Bremer Straßenmagazin – Lange Reihe. Ausgabe 9, 03/2012

Verein für Innere Mission Bremen (Hrsg.) (2016): Die Zeitschrift der Straße – Das Bremer Straßenmagazin – Osterfeuerberg. Ausgabe 37, 04/2016

Verein für Innere Mission Bremen (Hrsg.) (2017): Die Zeitschrift der Straße – Das Bremer Straßenmagazin – Waller Park. Ausgabe 51, 09/2017

Verein für Innere Mission Bremen (Hrsg.) (2018): Die Zeitschrift der Straße – Das Bremer Straßenmagazin – Wartburg Platz. Ausgabe 63, 11/2018

Watch The Med Initiative (2021): WatchTheMed Alarm Phone Reports. https://www.watchthemed.net (abgerufen am 9. 4. 2021)

Weitnauer, Emil (1980): Mein Vogel. Aus dem Leben des Mauerseglers Apus apus. Verlag Basellandschaftlicher Natur- und Vogelschutzverband. 6. Auflage 2005

Wellbrock Arndt; Bauch Christina; Rozman, Jan; Witte, Klaudia (2017): Same procedure as last year? Repeatedly tracked swifts show individual consistency in migration pattern in successive years. In: Journal of Avian Biology. https://doi.org/10.1111/jav.01251

Wellbrock, Arndt; Bauch, Christina: Rozman, Jan; Witte, Klaudia (2017): Mauersegler am Biggesee im Fokus der Forschung. Ein besonderer Brutplatz erlaubt faszinierende Einblicke in das Leben eines Flugkünstlers. In: Natur in NRW 1/2017

Wiedemann, Charlotte (2012): Bilals Frömmigkeit. Islam, arabische Kultur und Sklavenhandel in Afrika. In: Le Monde Diplomatique. 13. 1. 2012

Witbooi, Hendrik (1982): Afrika den Afrikanern! Aufzeichnungen eines Nama-Häuptlings aus der Zeit der deutschen Eroberung Südwestafrikas 1884–1894. Herausgegeben von Wolfgang Reinard. Verlag J. H. W. Dietz Nachf. Berlin, Bonn

Wolter, Anna (2017): Straßennamen in kolonialen Kontexten – Benennungspraktiken als politische Machtdemonstration unter besonderer Berücksichtigung der Hansestädte Bremen und Hamburg. Masterarbeit für den Studiengang Language Science der Universität Bremen. https://www.kultur.bremen.de/sixcms/media.php/13/Masterarbeit_Stra%C3%9Fennamen%20im%20kolonialen%20Kontext.pdf (abgerufen am 24. 10. 2023)

Anmerkungen

Kapitel 1

Seite 13*: Bei der Großschreibung des Adjektivs »Schwarz«, der kursiven Kleinschreibung des Adjektivs »*weiß*« (in Bezug auf Menschen) und beim Begriff »of Colour« beziehe ich mich auf das Glossar | Neue Deutsche Medienmacher (neuemedienmacher.de):

»Schwarz ist eine Eigenbezeichnung, die viele afrodiasporische Menschen und Initiativen verwenden. Sie kommt aus dem englischsprachigen Rassismusdiskurs (›Black‹). Auch hier geht es nicht um Hautfarbe, sondern um den Gegensatz zu weiß (vgl. PoC [People of Colour]). Als politische Selbstbezeichnung wird Schwarz großgeschrieben – auch von immer mehr Medien. Seit Juli 2020 hat bspw. die New York Times die Großschreibung von ›Black‹ in ihren redaktionellen Stilvorschriften festgelegt. Die spezifische Rassismuserfahrung, die Schwarze Menschen machen, wird als Anti-Schwarzer Rassismus bezeichnet.«

»Geht es um Zugehörigkeit, Teilhabe und Rassismus, ist immer öfter von Weißen die Rede. Häufig herrscht das Missverständnis, es ginge dabei um eine Hautfarbe. Tatsächlich meint *weiß* eine gesellschaftspolitische Norm und Machtposition und wird deshalb in wissenschaftlichen Text oft klein und kursiv geschrieben. Der Begriff wird als Gegensatz zu People of Color und Schwarze Menschen verwendet. Dabei müssen sich z. B. *weiße* Deutsche nicht selbst als *weiß* oder privilegiert fühlen.«

»People of Color ist eine Selbstbezeichnung von Menschen mit Rassismuserfahrung, die nicht als *weiß*, deutsch und westlich wahrgenommen werden und sich selbst nicht so definieren. PoC (Singular Person of Color) sind nicht unbedingt Teil der afrikanischen Diaspora – ursprünglich ist der Begriff u.a. zur Solidarisierung mit Schwarzen Menschen entstanden. Schwarz, *weiß* und PoC sind dabei politische Begriffe. Es geht nicht um Hautfarben, sondern um die Benennung von Rassismus und den Machtverhältnissen in einer mehrheitlich *weißen* Gesellschaft. (…).«

Kapitel 3

Seite 31: Zitate aus dem Vortrag von Chimamanda Adichi (2009): Die Gefahr der einen einzigen Geschichte. https://www.ted.com/talks/chimamanda_adichie_the_danger_of_a_single_story/transcript?language=de#t-433961, Minute 6:56 (abgerufen am 19. 10. 2023)

Seite 32: Zitat »pestschwalben«: Löns, Hermann (1916): Aus Forst und Flur: Tiernovellen. Voigtländer. Leipzig. S. 158

Kapitel 4

Seite 41: Zitat Sven Beckert und Mindi Schneider: Der große Landraub. DIE ZEIT N° 37 vom 6. September 2018, Seite 17. Übersetzt aus dem Englischen von M. Heimburger.

Kapitel 5

Seite 45: Zitat Abushiri: Aus Köfler, Barbara und Sauer, Walter: Scheitern in Usambara. Die Meyer-Baumann'sche Expedition in Ostafrika 1888.

Erschienen in Wiener Geschichtsblätter 53 (1998/1). https://web.archive.org/web/20080501000350/http://www.sadocc.at/forschung/bushiri.shtml#_ftnref96 (abgerufen 3. 4. 2024)

Seite 45: Zitat Mangi Meli: https://de.wikipedia.org/wiki/Mangi_Meli (abgerufen am 3. 4. 2024)

Seite47: Zitat Witbooi: Aus Reinard, Wolfgang (Hrsg.) (1982): Hendrik Witbooi: Afrika den Afrikanern! Aufzeichnungen eines Nama-Häuptlings aus der Zeit der deutschen Eroberung Südwestafrikas 1884–1894. Verlag J. H. W. Dietz Nachf. Berlin, Bonn. Seiten 128, 132–134

Seite 47: Zitat Morenga: Nach Timm, Uwe (1978): Morenga. 14. Auflage 2016. dtv Verlagsgesellschaft. München. Seite 395

Kapitel 6

Seite 56 f.: Zitat »Verhalten der aus Deutschland Eingewanderten«: Plamper, Jan (2019): Das neue Wir. Warum Migration dazugehört. Eine andere Geschichte der Deutschen. Verlag S. Fischer. Frankfurt am Main. S. 25 f.

Kapitel 7

Seite 61: Zitat »künstliche Klippen«: Löns, Hermann (1916): Aus Forst und Flur: Tiernovellen. Voigtländer. Leipzig. S. 157

Kapitel 11

Seite 97 f.: Zitate Rotkehlchengesang:
https://www.nabu.de/tiere-und-pflanzen/voegel/portraets/rotkehlchen/ (abgerufen am 3. 4. 2024)
https://naturschutz.ch/hintergrund/wissen/wer-singt-denn-da-lernen-sie-funf-weitere-vogelstimmen/156628 (abgerufen am 3. 4. 2024)
https://de.wikipedia.org/wiki/Rotkehlchen#Gesang_und_Gesangsverhalten (abgerufen am 3. 4. 2024)
https://www.vogeltreff24.de/Nistkasten-Vogelhaus-Vogelvilla-Vogelhaeuschen-Vogelkasten/Nistkasten--Nistkasten-kaufen--passenden-Nistkasten/Rotkehlchen-Nistkaesten/ (abgerufen am 3. 4. 2024)

Seite 98: Zitat Buchfink: Nicolai, Jürgen (1988): Singvögel. Die beliebtesten Singvögel – kennenlernen und bestimmen leicht gemacht. Gräfe und Unzer. München. S.48

Seite 98: Zitat Singdrossel: Nicolai, Jürgen (1988): Singvögel. Die beliebtesten Singvögel – kennenlernen und bestimmen leicht gemacht. Gräfe und Unzer. München. S.35

Kapitel 12

Seite 106: Zitat aus dem Gründungsvertrag Liberias: Johann Büttikofer, Reisebilder aus Liberia. Leiden 1890. Band 2, S. 8 f.

Seite 107: Zitat »besonderes Interesse«: Aus dem Vorwort von Johann Büttikofers Reisebilder aus Liberia. Leiden 1890

Seite 108: Zitat Weah als Fußballer: https://www.deichstube.de/wistorie/europapokal-der-pokalsieger-1992/werder-sieg-europapokal-pokalsieger-1992-borowka-interview-7426915.html (abgerufen am 3. 4. 2024)

Kapitel 13

Seite 115: Zitat Haushälterin: Johann Büttikofer, Reisebilder aus Liberia. Leiden 1890. Band 1, S.412

Seite 115: Zitat Malaria-Seite: https://www.wdr.de/tv/applications/fernsehen/wissen/quarks/pdf/Q_Malaria_skript.pdf (abgerufen am 3. 4. 2024)

Kapitel 19

Seite 153: Zitat »unbesiegbare Generäle Juni, Juli, August«: Hoffmann, Bert (2020): Kein Denkmal für die Stechmücke. In: ila 440, November 2020, S. 5 oder https://www.ila-web.de/ausgaben/440/kein-denkmal-f%C3%BCr-die-stechm%C3%BCcke (abgerufen am 3. 4. 2024)

Seite 156: Zitat »wirtschaftliches Aktivum«: Aus einem Titel der Ausschreibung für einen Wissenschaftspreis, ausgeschrieben 1913 von Eduard Woermann. Zitiert nach Blume, Jutta: Das versteckte Erbe des Kolonialismus. Tropenmedizin. In: der Freitag. Die Wochenzeitung. 2. 9. 2005. https://www.freitag.de/autoren/der-freitag/das-versteckte-erbe-des-kolonialismus (abgerufen am 3. 4. 2024)

Seite 157*: Zur Begrifflichkeit »Naher Osten«: Dieser wird auf der Website der UNHCR verwendet. In kolonialkritischen Zusammenhängen wird darauf hingewiesen, dass dieser Begriff problematisch sei, da »ein ganzes Gebiet danach beschrieben wird, wo es geografisch von Mitteleuropa liegt«. Siehe: https://renk-magazin.de/warum-die-bezeichnung-naher-osten-problematisch-ist/ (abgerufen am 3. 4. 2024). Weiter heißt es dort: »Je nach Kontext sollten stattdessen möglichst genaue Gebiete und Länder genannt werden. Auch können beispielsweise ›West Asien‹ oder ›Nord Afrika‹ Alternativen sein. Außerdem gibt es auch die dekolonialisierte Beschreibung ›S.W.A.N.A‹ (South West Asian / North African). Sie verbreiten keine eurozentrische und imperialistische Weltanschauung und sind in sich auch geografisch genauer.«

Kapitel 20

Seite 162*: Die erwähnten Bücher und Artikel der BPB zum Thema Migration und Wüste:
Etzold, Benjamin (2017): Migrations- und Fluchtpfade aus Afrika nach Europa.
Jakob, Christian und Schlindwein, Simone (2017): Diktatoren als Türsteher Europas. Wie die EU ihre Grenzen nach Afrika verlagert. Chr. Links Verlag. Berlin
Marfaing, Laurence (2017): Mobilität in Westafrika. Migranten als Akteure der Globalisierung.

Seite 163: Zitat Olawale Maiyegun im Dokumentarfilm von Simone Schlindwein und Jan Wagner (DW/ARTE 2018): Türsteher Europas – Wie Afrika Flüchtlinge stoppen soll. https://www.youtube.com/watch?v=D4XhRWA-9Bjc / Minute 28:35 (abgerufen am 3. 4. 2024)

Seite 166: Zitat »Sack fauler Tomaten«: Emmanuel Mbolela in Mbolela, Emmanuel (2014): Mein Weg vom Kongo nach Europa. Zwischen Widerstand, Flucht und Exil. Verlag Mandelbaum. Seite 156.

Seite 167: Zitat Migration ist Widerstand: Baldé aus Guinea im Dokumentarfilm von Shafagh Laghai (WDR 2019): Grenzen dicht! Europas Schutzwall in Afrika. https://www.youtube.com/watch?v=IxOcQw73s_w / Minute 26:35 (abgerufen am 3. 4. 2024)

Kapitel 21

Seite 174 ff: Zitat »Ich verließ mein Heimatland …«: Astrid Mukendi in Mbolela, Emmanuel (2014): Mein Weg vom Kongo nach Europa. Zwischen Widerstand, Flucht und Exil. Verlag Mandelbaum. Ab Seite 131.

Kapitel 22

Seite 189*: Zu den Begrifflichkeiten Post- oder Long-Covid: Die deutsche S1 Leitlinie Post-Covid/Long-Covid vom Juli 2021 und die WHO verwenden die Begrifflichkeiten andersherum als im Text: erst long dann post. Ich bleibe hier bei der zeitlich früher verwendeten Bezeichnung der Betroffenen und der fixierten Klassifizierung nach Frommhold: erst post dann long.

Kapitel 23

Seite 205: Zitat »Erstaunliche Unwissenheit der Deutschen«: Ruete, Emily (1999): Briefe nach der Heimat. Philo. Berlin und Bodenheim bei Mainz. Seite 21

Seite 206: Zitat »Vergnügte Nation«: ebd. Seite 115

Seite 208 Zitat »Nur eine Nummer unter Millionen«: ebd. Seite 139

Seite 210*: Mohammed Ayoub und Bim freuen sich über Gäste im Zala Parc, Unguja, Sansibar. Mohammed: +255 777 850 816

Kapitel 25

Seite 137*: Vicky Hincha Majuva freut sich über Gäste in ihrer Pension Mikoko Beach & Cottages: mikokobeachbagamyo.com

Seite 253*: »Cis« bezeichnet Personen, deren Geschlechtsidentität mit dem in der Regel anhand äußerer Merkmale vor oder unmittelbar nach der Geburt bestimmten Geschlecht übereinstimmt.

Zu den Karten der Zugroute des Mauersegler C007424-Jabari

Karte auf Seite 145:

Die Karte des Doktoranden Mark Alexander Hase vom Institut für Biologie der Universität Siegen zeigt die Auswertung des Geolokators Logger 22ER, den der Mauersegler C007424-Jabari aus der Kolonie des Gehrder Kirchendachbodens vom Sommer 2018 bis zum 17. Mai 2019 auf dem Rücken trug. Der Logger hat wegen Batterieschwäche die Route nur bis zum Februar 2019 aufgezeichnet. In der Karte ist der genaue Verlauf der Zugroute zu sehen. Der ehemalige Doktorand Arndt Wellbrock merkt dazu an, dass es »aufgrund von zufälligen Beschattungen des Lichtsensors zu unrealistischen Positionen kommen kann. Als eine solche unwahrscheinliche Position ist der in der Abbildung dargestellte Abstecher nach Großbritannien anzusehen.«

Karte auf Seite 147

Die zweite Karte zeigt die drei wichtigsten Überwinterungsgebiete des Mauerseglers C007424-Jabari im Winter 2018/2019 in der Demokratischen Republik Kongo und Tansania sowie in angrenzenden Regionen der Nachbarländer. Mark Alexander Hase schreibt dazu: »Bei der Überwinterung habe ich einen Schwellenwert von 14 Tagen eingestellt. D. h. der Vogel muss sich mindestens 14 Tage in diesem Gebiet aufgehalten haben, um dies als Überwinterungsgebiet zu deklarieren.« Die Buchstaben stehen für die Zeiträume der Anwesenheit des Vogels in diesen Gebieten:

- Ankunft im Nordwesten der Demokratischen Republik Kongo am 27. August 2018, Abflug am 11. November 2018, Anwesenheitsdauer 76 Tage
- Ankunft in Tansania/Sansibar und angrenzenden Regionen der Nachbarländer am 27. November 2018, Abflug am 7. Januar 2019, Anwesenheitsdauer 41 Tage
- Ankunft in Zentraltansania am 8. Januar 2019, Abflug am 27. Januar 2019, Anwesenheitsdauer 19 Tage

Karte auf Seite 149

Die dritte Karte zeigt den vergrößerten Ausschnitt der Route und des Aufenthalts von C007424-Jabari in den Monaten Dezember 2018 und Januar 2019 in Tansania und den umliegenden Ländern. Sie zeigt die (süd-) östlichsten Aufenthaltsorte von Jabaris Zugroutenschleife über den Inseln Sansibars und der Ostküste Tansanias, die ich zu meinem Reiseziel gemacht habe.

Dank

Ich danke Neil Baker, Olaf Bernau, Axel Degen, Dorothea und Wulf Gatter, Wolfgang Goymann, Nell Hamilton, Mark Hase, Beatrice Jäger, Michael Jentzsch, Mihayo Ususu Kihemela, Jule Körperich, Kauthar Hussein Laurent, Gerhard Luehning, Julie Florence Majuva, Vicky Hincha Majuva, Liselotte Prima, Michael R., Annette Maria Rieger, Ignas Safari-Mnganya, Wilfried Strubbe, Salma Makame Ussi, Arndt Wellbrock, Klaudia Witte und Thomas Zehender.

Ich danke Abdul, Bim, Julia und ihrem vogelbegeisterten Vater, meiner Schwester Julia, Maria, Martina, Mustafa, Mohammed und Rafael.

Ich danke dem Senator für Kultur der Freien Hansestadt Bremen. Stefan Höppner, Katharina Rump und dem Team Ü des Integrationsfachdienstes Bremen. Ruthild Schulz und Heinfried Becker. Marikke Heinz-Hoek.

Meinen Eltern.

Der ersten und hier besonders der zweiten WG-Generation Helgoland für unzählige gemeinsame WG-Abende und viele Jahre solidarisch geteilten Alltag: Kim, Sigi, Corinna, Svenja, Paula, Josi, Helene, Ronja, Lohr, Milla und Svea (mit Boris, Shanti und Rio). Sowie Bohne, Paula und Marotte für ihren engagierten Einsatz für Menschen auf Migrationswegen.

Ich danke Judith, Mónica, Nadja, Petru und Anke.

Petra, Bo Schmidt und Andrea Sievers für ihr kritisch-bestärkendes Freund:innen-Lektorat, dem Verlagslektor Bernd Henninger und meinem Bremer Lektor Bernd Gosau, der auch dieses Buch wieder von der Idee zur Umsetzung lebendig und unterstützend begleitet hat.

Und ganz besonders danke ich Petra.